Der neue Hundeführer

EVA-MARIA KRÄMER

Der neue Hundeführer

Mit allen 338 FCI-Rassen und
100 zusätzlichen Rassen

Weltbild

Bildnachweis

Farbfotos von Eva-Maria Krämer (437) außer: Olaf Backström (S. 163u), Monika Binder (S. 193u, 296), Hana Blatanova (S. 133m), Cheryl Brown (S. 251), Marian Campbell (S. 133u), Club Berges des Alpes (S. 171u), Carla Cruz (S. 135o, 198u), Prof. Dintchev (S. 316), Heike Erdmann/Kosmos (S. 276u), Martina Feldhoff (S. 104u), Werner Gimmel (S. 237o), Dr. Mariano Gomez (S. 221u), Magdalene Grenz (S. 300u, 301u), Charles Haugh (S. 237ur), Henry & Claudia Heuer (S. 195u), Madeleine Hiemstra (S. 201u), George & Margi Hill (S. 41r), Heidrun Holzapfel (S. 22), Branka & Marjan Kocbek (S. 119u, 160, 161l, 161u), Korean Sapsaree Association (S. 135u), Alex Kovac (S. 126l), Dr. Alzbeta Kovácová-Pecárová (S. 123u, 231, 232o, 232u, 233o, 233u, 319l, 319r, 328, 329o, 329u), Janos Kovacs (S. 326ul), Dr. Gerald Krakauer (S. 214o, 214u), Martin Leigh (S. 52u), Lekkas (S. 177u), Mindy McElhone (S. 87u), Liljana Nakic-Petrina (S. 318o), Urska Novak (S. 159o, 159u), Dr. Christian Oppermann (S. 256u), David Osborn (S. 126r), Parc Natural de Montesinho (S. 307u), Pcholkin/Axelrod (S. 187u), Polk (S. 237ul), Ton Popelier (S. 149 unten beide, 230u, 287or, 287ul, 287ur, 288or, 288ur), Ulrike Spieker (S. 227u), J. Takahara (S. 50).

Mit 500 Farbfotos.

Die Deutsche Bibliothek – CIP-Einheitsaufnahme

Ein Titelsatz für diese Publikation ist bei Der Deutschen Bibliothek erhältlich

Impressum

Genehmigte Lizenzausgabe für Verlagsgruppe Weltbild GmbH, Steinerne Furt, 86167 Augsburg
Copyright der Originalausgabe © 1990, 1995, 2002, 2003 Franckh-Kosmos Verlags-GmbH & Co. KG, Stuttgart
Umschlaggestaltung: Atelier Seidel, Teising
Umschlagvorderseite: Großes Bild: © mauritius images/imagebroker/Stefanie Krause-Wieczorek; Einklinker: Eva-Maria Krämer, Thomas Höller/Kosmos (Zwergteckel, Zwergschnauzer), Marc Rühl/Kosmos (Westie), Christof Salata/Kosmos (Golden Retriever, Jack Russel Terrier, Schäferhund), Sven-Olaf Stange/Kosmos (Dogge), Renata Peeters – Photo Roberto (Cairn Terrier).

Umschlagrückseite: Marianne Bunyan
Gesamtherstellung: Offizin Andersen Nexö Leipzig GmbH, Zwenkau
Printed in the EU
978-3-8289-3093-3

2012 2011 2010
Die letzte Jahreszahl gibt die aktuelle Lizenzausgabe an.

Einkaufen im Internet:
www.weltbild.de

Vorwort 6

Rassehunde – Rassezucht 7

Zur Handhabung des Hundeführers 9

Hundetypen 10
- Hüte-, Treib- und Hirtenhunde 10
- Haus- und Hofhunde 11
- Spitze und Hunde vom Urtyp 12
- Gesellschafts- und Begleithunde 13
- Jagd- und Windhunde, Terrier 13
- Gruppeneinteilung der FCI-anerkannten Rassen 16

Hunderassen 20

- bis 30 cm Schulterhöhe 20

- 30 bis 39 cm Schulterhöhe 50

- 40 bis 49 cm Schulterhöhe 88

- 50 bis 59 cm Schulterhöhe 118

- 60 bis 69 cm Schulterhöhe 204

- 70 cm und mehr Schulterhöhe 274

Service 336
- Wichtige Fachausdrücke der Kynologie 336
- Zum Weiterlesen 340
- Nützliche Adressen 342
- Register 343

Vorwort zur 1. Auflage

Für mich war die Zusammenstellung dieses Hundeführers ein mehr als 10-jähriges Abenteuer, das sicherlich mit Erscheinen des Buches nicht zu Ende ist, denn immer wieder tauchen neue Hunderassen auf, oder Neues über vorhandene wird bekannt. Der Aufbau meines Foto- und Informationsarchivs führte mich durch ganz Europa, von Ungarn bis Schottland, von Portugal bis Norwegen. Bis auf wenige Ausnahmen konnte ich alle Rassen selbst fotografieren, sie dabei kennen lernen und wertvolle Informationen sammeln. Meine Recherchen gingen oft abenteuerliche Wege, führten kreuz und quer durch die Welt von Japan über Amerika nach Rußland und Australien. Kontakte mit Züchtern von längst vergessenen Rassen kamen über Botschaften zustande, der Zufall spielte manchmal eine Rolle, wie beim Cane Corso aus Italien, auf den ich in letzter Minute über eine amerikanische Hundezeitung stieß. Ich danke an dieser Stelle für die unersetzliche Hilfe meiner ausländischen Freunde, insbesondere Dr. Alzbeta Kovácová-Pecárová, ohne die ich einige osteuropäische Rassen nicht hätte aufnehmen können, Branka und Marjan Kocbek, die für mich die seltenen jugoslawischen Rassen aufspürten, Manuel Borges, Joao Valente und Marleen van Wolferen, die mir bei den portugiesischen Rassen halfen, Tonny Popelier und Madeleine Hiemstra, ohne die ich die vielen Laufhunde nicht bewältigt hätte. Dank den Vertretern der Rassezuchtvereine, mit denen ich die Texte abstimmen durfte, insbesondere Paul Kühlwetter für seine Jagdhundeberatung. Dank auch den Hundebesitzern, die mir mit viel Geduld ihre Vierbeiner als Fotomodelle zur Verfügung stellten, und last but not least meinem Mann, ohne dessen Verständnis das Buch nie zustande gekommen wäre. Danken möchte ich auch Frau Iris Kick vom Verlag für die ausgesprochen angenehme Zusammenarbeit, Voraussetzung für das Gelingen des Werkes.

Der Hundeführer enthält alle FCI- und von nationalen Verbänden anerkannten Rassen ebenso wie nicht offiziell anerkannte, die zum Teil zuchtbuchmäßig erfasst werden bzw. „Rassen", die für bestimmte Aufgaben gezielt gezüchtet werden, die aber nicht unbedingt reinrassig sein müssen. Sicherlich gibt es davon noch mehr, und die Grenze zu ziehen war manchmal schwer. So ließ ich einige amerikanische „Rassen" weg, weil sie für Europa praktisch bedeutungslos sind.

Wenn dieser Hundeführer dem Hundefreund interessante Lektüre bietet und dem angehenden Hundebesitzer hilft, seinen passenden Gefährten zu finden, hat er seine Aufgabe erfüllt.

Lohmar, im Frühjahr 1990   *Eva-Maria Krämer*

Vorwort zur 4. Auflage

Ich freue mich, dass ich dieses inzwischen internationale Standardwerk völlig überarbeiten, Text und Fotos aktualisieren und neue Rassen hinzufügen durfte, denn viel hat sich getan. Dank weiterer Reisen in Europa und bis nach Asien und Australien konnte ich meine Kenntnisse vor Ort vertiefen, und es ist immer wieder faszinierend dazu zu lernen. Auch diesmal gilt mein Dank engagierten Helfern, die zum Gelingen des Buches wesentlich beitragen.

Vielen Dank Carla Cruz, Cory Leed, Phil Taormina, Philippe Touret und last but not least Heidrun Holzapfel für die mühevolle Kleinarbeit bei der Aktualisierung der Standarddaten. Dank den Zuchtvereinen für Unterlagen und Tipps, und Angela Beck vom Verlag für ihre Geduld bei dieser enormen Aufgabe. Ich wünsche auch für dieses Buch Lesespaß und Information rund um die Rassehunde dieser Welt.

Seelscheid, im Januar 2002   *Eva-Maria Krämer*

Rassehunde – Rassezucht

Die systematische Rassezucht und damit auch die Gründung der Vereine zur Erhaltung bestimmter Rassen fällt in Deutschland auf das Ende des 19. Jahrhunderts. 1863 fand die erste Hundeausstellung in Hamburg statt, 1880 wurde der erste Rassezuchtverband gegründet, weitere folgten.

Die Rassezuchtvereine sind im VDH, dem Verband für das Deutsche Hundewesen e.V., zusammengeschlossen, der wiederum Mitglied der FCI, Fédération Cynologique Internationale in Thuin, Belgien, ist. Als internationalem Dachverband obliegt der FCI u.a. die Vereinheitlichung des Ausstellungs- und Zuchtwesens und der Rassestandards in allen ihr angeschlossenen Ländern der Erde. Es handelt sich hier um die Mehrzahl der Länder, in denen Rassehundezucht betrieben wird. Der vom Mutterland einer Rasse erstellte Standard, der von der FCI anerkannt wurde, ist bindend für alle ihr angeschlossenen Zuchtverbände.

Es gibt jedoch eine ganze Reihe anderer nationaler und internationaler Verbände, die ebenfalls die Rassehundezucht verfolgen, aber nicht der FCI angeschlossen sind.

Die hohe Anpassungsfähigkeit an die Umwelt und das soziale Rudelleben des Wolfes waren Voraussetzung für die Entwicklung des Haushundes. Die Vielfalt der Hunderassen ist nicht nur durch die verschiedenen Verwendungszwecke der gezüchteten Tiere, sondern auch durch ihre unterschiedliche Größe, Haarbeschaffenheit, Farbe und Gebäudeform entstanden. Die bis zum Beginn der Rassezucht übliche Kreuzung verschiedener Rassen nach den Gesichtspunkten der Gebrauchstüchtigkeit hatte zur Ausbildung aller nur denkbaren Varianten geführt, die nun rein weitergezüchtet wurden. Durch züchterische Auslese und Kreuzungen sind auch in neuerer Zeit neue Rassen entstanden, z.B. Eurasier, Kromfohrländer, Pudelpointer. In jüngster Zeit finden immer häufiger bodenständige, sehr einheitliche Hundetypen aus aller Herren Länder Anerkennung als Rassehunde, z.B. Spanischer Wasserhund, Anatolischer Hirtenhund oder Thai Ridgeback.

Aufgabe der Rassezuchtvereine ist die Überwachung der Zucht nach tierschützerischen Gesichtspunkten, die Wahrung der Reinrassigkeit und die Zugrundelegung des Standards bei der Zucht. Hierzu werden Zuchtbestimmungen erstellt. Nur der Züchter, der sich ganz genau daran hält, kann seine Welpen in das Zuchtbuch des Rassezuchtvereins eintragen lassen. Jeder Welpe bekommt damit eine Ahnentafel ausgestellt, die Aufschluss über seine Vorfahren über einige Generationen hinweg gibt. Die Ahnentafel ist der Garantieschein für die Reinrassigkeit des Hundes und Voraussetzung für die Zulassung zu Zuchtschauen und der Zucht. Dem Züchter erschließt sie außerdem die Qualität der Vorfahren und damit den Zuchtwert des Hundes. Die Ahnentafel ist demnach das wesentliche Dokument für die Rassehundezucht überhaupt.

In den letzten Jahren geriet die Rassehundezucht in Misskredit. Nicht ganz zu Unrecht, denn wo gewisse Menschen ein Geschäft wittern, machen sie vor übelsten Praktiken nicht halt, um ihren Geldbeutel zu füllen. Auf Masse und Profit gezüchtete Welpen haben keine artgerechte Aufzucht, sind oft verhaltensgestört und krank. Der unkritische Käufer fördert und finanziert die schwarzen Schafe unter den Hundezüchtern! Schrecken Sie nicht vor dem Kauf eines Rassehundes zurück, bedenken Sie jedoch, dass eine Hunderasse nicht einem Markenzeichen gleichzusetzen ist, mit dem Fließbandprodukte gekennzeichnet werden. Der richtige Hund beim richtigen Herrn ist das Geheimnis vieler gemeinsamer glücklicher Jahre. Die richtige Partnerwahl unter der Vielzahl reizvoller Hunderassen zu treffen, soll Ihnen der Hundeführer erleichtern.

▸ **Tipps zum Kauf eines Rassehundes**

Der erste Schritt vor der Anschaffung eines Hundes sollte eine kritische Selbstprüfung sein: Habe ich Zeit und Platz für einen Hund, will ich mich eingehend mit seinen Bedürfnissen befassen, kann ich ihn mir leisten? Ist man sich seiner Möglichkeiten und Wünsche bewusst, muss nüchtern überlegt werden, welche Rasse sinnvoller Weise in Frage kommt. Aussehen alleine darf nicht ausschlaggebend sein. Bedürfnisse, Eigenarten, Auslauf und Pflegeaufwand müssen abgewogen werden.

Neben der Größe spielt das Fell bei der Wahl des Hundes oft eine große Rolle. Wir haben bei jeder Rasse eine Bemerkung zur Pflege gemacht. Grundsätzlich gilt, dass kurzhaarige Hunde ohne Unterwolle witterungsempfindlicher sind als stockhaarige Hunde mit dichter, isolierender Unterwolle. Erstere verlieren nicht so viele Haare, die aber eher an Stoffen hängen bleiben, während Unterwolle zweimal im Jahr in Flocken ausfällt und sich überall verteilt. Langhaar ist nicht unbedingt pflegeintensiv, aber man muss den Umgang mit dem Fell lieben, wenn die Hunde sauber und gepflegt sein sollen. Ausfallende Haare lassen sich gut entfernen, ihr Problem ist, dass sie sehr viel Schmutz in Haus tragen. Rassen, die getrimmt oder geschoren werden, sind abgesehen von diesen aufwändigen und teuren Maßnahmen (beim Hundefrisör) eher pflegeleicht.

Der größte Vorteil des Rassehundes gegenüber dem Mischlingshund ist, dass man ziemlich genau im Voraus weiß, was man sich mit dem Welpen ins Haus holt. Mischlinge dagegen stecken voller – nicht immer angenehmer – Überraschungen. Meiden Sie jedoch unbedingt Rassen, deren Äußeres die Lebensqualität der Hunde einschränkt, und fördern Sie deren Zucht nicht durch Ihre Nachfrage! Erfragen Sie beim VDH Ausstellungstermine, wo Sie die Rasse Ihrer Wahl leibhaftig bewundern und unverbindliche Kontakte knüpfen können. Besorgen Sie sich ein Buch, das nur dieser Rasse gewidmet ist. Besuchen Sie stets mehrere Züchter und kaufen Sie Ihren Welpen dort, wo die Hunde Ihren Vorstellungen entsprechen und die Welpen eine menschenbezogene Aufzucht genießen, d.h. Vertrauen zum Menschen deutlich zeigen.

Rassehundezucht ist teuer und aufwändig. Welpenpreise um die 600 € und mehr sind nicht ungewöhnlich. Vorsicht bei Billigangeboten, renommierte Züchter haben in der Regel keine Absatzschwierigkeiten! Bei keiner Rasse sind ängstliche oder aggressive Hunde in friedlichen Situationen normal. Natürlich darf jeder Hund den Eindringling verbellen und je nach Rasse auch böse werden, aber unter der freundlichen Einwirkung des Züchters muss er sich in Gegenwart der Fremden beruhigen und neutral verhalten. Belasten Sie sich nicht mit einem Hund, der nervlich unserer Umwelt nicht gewachsen ist oder für die Menschen eine Bedrohung darstellt. Akzeptieren Sie keine Ausreden und Entschuldigungen, gehen Sie zum nächsten Züchter.

Wolfsspitz

Bei der Rassewahl sollte man bedenken, dass sehr große Hunde eine relativ geringe Lebenserwartung haben. Einige Rassen leiden unter Erbkrankheiten. Stärkste allgemeine Bedrohung dürfte die Hüftgelenksdysplasie (HD) sein. Kaufen Sie nur von Elterntieren, die geröntgt und möglichst frei von HD sind. Fragen Sie bei dem Rassezuchtverein, ob und welche Krankheiten es gibt. In der Regel sehen die Zuchtbestimmungen die Bekämpfung vor. Ich habe bewusst auf das Aufführen solcher Krankheiten und Mängel verzichtet, weil häufig nur wenige Hunde einer Rasse betroffen sind und bei entsprechender züchterischer Bekämpfung ein Problem von heute morgen keines mehr ist oder eine heute „gesunde" Rasse morgen schon Probleme haben kann. Auch der sorgfältigste Züchter kann nur bis zu einem gewissen Grade für die Gesundheit eines Welpen verantwortlich zeichnen. Er soll aber nach bestem Wissen und Gewissen nur gesunde und charakterlich einwandfreie Hunde zur Zucht verwenden.

Zur Handhabung des Hundeführers

In der **Überschrift** wird die in Deutschland gebräuchliche Rassebezeichnung angegeben. Synonyme Namen sind im Text fett hervorgehoben, Querverweise auf andere Rassen mit einem Pfeil gekennzeichnet. Der **Spaltentext** informiert über die im Standard vorgegebene Schulterhöhe, Gewicht, Farbe und evtl. Varietäten. Neben den von der FCI anerkannten Rassen werden einige national von FCI-Mitgliedsverbänden gepflegt, bis sie die Voraussetzungen für eine internationale Anerkennung erfüllen. Es gibt aber auch solche, die unabhängig jeglicher Anerkennung gezüchtet werden, wobei eine Kontrolle über den Verlauf der Zucht nicht immer gegeben ist.

Die **Rassebeschreibungen** schildern das erwünschte, typische Charakterbild. Dank generationenlanger Auslese auf bestimmte Merkmale ist die Wahrscheinlichkeit groß, dass ein Hund einer Rasse die gewünschten Eigenschaften auch zeigt. Trotzdem gibt es angeborene Abweichungen, denn das weit gefächerte Rudel- und Jagdverhalten von Urahn Wolf beeinflusst noch immer unsere Rassehunde. Aufzucht und Haltung prägen das Verhalten in hohem Maße, ebenso können Hunde sogenannter „kinderlieber" Rassen aufgrund schlechter Erfahrungen zur Gefahr für Kinder und normalerweise menschenfreundliche Hunde bissig werden. Es ist wichtig zu wissen, was man will, und dies dem Züchter auch zu sagen. Aufgrund seiner Erfahrung kann er den geeigneten Welpen heraussuchen. Hinweise zur Kinderfreundlichkeit beziehen sich auf familieneigene Kinder unter der Voraussetzung, dass die Eltern Kind und Hund vernünftig füreinander erziehen und stets unter Kontrolle haben. Hunde sind kein Kinderspielzeug!

Auf eine nähere Beschreibung des Aussehens habe ich verzichtet und **Fotos** möglichst typischer Exemplare gewählt. Viele sind Champions und Siegertiere, die für sich sprechen. Den Standardwortlaut bekommt man beim Zuchtverein. Wesentlich ist, dass Mensch und Hund charakterlich zusammenpassen und der Mensch den Bedürfnissen des Hundes gerecht wird.

In Deutschland ist das Abschneiden von Ohren und Rute verboten (Ausnahme: jagdlich geführte Hunde), sodass ich mich bemüht habe, nur unkupierte Hunde abzubilden. Allerdings war mir das bei Hunden, die ich nur in ihrem Heimatland aufnehmen konnte, oder bei aktiven Jagdhunden nicht immer möglich.

Wir haben den Führer **nach der Größe der Hunde geordnet**, da sie ein wesentliches Auswahlkriterium für die Anschaffung ist und die Rassebestimmung erleichtert. Die Größe wird am Widerrist (Spitze der Schulterblätter am Rücken) im Stand gemessen. In der Gruppe der über 70 cm messenden Hunde wünscht man oft möglichst große Exemplare. Innerhalb der Größengruppen sind manche Rassen nach Ähnlichkeit und Verwandtschaft geordnet. Die Größengruppen werden durch verschiedenfarbige Griffleisten gekennzeichnet.

Das umfangreiche Register enthält auch alle synonymen Namen. Über diesen **alphabetischen Zugriff** ist jede Rasse schnell aufzufinden. Einen **kynologischen Zugriff** bietet die Gruppeneinteilung der FCI-anerkannten Rassen (S. 16). Im Anschluss an die Rassebeschreibungen finden Sie ein Lexikon zur Erläuterung der Fachausdrücke sowie Referenzen, wo Sie Züchteradressen und Ausstellungstermine bekommen. Bei den nicht offiziell anerkannten Rassen können wir leider keine verbindlichen Anschriften angeben. Kontakte bekommt man über das Internet oder Anzeigen in Hundefachzeitschriften.

Da die Rassehundezucht ständig im Wandel begriffen ist und diese Auflage hoffentlich nicht die letzte sein wird, bin ich für Anregungen und ergänzende Hinweise dankbar.

Hundetypen

▸ **Hüte-, Treib- und Hirtenhunde**

Früher hütete der Mensch seine Herde alleine. Er ging meist vor der Herde her, die ihm bzw. einem handzahmen Leittier an seiner Seite willig folgte. Der Hirte führte starke, gegen Witterungsunbill durch dichtes, derbes, manchmal zottiges Fell geschützte Hunde mit sich. Sie bewachten die Herde bei Nacht vor Raubtieren und zweibeinigen Dieben. Den empfindlichen Hals schützte ein stachelbewehrtes Eisenhalsband. Als Beschützer der Lebensgrundlage des Menschen hatten diese Hunde für die Hirten unschätzbaren Wert und wurden mit großer Sorgfalt gezüchtet, wenn auch nicht nach unseren Vorstellungen der Rassehundezucht. In erster Linie zählte ihre Leistungsfähigkeit. Ähnlichkeiten in der Erscheinung ergaben sich durch Verwandtschaftszucht in entlegenen Gebieten und die Anforderungen, die die Umwelt an die Hunde stellte, z.B. Körperbau je nach Gelände, Fellfarbe je nach Umfeld, Art des Fells je nach Witterung usw. Heute finden wir **Hirtenhunde** bei ihrer ursprünglichen Arbeit noch in den Gebirgsregionen Süd- und Osteuropas sowie in Asien, wo es noch oder wieder Wölfe und Bären gibt. Alle Hirtenhunde sind ihrer ursprünglichen Aufgabe heute noch verbunden, was sich in ihrem Charakter zeigt. Sie sind in der Regel keine Schmeichler und allem Fremden gegenüber unnahbar bis misstrauisch. Ihr Territorialinstinkt ist stark ausgeprägt, sie bewachen und verteidigen das ihnen Anvertraute mit aller Hingabe. Besonders aufmerksam werden diese Hunde bei hereinbrechender Dunkelheit, wenn für den Menschen die Zeit der Ruhe kommt. Um ihrer verantwortungsvollen Aufgabe gewachsen zu sein, wurde auf Dominanz selektiert, sodass sie ein starkes Rangordnungsempfinden besitzen und von klein an lernen müssen, sich dem Menschen unterzuordnen. Völlige Selbstständigkeit und Unabhängigkeit gewohnt, brauchen sie eine konsequente, aber keinesfalls grobe Erziehung, die beim Besitzer sehr viel Hundeverstand voraussetzt. Schnellwüchsig, kräftig und als Junghunde temperamentvoll brauchen sie einen Herrn, der körperlich fit ist. Diese Hunde verlassen ihr Territorium nur ungern und sind außerhalb oft unsicher. Kontakt, Beschäftigung, Spaziergänge zur Kontrolle der Reviergrenzen lieben sie, aber ständigen Ortswechsel, ständig neue Aufgaben müssen sie nicht haben. Diese Hunde werden erwachsen, haben eine Aufgabe und brauchen keinen Entertainer. Wer hundesportlich aktiv sein will, findet geeignetere Rassen. Das kommt sicher vielen Menschen entgegen, dennoch muss beim Kauf eines Hirtenhundes sehr wohl abgewogen werden, ob man sich für diesen Hund eignet. Niemals darf man ihn leichtfertig kaufen oder sich als problemlos aufschwätzen lassen. Hirtenhunde gehören in die Hand von Menschen, die Freude daran haben, sich mit einem ursprünglichen Hundecharakter, der wenig Abhängigkeit vom Menschen zeigt, zu beschäftigen.

Treibhunde sind wehrhafte, robuste, derbe Hunde voller Kraft und Durchsetzungsvermögen. Früher brachten die Viehhändler Rinder, Schafe und Schweine oft über lange Strecken vom Erzeuger zum Markt. Der Hund trieb das Vieh in dichtem Pulk voran und schützte es vor Dieben. Der Rottweiler ist ein typischer Treibhund.

Die **Hütehunde** entwickelten sich erst, als Wolf und andere Raubtiere weitgehend ausgerottet waren. Die schweren Hirtenhunde hatten ihre

Altdeutscher Schäferhund (Harzer Fuchs) bei der Arbeit.

Schuldigkeit getan. Manche überlebten als Schutzhunde großer Anwesen. Die Landwirtschaft breitete sich weiter aus, die Schafherden wurden größer, denn die industrielle Verarbeitung von Wolle zu Tuchen, nicht zuletzt der „Schießwolle" für Kriegszwecke, eröffnete einen schier unerschöpflichen Markt. Jetzt brauchte der Schäfer einen wendigen, kleinen Hund, der weniger selbstständig arbeitete als der Hirtenhund. Nicht schützen, sondern Treiben und Zusammenhalten der Herden waren seine Aufgaben. Der Schäferhund muss auf Fingerzeig seines Herrn reagieren und trotzdem in gewissen Situationen auch ohne Anweisungen Entscheidungen treffen. Sicherlich zog der Schäfer für diese Aufgabe kräftige Bauernhunde heran, die durch den engen Kontakt mit Mensch und Tier die Voraussetzung für die neuen Tätigkeiten mitbrachten. Überall in der Alten Welt entwickelten sich bodenständige Hütehunde, deren Äußeres durch die Anforderungen von Gelände und Witterung her bestimmt wurden. Die treibenden Hunde, die große Herden auf langen Wanderungen begleiten, sind allgemein robuster, besitzen Schutztrieb, müssen selbstständiger arbeiten und brauchen eine konsequentere Erziehung als die örtlich hütenden Hunde, die dem Schäfer bei der Handhabung der Schafe an den Pferchen helfen. Aus Ersteren rekrutieren sich viele moderne Gebrauchshunderassen, wie z.B. der Deutsche Schäferhund. Letztere finden wir z.B. im Typ der Collies wieder. Sie sind alle sehr wachsam und bellfreudig. Hütehunde sind Arbeitshunde. Ein Schäfer hat nicht viel Zeit, um einen Hund auszubilden. Er muss möglichst rasch möglichst perfekt arbeiten. Dazu gehören angeborene Arbeitswilligkeit und enge Verbundenheit zum Herrn. Beides bringen Hütehunde mit. Das macht sie wiederum zum bevorzugten Begleithund, denn sie sind intelligent, stellen sich auf den Menschen ein und sind recht leicht zu erziehen. Da der Hütetrieb auf tief im Innern des Hundes verwurzelten Jagdmethoden seiner Vorfahren beruht, kommt die Neigung zum Wildern vor. Da sie aber zu den „unter Kommando" arbeitenden Hunden gehören, kann man sie in den meisten Fällen über den Gehorsam zügeln.

Entlebucher Sennenhunde sind Nachfahren alter Bauernhunde aus dem Alpenraum.

Fast alle Hütehunde bzw. Schäferhunde kann man als sensibel bezeichnen, manche sind ausgesprochen unterordnungsbereit. Sie brauchen zum einen eine Führung, zum anderen müssen sie früh auf die Umwelt geprägt werden, und in der Zucht muss auf ausgeglichene, nervenstarke Hunde geachtet werden. Dies wird manchmal zugunsten der Schönheitszucht vernachlässigt. Wer einen Hütehund kaufen möchte, sollte deshalb dem Charakter der Zuchttiere besonderes Augenmerk widmen und ängstliche wie aggressive Tiere meiden.

▶ Haus- und Hofhunde

Hierunter fassen wir all die Rassen zusammen, deren Aufgabenbereich sich auf das Anwesen ihres Herrn erstreckt. Die **Pinscher** und **Schnauzer** waren von jeher Stallhunde. Ihre wichtigste Aufgabe war das Kurzhalten von Ratten und Mäusen, was ihnen die Bezeichnung „Rattler" einbrachte. In einer Zeit, als Pferde kostbarer Besitz und lebensnotwendiges Transportmittel waren, waren die Hunde einfach unentbehrlich. Sie führten, verglichen mit vielen anderen Hunden, sicherlich nicht das schlechteste Leben in der Wärme der Ställe bei sich reichlich vermehrender Nahrung. Der ständige Umgang mit Stallburschen, Kutschern und Reitern, Lärm und oftmals Hektik, ließ nervenfeste, robuste Hunde heranwachsen, bissige Hunde wurden nicht geduldet, während Wachsamkeit besonders nachts gern gesehen war. Schneid, Draufgängertum und Geschicklichkeit beim Rattenfang zeichnete die Hunde aus. Selbstverständlich durften sie keinerlei Neigung zum Streunen zeigen. Der **Deutsche Spitz** gilt als der Wachhund schlechthin. Seit dem Mittelalter prägte er das Bild des bäu-

Schnauzer sind zuverlässige Haus- und Hofhunde.

erlichen Alltags, gewann aber auch in den Städten als nimmermüder Wächter viele Freunde. Erst in jüngerer Zeit wurde der Spitz von „neuen" Rassen verdrängt und geriet ziemlich in Vergessenheit. Heute empfiehlt die Jägerschaft Bewohnern abgelegener Höfe die Haltung eines Spitzes, da er kaum zum Wildern neigt. Der Spitz ist Fremden gegenüber misstrauisch und abweisend, stets aufmerksam und wachsam, reviertreu und lässt sich leicht erziehen. Man darf den Deutschen Spitz nicht mit den nordischen Spitzen vergleichen.

Molosser nennt man schwere, doggenartige Hunde, wie man sie schon in der Antike zur Großwildjagd und im Krieg als Kampfhunde einsetzte. Die doggenartigen Nachkommen der antiken Molosser sind nach wie vor zuverlässige Beschützer ihrer Familien und von deren Besitz, die bei Gefahr mit Nachdruck verteidigen. Diese Hunde brauchen eine konsequente Erziehung mit Hundeverstand, frühe Gewöhnung an Menschen und Tiere sowie verantwortungsvolle Züchter, die nur mit ausgeglichenen, nervenfesten Hunden züchten. Falsch geprägt und künstlich scharf gemacht, könnten manche der großen, starken Hunde außer Kontrolle geraten.

Einige unter der FCI-Gruppe „Berghunde" (= Hirtenhunde) eingereihte Rassen sind typische Haus- und Hofhunde. Der Hovawart wurde aus Bauern- und Schäferhunden herausgezüchtet und gehört zu den anerkannten Diensthunden. Landseer, Neufundländer, Leonberger und St. Bernhardshund gelten als gutmütige Familienhunde, die wenig An-

griffslust, im Höchstfall Verteidigungsbereitschaft bei ernster Bedrohung zeigen. Als stark revierorientierte Hunde sind sie unter gleichgeschlechtlichen Hunden oft unverträglich.

Die Schweizer Sennenhunde sind typische Bauernhunde, die sich in der Abgeschiedenheit der Alpentäler entwickelten. Der kleine Entlebucher und der etwas größere Appenzeller sind lebhafte Viehtreiberhunde, ausgesprochen wachsam und immer im Dienst, während der Große Schweizer und der Berner den Hof bewachten und die Milchkarren zogen.

▶ **Spitze und Hunde vom Urtyp**

Diese ursprünglichen Hunde mit spitzem Fang, spitzen Stehohren, quadratischem Körperbau und Ringelrute verdanken ihr noch sehr uriges Verhalten den für Mensch und Hund gleichermaßen schwierigen Lebensbedingungen. Das unentbehrliche Arbeitstier Hund musste mit minimaler menschlicher Fürsorge überleben und arbeiten. Ein vom Menschen abhängiges Geschöpf wäre nicht von Nutzen, sondern eine Belastung. Einen anhänglichen Hausgenossen brauchten weder die Eskimos noch die Jäger der Tundra und Taiga, des Kongos oder die Beduinen. Zu den Spitztypen zählen die nordischen Jagdhunde ebenso wie die japanischen Jagdhunde, der afrikanische Basenji, der Kanaan Dog aus Israel ebenso wie der Dingo Australiens. Unter den nordischen Hunden finden wir Schlittenhunde, Jagd- und Hütehunde. Reine Begleithunde sind die Deutschen Spitze, der Chow Chow und als eine der jüngsten Kreationen der Eurasier. Allgemeines kann man über die Arbeitswei-

Akita Inu sind sehr ursprüngliche Hunde.

Havaneser zählen zu den Gesellschafts- und Begleithunden.

sen und den Charakter der Hundetypen in dieser Gruppe nicht aussagen. Beide werden in den Rassebeschreibungen ausführlich abgehandelt.

▶ **Gesellschafts- und Begleithunde**
Diese Rassen haben das zweifelhafte Vergnügen, allein zur Freude des Menschen zu leben und sind alle angenehme Hausgenossen. Hierzu gehören die Zwerg- und Schoßhunde. Diese Luxusgeschöpfe benötigen größte Aufmerksamkeit ihrer Menschen, sei es, dass ihr üppiges Fell sorgfältige, oft stundenlange Pflege braucht oder sie gar keines haben! Auf die Haltung eines Zwerghundes muss man sich einstellen, er hat seine Eigenheiten, die beachtet werden müssen. Deshalb sollte man sich vor dem Kauf einer solch winzigen Persönlichkeit gut beraten lassen und informieren. Besonders die kurznasigen Hunde sind mit übergroßen Augen und Atemnot nicht immer glückliche Geschöpfe! Fast alle sind schwierig zu züchten, sei es, dass die Köpfe zu groß sind und die Geburt erschweren oder die Mütter die Welpen unmittelbar nach der Geburt nicht betreuen können. Da die Zwerge nur wenige Welpen gebären, sind alle Zwerghunde kostbar, teuer und kaum reinrassig und rassetypisch von „Hundevermehrern" zu bekommen, denn die Zucht ist nicht lukrativ.

▶ **Jagd- und Windhunde, Terrier**
Der Begriff Jagdhunde umfasst alle Hunde, die im weitesten Sinne dem Menschen bei der Jagd behilflich sind. Wölfe beherrschen alle Finessen der Jagd, im Rudel gibt es aber Einzeltiere, die bestimmte Jagdtechniken besonders gut beherrschen und so eine Arbeitsteilung ermöglichen, die das Überleben des Rudels sichert. Diese tief im Erbgut des Hundes verankerten Fähigkeiten machte sich der Mensch seit Jahrtausenden zunutze und schuf durch Zuchtauslese Jagdspezialisten, die sein Überleben garantieren. Die Entwicklung der Jagdhunde geht Hand in Hand mit der der Jagdmethoden und Waffen. Jagdhunderassen befinden sich ständig im Wandel der Zeit, lösen einander ab, entwickeln sich weiter. Die Geschichte der Jagdhunde ist ein Stück Kulturgeschichte des Menschen.

Die älteste Form der Jagd ist das Hetzen des Wildes mit Hunden. Der sogenannte Leithund arbeitete die Spur aus und führte die Meute an. Je nach Gelände und Wild, ob man zu Fuß oder zu Pferde folgte, brauchte man langsamere, leichtere, schwerere, größere oder kleinere Hunde. Die **Laufhunde** jagen in großen Meuten oder einzeln mit dem Jäger. Die Jagd mit großen Meuten, die Parforcejagd, erlebte im feudalen Frankreich ihre Blütezeit. Jagdwild waren Hirsch und Schwarzwild, selten Damwild oder Fuchs. Während der Französischen Revolution wurden die herrschaftlichen Jagdhunde umgebracht, und viele schöne Laufhundrassen verschwanden. Heute erfreut sich die Parforcejagd in Frankreich wieder allgemeiner Beliebtheit. In Deutschland ist das Hetzen von Wild verboten, es gibt nur noch Schleppjagden, ein reiterliches Vergnügen, bei dem die Hunde einer künstlichen Fährte (Schleppe) mit Heringslake folgen.
Neben den Meutehunden gehören die Bracken zu den Laufhunden. Die Brackenjagd mit ein oder zwei Hunden ist eine Treib- oder Drückjagd auf Hasen (seltener Füchse). Da der Hund langsamer als der Hase ist, hetzt er ihn nicht, sondern folgt seiner Spur mit lautem Gebell (Geläut) und treibt ihn so vor sich her. Der Hase hat die Angewohnheit, zu seinem Ausgangspunkt zurückzukehren, wo der Jäger auf ihn wartet. Die Bracken Europas sind besonders den Boden- und Klimaverhältnissen und dem Jagdwild ihrer Heimat angepasst. Sie zeichnen sich alle durch hervorragende Nase und große Ausdauer aus. Wegen zu kleiner Reviere ist die Brackenjagd in Deutschland kaum durchführbar. Eine Sonderstellung unter den Bracken nehmen

die mediterranen Laufhunde ein, schlanke, fast windhundartige Geschöpfe mit großen Stehohren, die schon im alten Ägypten beliebt waren. Sie konnten sich vor allem in der Abgeschiedenheit der Mittelmeerinseln und auf den Kanarischen Inseln erhalten. Sie jagen mit der Nase und den Augen vornehmlich Kaninchen.

Laufhunde sind edle, freundliche Hunde. Als Begleit- und Familienhunde sind sie jedoch wegen ihrer zügellosen Hetzleidenschaft kaum zu empfehlen. Dem selbstständigen Jäger, der nie unter Kommando steht, entgeht keine Spur und keine Bewegung, die nicht sofort zum Nachlaufen veranlassen. Gehorsam ist dann vergessen, es bleibt dem Hundebesitzer nur, fasziniert und besorgt zugleich dem herrlichen Geläut seines Hundes zu lauschen und zu hoffen, dass er unversehrt, abgehetzt, aber glücklich, wiederkommt. Nur der Beagle ist ein beliebter Familienhund, aber auch er erinnert sich gern seines Laufhunderbes!

Der ehemalige Leithund des Hannoverschen Jägerhofs und die alten Brackenrassen des Alpenraums (Wildbodenhunde) wurden den neuen Bedürfnissen entsprechend zu hervorragenden **Schweißhunden** umgezüchtet, die das angeschossene, „schweißende" Wild suchen.

Eine kleine Bracke ist der **Teckel**, der jedoch seinen ursprünglichen Aufgabenbereich verlassen hat und in erster Linie für die Arbeit unter der Erde gedacht ist. Er ist einer der wenigen Jagdhunde, die sich eine Vorrangstellung als Haus- und Familienhunde schufen.

Im frühen Mittelalter galt die Jagd mit Greifvögeln als nobelste Beschäftigung des Mannes. Dazu gehörten die sogenannten Vogelhunde, **Stöberhunde**, die das Federwild aufscheuchten, damit Habicht oder Falke es schlagen konnten. Später trieben die Stöberhunde die Vögel in große Netze. Meist waren diese Hunde langhaarig und spanielartig. Aus ihnen züchtete man später die langhaarigen Vorstehhunde. In Großbritannien, dem Land der Jagdspezialisten, entwickelte sich eine Vielzahl von Spaniels parallel zu den Vorstehhunden. Sie suchen in unübersichtlichem Gelände, außerhalb der Kontrolle des Jägers, gründlich nach Wild, verfolgen es

Ein aufmerksamer Gefährte des Jägers ist der Pointer.

spurlaut und treiben es dem Herrn zu. Der Cocker Spaniel zählt zu den beliebtesten Begleithunden, kann aber seine Jagdhundherkunft nicht verleugnen.

Die Jagdverhältnisse änderten sich schlagartig mit der Urbarmachung natürlicher Landschaften und mit immer besseren, schnelleren und auf größere Entfernungen treffsicheren Gewehren. Der **Vorstehhund** wurde gebraucht. Seine Aufgabe ist, das Haar- oder Federwild aufzuspüren und anzuzeigen. Hat seine feine Nase Witterung aufgenommen und ist er nahe genug, um den Vogel zu veranlassen, sich zum Schutz zu ducken, gefriert seine Körperhaltung in einer typischen Pose – er steht vor. Ist der Jäger nahe genug zum Schuss, springt der Hund auf Befehl auf, Hühner und Fasane fliegen auf, der Hase flieht. Bis der Jäger geschossen hat, muss sich der Hund ruhig verhalten, setzen oder legen. In England, wo man solche Jagdveranstaltungen zum Sport erhob, arbeiten Pointer und Setter im rasenden Galopp das Gelände Meter für Meter ab. Je schneller der Hund, desto öfter die Möglichkeit, zum Schuss zu kommen. Das geschossene Wild zu finden und heranzubringen, ist Aufgabe der **Retriever**, die ebenfalls je nach Gelände, Feld oder Wasser, spezialisiert sind. Der Retriever eignet sich von allen Jagdhunden am besten als Haus- und Familienhund, da das Verfolgen einer Spur und selbstständiges Hetzen von Wild nicht zu seinen Aufgaben gehören und nicht geduldet werden.

In Deutschland bevorzugt man einen Jagdhund, der stöbert, vorsteht, sucht, findet, apportiert und möglichst auch Mannschärfe zeigt. Entsprechend sind die Jagdprüfungen ausgerichtet.

Von den „unter Kommando" arbeitenden Jagdhunden eignen sich einige bei richtiger Haltung und Erziehung recht gut zum Familien- und

Begleithund, doch sollte man sich und die Rasse sehr gut prüfen und genau überlegen, ob beiden ein Leben als Familienhund zuzumuten ist. Ein nicht ausgelasteter Jagdhund wird zur Nervensäge und Belastung. Er fühlt sich wohler in Jägerhand, wo er seine Veranlagung ausleben kann. Lassen Sie sich nicht vom Wesen und der Schönheit dieser Hunde blenden! Bei den deutschen Jagdhunden achten Züchter und Verbände darauf, dass gut veranlagte Hunde jagdlich geführt werden. Nichtjäger haben selten eine Chance, einen Welpen zu bekommen. Auf Hunde, die nicht aus einer Verbandszucht stammen, sollte man auf jeden Fall verzichten.

Bis auf den Schwarzen Terrier (ein Diensthund) und den Tibet Terrier (ein Hütehund) sind alle **Terrier** ehemalige oder noch aktive Jagdhunde. Ihre Raubzeugschärfe bei der Jagd auf Fuchs, Dachs, Otter und Ratten ist sprichwörtlich. Alle Terrier (außer dem Deutschen Jagdterrier) sind heute ausgezeichnete Familienbegleithunde, die zwar noch immer jedes Mauseloch kontrollieren, deren Jagdeifer aber erzieherisch im Zaum gehalten werden kann. Sie alle zeichnen sich durch Temperament, Robustheit, charmante Selbstständigkeit, hohe Intelligenz und Lernfähigkeit aus. Ebenfalls auf Jagdhunde, nämlich die mittelalterlichen Saupacker und Bärenbeißer, gehen alle bullterrier- und doggenartigen Hunde zurück. Gelegentlich werden zwar Bull Terrier bei der Jagd auf Schwarzwild eingesetzt, doch im Allgemeinen sind sie und die Doggenartigen nicht mehr jagdlich aktiv. Ausnahmen bilden Fila Brasileiro und Dogo Argentino, die heute noch in ihrer Heimat Raubkatzen und Großwild jagen. Auch in der Spitzfamilie finden wir passionierte Jagdhunde.

Die edelste und älteste Form der Jagdhunde sind die **Windhunde**. Sie jagen mit den Augen und hetzen flüchtiges Wild bis zur Erschöpfung oder zum Tode. Auch hier gibt es Spezialisten für lange und kurze Strecken, Wüsten, Steppen und Gebirge. Alle Windhunde besitzen ein feinfühliges, oft anschmiegsames Wesen, bleiben aber immer eine geheimnisvolle Persönlichkeit für sich, die sich dem Menschen nie unter Zwang unterordnet. Ihre faszinierende Schönheit verführt oft dazu, dass Windhunde von Menschen angeschafft werden, die dem Wesen und den Bedürfnissen ihres Hundes nicht gerecht werden. Nur wenige können einem Windhund sicheren, freien Auslauf gewähren. Ein Leben an der Leine, den kurzen Schritten des Menschen angepasst, ist für den Windhund eine Qual, die er zwar ohne zu klagen erträgt – er wird aber jede Gelegenheit nutzen, freizukommen und in mächtigen Sätzen zu verschwinden. Windhundrennen hinter dem künstlichen Hasen auf der Bahn oder das Coursing, das dem Jagdverhalten vieler Windhundrassen näher kommt, bieten nur eine bescheidene Möglichkeit, den Jagdeifer des Hundes zu befriedigen. Noch mehr als der Jagdhundfreund sollte der Windhundliebhaber prüfen, ob er den Bedürfnissen dieser herrlichen Hunde wirklich gerecht werden kann oder aus Liebe zum Windhund lieber auf ihn verzichtet.

Azawakh im Rennen

Gruppeneinteilung der FCI-anerkannten Rassen
Mit Seitenzahlen; Stand 1.10.2003; * vorläufig aufgenommen

Gruppe 1
Hüte- und Treibhunde

Sektion 1: Schäferhunde
Australian Kelpie 131
Australian Shepherd * 174
Bearded Collie 169
Belgischer Schäferhund (Groenendael, Laekenois, Malinois, Tervueren) 212
Berger de Beauce 273
Berger de Brie 253
Berger de Picardie 242
Berger des Pyrénées à poil long 107
Berger des Pyrénées à face rase 107
Old English Sheepdog 170
Border Collie 140
Ca de Bestiar 292
Cane da Pastore Maremmano-Abruzzese 310
Cane de Pastore Bergamasco 209
Cao da Serra de Aires 165
Ceskoslovensky Vlcak 301
Collie (Rough, Smooth) 206
Deutscher Schäferhund 216
Gos d'Atura Catala 164
Holländischer Schäferhund 210
Hrvatski Ovcar 119
Komondor 313
Kuvasz 312
Mudi 119
Polski Owczarek Nizinny 120
Polski Owczarek Podhalanski 310
Puli 108
Pumi 104
Saarlooswolfhond 301
Schapendoes 121
Schipperke 55
Shetland Sheepdog 77
Slovensky Cuvac 310
Südrussischer Ovtcharka 324
Weißer Schweizer Schäferhund* 217
Welsh Corgi (Cardigan, Pembroke) 48

Sektion 2: Treibhunde
Australian Cattle Dog 130
Bouvier des Ardennes 255
Bouvier des Flandres 254
Cao Fila de São Miguel * 197

Gruppe 2
Pinscher und Schnauzer, Molossoide, Schweizer Sennenhunde und andere Rassen

Sektion 1: Pinscher und Schnauzer
1.1. Pinscher
Affenpinscher 45
Dobermann 291
Österr. Kurzhaariger Pinscher 118
Pinscher 125
Zwergpinscher 40

1.2. Schnauzer
Riesenschnauzer 276
Schnauzer 124
Zwergschnauzer 64

1.3. Smoushond
Hollandse Smoushond 99

1.4 Tchiorny Terrier
Tchiorny Terrier 289

Sektion 2: Molossoide
2.1. Doggenartige Hunde
Broholmer 297
Bulldog 89
Bullmastiff 257
Cane Corso Italiano * 263
Deutsche Dogge 334
Deutscher Boxer 238
Dogo Argentino 262
Dogo Canario * 196
Dogue de Bordeaux 252
Fila Brasileiro 296
Mastiff 298
Mastino Napoletano 295
Perro Dogo Mallorquin 196
Rottweiler 256
Shar Pei 129
Tosa 272

2.2. Berghunde
Aidi 214
Anatolischer Hirtenhund 320
Cao da Serra da Estrela 306
Cao de Castro Laboreiro 194
Do-Khyi 325
Hovawart 274
Kaukasischer Ovtcharka 322
Kraski Ovcar 315
Landseer 327
Leonberger 305
Mastin de los Pirineos 308
Mastin Español 308
Neufundländer 299
Pyrenäenberghund 308
Rafeiro do Alentejo 307
Sarplaninac 314
St. Bernhardshund 333
Zentralasiatischer Ovtcharka 323

Sektion 3: Schweizer Sennenhunde
Appenzeller Sennenhund 171
Berner Sennenhund 275
Entlebucher Sennenhund 114
Großer Schweizer Sennenhund 290

Sektion 4: andere Rassen
Großer Japanischer Hund 278

Gruppe 3
Terrier

Sektion 1: Hochläufige Terrier
Airedale Terrier 208
Bedlington Terrier 97
Border Terrier 68
Deutscher Jagdterrier 94
Fox Terrier (Glatt-und Drahthaar) 86
Irish Glen of Imaal Terrier 67
Irish Soft Coated Wheaten Terrier 112
Irish Terrier 105
Kerry Blue Terrier 113
Lakeland Terrier 78
Manchester Terrier 98
Parson Russell Terrier 51
Terrier Brazileiro * 87
Welsh Terrier 78

Sektion 2: Niederläufige Terrier
Australian Terrier 24
Cairn Terrier 33
Cesky Terrier 53
Dandie Dinmont Terrier 30
Jack Russell Terrier 51
Nihon Teria 50
Norfolk Terrier 24
Norwich Terrier 24
Scottish Terrier 35
Sealyham Terrier 52
Skye Terrier 32
West Highland White Terrier 34

Sektion 3: Bullartige Terrier
American Staffordshire Terrier 111
Bull Terrier (Standard, Miniature) 167
Staffordshire Bull Terrier 95

Sektion 4: Zwerg-Terrier
Australian Silky Terrier 23
English Toy Terrier 41
Yorkshire Terrier 22

Gruppe 4
Dachshunde

Dachshund (Zwerg, Kaninchen) 42

Gruppe 5
Spitze und Hunde vom Urtyp

Sektion 1: Nordische Schlittenhunde
Alaskan Malamute 239
Grönlandhund 192
Samojede 185
Siberian Husky 182

Sektion 2: Nordische Jagdhunde
Finnenspitz 123
Jämthund 163
Karelischer Bärenhund 191
Norbottenspets 102
Norwegischer Elchhund (Gra, Sort) 162
Norwegischer Lundehund 85
Ostsibirische Laika 187
Russisch-Europäische Laika 186
Westsibirische Laika 186

Sektion 3: Nordische Wach- und Hütehunde
Islandhund 110
Lapinporokoira 144
Norsk Buhund 109
Schwedischer Lapphund 144
Suomenlapinkoira 144
Westgotenspitz 54

Sektion 4: Europäische Spitze
Deutscher Spitz (Zwerg, Klein, Mittel, Groß, Wolf) 21, 56, 115, 184
Volpino Italiano 57

Sektion 5: Asiatische Spitze und verwandte Rassen
Akita 249
Chow Chow 168
Eurasier 183
Hokkaido 132
Kai 132
Kishu 133
Korea Jindo Dog * 188
Japan Spitz 56
Shiba 90
Shikoku 132

Sektion 6: Urtyp
Basenji 103
Canaan Dog 188
Perro sin Pelu del Peru 58
Pharaonenhund 176
Xoloitzcuintle 181

Sektion 7: Urtyp – Hunde zur jagdlichen Verwendung
Cirneco dell'Etna 176
Podenco Canario 284
Podenco Ibicenco 284
Podengo Portugues 44, 175, 284

Sektion 8: Jagdhunde vom Urtyp mit einem Ridge auf dem Rücken
Thai Ridgeback 188

Gruppe 6
Laufhunde, Schweisshunde und verwandte Rassen

Sektion 1: Laufhunde
1.1. Große Laufhunde
American Foxhound 236
Billy 287
Black and Tan Coonhound 236
Chien de Saint Hubert 248
English Foxhound 230
Français (blanc et noir, blanc et orange, tricolore) 288

Grand anglo-français (blanc et noir, blanc et orange, tricolore) 287, 288
Grand Bleu de Gascogne 286
Grand Gascon Saintongeois 286
Grand Griffon Vendeen 224
Otterhound 248
Poitevin 287

1.2. Mittelgroße Laufhunde
Anglo-français de petite vénerie 148
Ariegeois 200
Beagle Harrier 148
Bosanski Ostrodlaki Gonic Barak 160
Briquet Griffon Vendeen 150
Chien d'Artois 200
Dunker 152
Erdélyi Kopó 234
Griffon Bleu de Gascogne 150
Griffon Fauve de Bretagne 224
Griffon Nivernais 224
Haldenstövare 152
Hamiltonstövare 154
Harrier 148
Hellenikos Ichnilatis 146
Hygenhund 152
Istarski Kratkodlaki Gonic 158
Istarski Ostrodlaki Gonic 159
Jugoslavenski Trobojni Gonic 159
Ogar Polski 235
Österr. Glatthaarige Bracke 136
Petit Bleu de Gascogne 150
Petit Gascon saintongeois 151
Planinski Gonic 160
Porcelaine 200
Posavki Gonic 160
Sabueso Espanol 146
Schillerstövare 154
Schweizer Laufhund (Berner, Jura, Luzerner, Schwyzer) 156
Segugio Italiano 147
Serbski Gonic 160
Slovensky Kopov 138
Smalandstövare 138
Steirische Rauhaarbracke 136
Suomenajokoira 154
Tiroler Bracke 136

1.3. Kleine Laufhunde
Basset artésien normand 71
Basset bleu de Gascogne 71
Basset fauve de Bretagne 72
Basset Hound 69
Beagle 88
Deutsche Bracke 141
Drever 82
Grand Basset Griffon vendeen 72
Petit Basset Griffon vendeen 72
Schweizer Niederlaufhund (Berner, Jura, Luzerner, Schwyzer) 72
Westfälische Dachsbracke 82

Sektion 2: Schweißhunde
Alpenländische Dachsbracke 82
Bayerischer Gebirgsschweißhund 139
Hannoverscher Schweißhund 166

Sektion 3: verwandte Rassen
Dalmatiner 202
Rhodesian Ridgeback 271

Gruppe 7
Vorstehhunde

Sektion 1: kontinentale Vorstehhunde
1.1. Typ kurzhaarige Vorstehhunde
Bracco Italiano 268
Braque d'Auvergne 226
Braque de l' Ariège 227
Braque du Bourbonnais 227
Braque Dupuy (ausgestorben – noch FCI gelistet mit Nr. 178)
Braque français type Gascogne 227
Braque français type Pyrénées 227
Braque St. Germain 227
Deutsch Drahthaar 264
Deutsch Kurzhaar 246
Deutsch Stichelhaar 265
Gammel Dansk Honsehond 268
Magyar Vizsla Drahthaar 229
Magyar Vizsla Kurzhaar 229
Perdigueiro Portugues 199
Perdiguero de Burgos 268
Pudelpointer 266
Weimaraner 277

1.2. Typ Spaniel
Deutsch Langhaar 247
Drentse Patrijshond 215
Epagneul Bleu de Picardie 223
Epagneul Breton 122
Epagneul du Pont-Audemer 180
Epagneul Français 222
Epagneul Picard 222
Großer Münsterländer 240
Kleiner Münsterländer 172
Stabijhoun 142

1.3. Typ Griffon
Cesky Fousek 267
Griffon à poil Laineux (Griffon Boulet) 267
Griffon d'arrêt à poil dur Korthals 267
Slowakischer Raubart 265
Spinone Italiano 267

Sektion 2: britische und irische Vorstehhunde
2.1. Pointer
English Pointer 261

2.2. Setter
English Setter 259
Gordon Setter 258
Irish Red Setter 260
Irish Red and White Setter 260

Gruppe 8
Apportierhunde, Stöberhunde, Wasserhunde

Sektion 1: Apportierhunde
Chesapeake Bay Retriever 244
Curly Coated Retriever 270
Flat Coated Retriever 205
Golden Retriever 204
Labrador Retriever 203
Nova Scotia Duck Tolling Retriever 128

Sektion 2: Stöberhunde
American Cocker Spaniel 84
Clumber Spaniel 92
Deutscher Wachtelhund 143
English Cocker Spaniel 100
English Springer Spaniel 127
Field Spaniel 92
Kooikerhondje 91
Sussex Spaniel 92
Welsh Springer Spaniel 127

Sektion 3: Wasserhunde
American Water Spaniel 116
Barbet 178
Cao de Agua Portugues 173
Irish Water Spaniel 179
Lagotto Romagnolo * 116
Perro de Agua Espanol 116
Wetterhoun 250

Gruppe 9
Gesellschafts- und Begleithunde

Sektion 1: Bichons und verwandte Rassen
1.1. Bichons
Bichon à poil frisé 39
Bichon Havanais 37
Bologneser 36
Malteser 38

1.2. Coton de Tuléar
Coton de Tuléar 37

1.3. Petit Chien Lion
Löwchen 65

Sektion 2: Pudel
Pudel (Toy, Zwerg, Klein, Gross) 80, 195

Sektion 3: Kleine belgische Rassen
3.1. Griffons
Belgischer Griffon 46
Brüsseler Griffon 46

3.2. Petit Brabancon
Petit Brabancon 46

Sektion 4: Haarlose Hunde
Chinese Crested Dog 58

Sektion 5: Tibetanische Hunderassen
Lhasa Apso 26
Shih Tzu 26
Tibet Spaniel 27
Tibet Terrier 96

Sektion 6: Chihuahueno
Chihuahua 20

Sektion 7: Englische Gesellschaftsspaniel
Cavalier King Charles Spaniel 61
King Charles Spaniel 60

Sektion 8: Japanische Spaniel und Pekingesen
Chin 29
Pekingese 28

Sektion 9: Kontinentaler Zwergspaniel
Papillon, Phalène 31

Sektion 10: Kromfohrländer
Kromfohrländer 106

Sektion 11: Kleine doggenartige Hunde
Boston Terrier 101
Französische Bulldogge 63
Mops 62

Gruppe 10
Windhunde

Sektion 1: Langhaarige oder befederte Windhunde
Afghanischer Windhund 294
Barsoi 331
Saluki 282

Sektion 2: Rauhaarige Windhunde
Deerhound 303
Irish Wolfhound 332

Sektion 3: Kurzhaarige Windhunde
Azawakh 293
Chart Polski 330
Galgo español 280
Greyhound 302
Italienisches Windspiel 81
Magyar Agar 281
Sloughi 283
Whippet 134

Diese Rassen gelten definitiv als ausgestorben und wurden aus der FCI-Rassenliste gestrichen:
Basset d'Artois FCI-Nr. 18
Braque Belge FCI-Nr. 79
Braque Dupuy FCI-Nr. 178
Belgischer Karrenhund FCI-Nr. 69
Harlekinpinscher FCI-Nr. 210

bis 30 cm

LANGHAAR

- **Chihuahua**
  Gewicht 0,5–3 kg, ideal 1–2 kg
  Farbe alle
  Land Mexiko
  FCI-Nr. 218

Chihuahua

Um die Herkunft der kleinsten Hunde der Welt, der „Schiwawas", ranken sich viele Legenden. Wahrscheinlich sind sie Nachkommen der heiligen Hunde der Tolteken und Azteken und waren Opfergaben und köstliche Delikatessen zugleich. Eine Theorie besagt, dass die schon den alten Ägyptern bekannten Zwerge mit Wikingerschiffen in die Neue Welt gelangten; viel wahrscheinlicher erscheint mir eine Verwandtschaft mit dem → **Podengo Pequeno** portugiesischer Seefahrer. Wie dem auch sei, Amerikaner entdeckten die Winzlinge in Mexiko. Gesunde Chihuahuas aus guter Zucht sind selbstbewusst, neugierig, ja geradezu dreist und voller Temperament. Niemals darf ein Chihuahua scheu und nervös wirken. Er ist gelehrig und wachsam. Selbst viel größeren Hunden gegenüber weiß er sich zu behaupten. Er ist kein verzärtelter Zwerg, sondern eine Hundepersönlichkeit im Handtaschenformat. Schmusen gehört zu seinen besten Übungen, und er stellt sich ganz auf seinen Partner ein, den er eifersüchtig beschützt. So ist er ein idealer Begleiter für Menschen, die sich auf engen Lebensraum beschränken, viel Zeit und Liebe für ihren kleinen Freund aufbringen. Zweifelhaftes Rassenmerkmal ist die offene Schädeldecke (Fontanelle), sie wird jedoch nicht mehr verlangt und sollte möglichst klein sein.

KURZHAAR

bis 30 cm

Zwergspitz

Der Zwergspitz oder **Pomeranian** hatte in Deutschland früher wenig Freunde und wurde züchterisch kaum beachtet. Erst mit der aufkommenden Beliebtheit der Kleinhunderassen gewann er wieder an Bedeutung. In Amerika und England hingegen fand der Zwerg schon um die Jahrhundertwende begeisterte Freunde, die ihn nach der pommerschen Heimat vieler Spitze Pomeranian nannten. Als die bunten Fellkugeln in den 60er Jahren nach Deutschland kamen, stießen sie bei den Spitzzüchtern zunächst auf wenig Zuneigung, haben sich aber inzwischen einen festen Platz unter den Liebhabern der Kleinhunde erobert. Die Zucht dieser Zwerge ist nicht ganz einfach, und die Pomeranians kann man kaum als robuste Vertreter der Spitzfamilie bezeichnen. Sie sind in ihrer Winzigkeit jedoch große Persönlichkeiten, die selbst gegenüber viel größeren Hunden Selbstbewusstsein ausstrahlen. Das macht sie in den angelsächsischen Ländern zu beliebten Ausstellungshunden. Der Zwergspitz ist ein entzückender, farbenprächtiger Begleiter für alle, die Freude an einem intelligenten, fröhlichen Hundezwerg haben, der voll und ganz in seinem Herrn aufgeht. Selbstverständlich benötigt das enorme Haarkleid aufmerksame Pflege.

▶ **Zwergspitz**
Schulterhöhe
20 ± 2 cm
Farbe schwarz, weiß, braun, orange, andersfarbig: graugewolkt, creme, creme-sable, orange-sable, black and tan; Schecken: Grundfarbe weiß mit gleichmäßig verteilten Flecken
Land Deutschland
FCI-Nr. 97

bis 30 cm

Yorkshire Terrier
Gewicht bis 3,1 kg, nicht unter 2 kg
Farbe dunkles Stahlblau mit vollem, hellem Tan an Brust, Kopf und Beinen
Land Großbritannien
FCI-Nr. 86

Yorkshire Terrier

Der Yorkshire Terrier ist eine Züchterkreation aus Yorkshire. Ausgangsrasse war der inzwischen ausgestorbene Clydesdale Terrier, der dem → *Skye Terrier* sehr ähnlich, aber kleiner war. Zur Verbesserung der Farbe wurde die blaue Variante des alten Black and Tan Terriers eingekreuzt. Skye und → *Malteser* fügten langes, seidiges Haar hinzu, auch der → *Dandie Dinmont* dürfte mit von der Partie gewesen sein. Die ersten typischen Yorkies waren noch keine Zwerge, aber der Trend ging zu immer kleineren Exemplaren. Die Zuchtpraxis, größere Hündinnen mit winzigen Rüden zu verpaaren, führte zu erheblichen Größenunterschieden bei den Nachkommen. Der winzige Schausieger ist noch immer eine hochgepriesene Rarität. Das lange, manchmal auf dem Boden schleifende Haar des Ausstellungshundes bedarf besonderer Pflege: es wird geölt und zum Schutz beim Toben und Spielen in Seidenpapier gewickelt. Der Yorkie ist eine Frohnatur, noch immer Terrier mit Leib und Seele, von erstaunlicher Klugheit, Anpassungsfähigkeit und fröhlicher Zärtlichkeit. Ein idealer Kamerad für kleinsten Wohnraum in der Stadt, der gern viel spazieren geht. Beim Welpenkauf sollte man Hunde aus Schaufenstern und Käfigzuchten meiden.
Der **Biewer-Yorkie à la Pom-Pon** ist nicht FCI-anerkannt. 1982 fiel erstmals bei Züchter Biewer ein weißgefleckter Welpe. Diese hübschen „fehlfarbenen" Hündchen wurden jedoch weitergezüchtet. Sog. MiniYorkies gibt es nicht, der Begriff wurde von unseriösen Vermehrern zwecks Verkaufsförderung geprägt.

bis 30 cm

Australian Silky Terrier

Um 1820 wurde eine in Australien gezüchtete, rauhaarige Terrierhündin mit auffallend stahlblauem Haarkleid nach England gebracht und mit einem → *Dandie Dinmont Terrier* verpaart. Ein Mr. Little züchtete aus diesen Nachkommen einen seidenhaarigen Kleinhund mit stahlblauem Fell. Als er nach Australien auswanderte, kreuzte er dort seine Hunde mit dem → *Australian* und → *Yorkshire Terrier*. Obwohl der Standard schon 1900 aufgestellt wurde, erfolgte die Anerkennung erst 1959. Inzwischen wurde aus den vielfältigen Vorfahren des Australian Silky Terriers ein hübscher, fröhlicher, unkomplizierter Begleithund, bewegungsfreudig, intelligent und leicht erziehbar. Er ist trotz des Seidenhaars kein Schoßhund, sondern ein typischer Terrier, der laut Standard noch immer zur Jagd auf Ratten eingesetzt werden könnte. Er braucht Familienanschluss und Beschäftigung. Er ist bei entsprechendem Auslauf ein idealer Wohnungshund. Beachtung muss man dem seidigen Haarkleid schenken, das regelmäßiger gründlicher Pflege bedarf. Silky-Welpen werden schwarz & tan geboren und färben sich später in Stahlblau um.

▶ **Moskauer Zwergterrier**
Diese Neuschöpfung der 50er Jahre entstand aus langhaarigen Exemplaren des → *Toy Terrier* und → *Chihuahua*. Er ist heute in Moskau ein sehr beliebter Wohnungshund.

▶ **Australian Silky Terrier**
Schulterhöhe 23 cm, Hündinnen weniger
Gewicht 3,5–4,5 kg
Farbe blau und loh, graublau und loh
Land Australien
FCI-Nr. 236

▶ **Moskauer Zwergterrier**
Schulterhöhe 20–28 cm
Gewicht 2,5–3 kg
Land Russland
FCI nicht anerkannt

bis 30 cm

NORFOLK TERRIER

Norfolk und Norwich Terrier
Schulterhöhe
25–26 cm
Farbe rot, weizenfarben, grau oder schwarzlohfarben oder grizzle
Land Großbritannien
FCI-Nr. Norfolk 272, Norwich 72

Australian Terrier
Schulterhöhe ca. 25 cm
Gewicht 6,5 kg
Farbe blau mit loh, sandfarben oder rot (ohne braun)
Land Australien
FCI-Nr. 8

Norfolk Terrier, Norwich Terrier, Australian Terrier

▶ **Norfolk Terrier, Norwich Terrier**
Beide Rassen unterscheiden sich nur dadurch, dass der Norwich Terrier Stehohren und der Norfolk Terrier Kippohren besitzt. Bis in die 60er Jahre wurden beide Varianten gekreuzt. Sie stammen aus der südenglischen Grafschaft Norfolk, wo die kurzbeinigen Terrier zur Fuchs- und Dachsjagd eingesetzt wurden. Man vermutet eine Verwandtschaft mit dem → *Cairn* und → *Scottish Terrier*. Studenten der Universität Cambridge machten sie populär. Zum Zeitvertreib jagten sie Raubzeug, konnten ihre Unterkünfte aber nur mit kleinen Hunden teilen. Die kompakten Hunde sind selbstbewusst, aber nicht rauflustig, lebhaft, robust und stets fröhlich. Dabei zärtlich, liebenswürdig, gelehrig und duldsam mit Kindern, lassen sie als Familienhunde wenig zu wünschen übrig. Das raue Haar wird nur in Form gezupft.

▶ **Australian Terrier**
Schottische Siedler besaßen schon um 1800 kleine, rauhaarige Terrier mit stahlblauem Fell, deren unbestechliche Wachsamkeit berühmt war. Zahlreiche britische Terrier trugen zu seiner Züchtung bei. Der Australian ist ein robuster, wachsamer, draufgängerischer, fröhlicher, intelligenter, anhänglicher Terrier, Menschen gegenüber aufgeschlossen, unkompliziert mit Kindern, selbstbewusst und dennoch gut zu erziehen. Das pflegeleichte Fell wird nur in Form gezupft.

bis 30 cm

NORWICH TERRIER

AUSTRALIAN TERRIER

bis 30 cm

LHASA APSO

Tibetanische Rassen

Lhasa Apso
Schulterhöhe ideal 25,6 cm, Hündinnen etwas kleiner
Farbe löwenfarbig, alle Gold-, Sand-, Honig-, Schieferfarben, dunkelgrau, silbergrau (und Grautöne), schwarz, weiß, braun und mehrfarbig
Land Tibet (Großbritannien)
FCI-Nr. 227

Kyi Leo
Schulterhöhe 20–30 cm
Gewicht 4–6 kg
Farbe schwarz-weiß, manchmal wird das Schwarz silbergrau
Land USA
FCI nicht anerkannt

▶ **Lhasa Apso**
Lieblingshund der Aristokratie im alten Tibet, der es heute noch schätzt, geachteter Mittelpunkt der Familie zu sein. Allem Fremden gegenüber ist der Lhasa Apso misstrauisch, doch in seiner Familie anhänglich und zärtlich, ohne seine stolze Persönlichkeit aufzugeben. Fröhlicher Haushund, der ausgiebige Spaziergänge liebt. Das üppige, lange Haar ist pflegeintensiv.

▶ **Kyi Leo®**
In den USA beliebte, nicht offiziell anerkannte Rasse, die einer Zufallspaarung zwischen → *Lhasa Apso* und → *Malteser* im Jahre 1950 entstammt. Harriet Linn züchtete die Hunde weiter, gab ihnen den Namen und stellte den Standard auf. 1972 war die Rasse etabliert. Kyi heißt auf tibetanisch Hund und Leo bedeutet Löwe. Sehr lebhafter, verspielter Wohnungshund, sehr anhänglich, etwas zurückhaltend gegenüber Fremden und sehr wachsam. Selbstbewusster und sensibler Hund, der eine liebevolle, aber konsequente Erziehung braucht. Das lange, seidige, üppige Fell braucht sorgfältige Pflege. Kyi Leos werden in Europa noch nicht gezüchtet.

▶ **Shih Tzu**
Die Chinesen nennen ihn Shi-Tze-kou = tibetanischer Löwenhund. Er gehört zu den Löwenhunden des Fernen Ostens, die eng mit der Lehre Buddhas verbunden sind. Die kostbaren Tempelhündchen gelangten als Gastgeschenk an den chinesischen Hof, wo sie mit viel Liebe weitergezüchtet wurden und vermutlich ihre kurzen Nasen bekamen. Zauberhafter, robuster Kleinhund mit überschäumendem Temperament und freundlichem Wesen, der eine gewisse Arroganz ausstrahlt. Intensive Fellpflege.

bis 30 cm

SHIH TZU

TIBET SPANIEL

Shih Tzu
Schulterhöhe max. 26,7 cm
Gewicht ideal 4,5 bis 7,3 kg
Farbe alle
Land Tibet (Großbritannien)
FCI-Nr. 208

Tibet Spaniel
Schulterhöhe ca. 25,4 cm
Gewicht ideal 4,1–6,8 kg
Farbe alle
Land Tibet (Großbritannien)
FCI-Nr. 231

▶ **Tibet Spaniel**
Ebenfalls zu den Löwenhündchen zählend, wurde er mehr von der ländlichen Bevölkerung gehalten. Nur die schönsten Exemplare durften in den Klöstern die Gebetsmühlen treten. Der Tibet Spaniel ist ein pflegeleichter, fröhlicher, lebhafter, intelligenter und robuster Hausgenosse, der Fremden gegenüber abweisend, dafür aber seinem Menschen ein umso zärtlicherer Begleiter ist.

bis 30 cm

▸ **Pekingese**
Gewicht
Rüden max. 5 kg,
Hündinnen max. 5,5 kg
Farbe alle außer Albino und leberfarben
Land China (Großbritannien)
FCI-Nr. 207

Pekingese

Der Überlieferung nach wurde Buddha von kleinen Löwenhündchen begleitet, die sich vor Feinden in Löwen verwandelten. Porzellan- und Jadefigürchen zeugen von jahrhundertealter Tradition. Ihre Blütezeit erlebten die **Peking Palasthunde** in der Mandschu-Dynastie (1644–1912), aus der viele wunderschöne Darstellungen typischer Pekingesen erhalten sind. Sie wurden mit großer Sorgfalt gezüchtet und besonders von der letzten Herrscherin verehrt. Es war undenkbar, dass ein Europäer, „weißer Teufel" genannt, einen solchen Hund besitzen durfte. Gebot die Diplomatie ihn zu verschenken, starb der Hund an gefütterten Glassplittern, ehe er sein Ziel erreichte. Als die Engländer 1860 Peking eroberten, fanden sie 5 der begehrten Hündchen im Palast. Einen erhielt Queen Victoria als Geschenk. Seither ist der Pekingese aus der englischen Hundeszene nicht mehr wegzudenken. 1900 erschienen die ersten Exemplare in Deutschland. Im Wesen gleicht der Pekingese eher einer Katze als einem Hund, sagen viele seiner Freunde. Tatsächlich ist der kleine Hund sehr selbstbewusst, draufgängerisch, eigenwillig und niemals unterwürfig. Freundlich, anhänglich und verschmust, wenn ihm danach ist, schenkt er seine Zuneigung längst nicht jedem. Der kleine, ruhige Löwe ist gelegentlich erstaunlich aufbrausend und kampflustig, hat aber kein großes Laufbedürfnis. Eher ein Einmannhund und weniger Familienhund.

Die vorstehenden großen Augen sind empfindlich, die kurze Nase bedingt Atemnot. Das üppige Haarkleid bedarf aufwändiger Pflege.

bis 30 cm

Japan Chin

Vor Hunderten von Jahren soll der chinesische Kaiser diese Hunde dem japanischen Kaiser geschenkt haben. Zweifellos ist der Chin mit den kurznasigen Rassen Chinas verwandt. In Japan genoss er ein ebenso hohes Ansehen wie der Peking-Palasthund in China, er durfte nur vom höchsten Adel gehalten werden, lebte in Bambuskäfigen, wurde in den Ärmeln der seidenen Kimonos getragen und vegetarisch ernährt. 1853 erhielt Kommodore Perry ein Pärchen zum Geschenk, das er der hundefreundlichen Königin Victoria überreichte. Das erste reinrassige Pärchen gelangte 1880 als Geschenk der japanischen Kaiserin an Kaiserin Auguste nach Deutschland. Der ursprüngliche Chin war größer als man ihn heute kennt und wurde erst in England, vermutlich durch Einkreuzung von King Charles Spaniels, kleiner. Japan Chins sind fröhliche, aufgeschlossene Hausgenossen, anpassungsfähig und verspielt bis ins hohe Alter, und sie lieben ausgedehnte Spaziergänge. Die aufmerksamen, intelligenten, lebhaften Hunde sind friedlich im Umgang mit Artgenossen und leicht zu erziehen. Zärtlich und ganz in seinem Menschen aufgehend, wachsam, aber nicht aggressiv, ist der Japan Chin ein charmanter Begleiter und anpassungsfähiger Wohnungshund. Das lange Fell ohne Unterwolle ist bei regelmäßigem Kämmen pflegeleicht, die Augenwinkel müssen täglich ausgewischt werden.

▶ **Japan Chin**
Schulterhöhe ca. 25 cm, Hündinnen etwas kleiner
Farbe weiß mit schwarzen oder roten Abzeichen; mit gleichmäßiger Gesichtszeichnung
Land Japan
FCI-Nr. 206

bis 30 cm

- **Dandie Dinmont Terrier**
  Gewicht: 8–11 kg
  Farbe mustard (Senf), pepper (Pfeffer)
  Land Großbritannien
  FCI-Nr. 168

SENFFARBEN

Dandie Dinmont Terrier

Zur Familie der schottischen Terrier gehörend, trägt der robuste kleine Haudegen seinen Namen nach der Romanfigur Dandie Dinmont, die einem Züchter dieser Tiere nachempfunden sein könnte. Dieser literarische Aufstieg zu Beginn des 19. Jh. verschaffte ihm Zutritt zu Englands feinsten Kreisen, sodass er sich schnell vom raubzeugscharfen Jagdhund zum Salonlöwen entwickelte. Er ist eng mit dem → *Bedlington Terrier* verwandt und wurde auch in andere englische Terrierrassen eingekreuzt. Er gehört zu den unmittelbaren Vorfahren des → *Rauhaardackels,* der manchmal noch typische Dandie-Merkmale aufweist. Ähnlich ist auch sein Charakter. Man bezeichnet ihn als den Philosophen unter den Terriern, ruhig, wenn nötig, und lebhaft, wenn möglich. Fremden gegenüber ist der Dandie unnahbar bis reserviert, zu seinen Menschen zärtlich und umgänglich, aber auch eigenwillig. Er ist ein wachsamer Hund mit respekteinflößender Stimme. Weniger geeignet für Familien mit Kindern; besonnene, ruhige Menschen sind eher mit ihm glücklich. Der wendige, schnelle Terrier ist auch heute noch ein ausgezeichneter Ratten- und Mäusevertilger. Das Haarkleid wird regelmäßig gekämmt und mehrmals jährlich in Form gezupft, der Hund sollte aber nie „frisiert" wirken.

bis 30 cm

PAPILLON

Kontinentaler Zwergspaniel

Es gibt zwei Formen des Kontinentalen Zwergspaniels **(Epagneul Nain Continental):** den a) **Papillon** mit Stehohren, das „Schmetterlingshündchen", und den b) **Phalène** (Nachtfalter) mit Hängeohren, die ursprüngliche Form. Die Zwergspaniels erfreuten schon im 12. Jh. die feinen Damen des spanischen Hofes, im 14. und 15. Jh. gehörten sie zum Alltagsbild der meisten europäischen Adelshäuser, wie auf zahlreichen Gemälden berühmter Meister zu sehen. Rubens selbst soll einen besessen haben, ebenso wie die Marquise de Pompadour und Marie Antoinette. Sie wurden als Privileg der Begüterten angesehen und während der Französischen Revolution fast ausgerottet. Erst im 19. Jh. wurden die stehohrigen Papillons durch Einkreuzung von Spitz und Chihuahua populär, sie sind heute noch viel häufiger als der Phalène anzutreffen. Der Papillon darf kein zitterndes, empfindliches Nervenbündel sein. Er ist von Haus aus robust, selbstbewusst, fröhlich, intelligent und steckt voller Temperament. Der leicht erziehbare, anschmiegsame Hausgenosse passt sich sehr gut ins Familienleben ein, sollte jedoch nicht als Kinderspielhund betrachtet werden. Die Zwergspaniels lieben Spaziergänge und sind angenehme Wohnungshunde. Sie fühlen sich in der Stadt ebenso wohl wie auf dem Lande, wo sie gerne Mäuse und sogar Kaninchen jagen. Das lange, kräftige Haar ohne Unterwolle ist pflegeleicht.

PHALÈNE

Papillon, Phalène
Schulterhöhe ca. 28 cm
Gewicht a) bis 2,5 kg,
b) Rüden 2,5 bis 4,5 kg,
Hündinnen 2,5 bis 5 kg
Farbe auf weißem Grund alle Farben zulässig, am Körper weiß vorherrschend, farbiger Kopf mit Blesse
Land Frankreich/Belgien
FCI-Nr. 77

bis 30 cm

Skye Terrier

Skye Terrier
Schulterhöhe
25–26 cm, Länge von der Nase bis zur Rutenspitze 103 cm
Farbe grau, falbfarben, cremefarben mit schwarzer Markierung an Ohren und Fang, schwarz
Land Großbritannien
FCI-Nr. 75

Eine außerordentlich aparte Erscheinung unter den Terriern ist der Skye. Zur Zeit Elizabeth I. beschrieb Dr. Caius einen Terrier, der von der „Insel" gekommen sei und dem heutigen Skye sehr ähnlich gewesen sein muss. Vermutlich meinte er die im Nordwesten Schottlands gelegene Isle of Skye. Der Skye Terrier gehört zu den raubzeugscharfen, harten schottischen Terriern, deren dichtes Fell vor den Bissen der Füchse schützte. Schon früh gelangte er in den Ausstellungsring und wurde von seiner ursprünglichen Aufgabe immer weiter weggezüchtet. Längst kann er in keinen Fuchsbau mehr eindringen, wenngleich es ihm nicht an Schneid fehlt. Der Skye Terrier ist ein schwieriger Hund, nicht nur wegen der intensiven Fellpflege, die er benötigt, sondern auch wegen seines Charakters. Mit seiner eigenwilligen Persönlichkeit schließt er sich nur einem Menschen an, den er als Herrn und Meister akzeptiert. Seine Erziehung ist nicht einfach, sie verlangt Konsequenz und Verständnis. Fremden gegenüber ist der Skye Terrier misstrauisch und unduldsam. Der enorm kräftige Hund ist trotz seiner kurzen Beine durchaus ein zuverlässiger Beschützer. Man muss das besondere Wesen dieses Eigenbrötlers schon lieben, will man mit ihm glücklich werden. Für Kinder nicht unbedingt zu empfehlen. Steh- und hängeohrige Skyes werden getrennt gezüchtet.

bis 30 cm

Cairn Terrier

Der Urtyp aller schottischen Terrier ist auf dem besten Weg, wie sein weißer Vetter, der West Highland White Terrier, in Mode zu kommen. Seit jeher züchteten die Vieh- und Schafzüchter im schottischen Hochland raubzeugscharfe Terrier. Nicht Sport, sondern Notwendigkeit bestimmte die Jagd auf die lämmerraubenden Füchse. Da es in der dünnen Erdkrume keine unterirdischen Baue gibt, leben die Füchse in „Cairns", uralten, durch Baumwurzeln fest verankerten Geröllhalden. Da man den Hunden durch Ausgraben der Baue nicht zu Hilfe kommen kann, überleben nur die kühnsten, raffiniertesten und härtesten Terrier ihre Lebensaufgabe. Der moderne Cairn Terrier wurde zwar im Laufe der Jahre als Familienhund gesetzter, ist aber noch immer ein fröhlicher Draufgänger, der vor nichts zurückschreckt. Nicht zuletzt gilt er deshalb als beliebter Männerhund. Doch der unempfindliche, robuste Cairn ist ebenso feuriger Beschützer alleinstehender Damen wie duldsamer Spielgefährte der Kinder. Der selbstständige, jedoch nicht eigensinnige Hund lernt schnell, braucht aber konsequente Erziehung, sonst schwingt er sich zum Familienoberhaupt auf. Er ist wachsam, ohne unnötig zu kläffen. Das raue Fell ist pflegeleicht und wird nur ein wenig in Form gezupft.

Cairn Terrier
Schulterhöhe 28–31 cm
Gewicht 6–7,5 kg
Farbe rot, creme, weizenfarben, grau oder nahezu schwarz, gestromt
Land Großbritannien
FCI-Nr. 4

bis 30 cm

▸ **West Highland White Terrier**
Schulterhöhe ca. 28 cm
Farbe weiß
Land Großbritannien
FCI-Nr. 85

West Highland White Terrier

Der Westie hat den gleichen Ursprung wie der Cairn Terrier. In seiner schottischen Heimat hielt man weiße Terrier für schwächlich und feige. Weiße Welpen wurden schon bei der Geburt ersäuft und hatten nie die Gelegenheit, das Gegenteil zu beweisen. Ein gewisser Major Malcolm aus Poltalloch wollte es genau wissen und widmete sich der Zucht einer weißen Linie von Cairn Terriern. Seine Hunde nahmen es mindestens genauso gut mit Dachs, Fuchs, Otter und Wildkatze auf wie jeder farbige Cairn. Es gab aber auch weiße Welpen aus anderen schottischen Terrierschlägen, die alle einen eigenen Namen hatten. 1904 wurden sie als West Highland White Terrier anerkannt und schnell populär. Seit einigen Jahren ist der Westie ein absoluter Moderenner, mit allen Nachteilen, die eine profitorientierte Zucht mit sich bringt. Viele Westies sind weder im Aussehen noch im Charakter typisch. Deshalb ist beim Kauf auf sorgfältige Züchterwahl zu achten. Der kleine, ausdauernde Hund mit dem kecken Gesichtsausdruck ist selbstbewusst, immer zu Spiel und Spaß aufgelegt, aufmerksam, wachsam und unkompliziert im Umgang mit Kindern. Als typischer Terrier benötigt er eine konsequente Erziehung, versteht es aber, sich mit viel Charme durchzusetzen. Er liebt Spaziergänge und ist bei ausreichender Bewegung und Möglichkeit zum Toben auch gut in der Stadt zu halten. Das drahtige Fell benötigt Pflege und wird regelmäßig getrimmt. Im Alltagsleben bleibt das Fell nur bei sorgfältiger Pflege schön weiß.

bis 30 cm

Scottish Terrier

In Schottland haben niederläufige Terrier eine jahrhundertealte Tradition. In der Abgeschiedenheit der Täler und Inseln entwickelten sich verschiedene Typen, die alle ausgezeichnete Fuchs-, Dachs- und Otterjäger waren und sich durch Mut, Raubzeugschärfe, Härte und Robustheit auszeichneten. Erst mit Beginn der Rassehundezucht gab man den verschiedenen Terriern Namen und züchtete sie als getrennte Rassen. Schottische Terrier gab es viele, und so war der Disput groß, welcher nun tatsächlich der „Scottish" Terrier war. Capt. Gordon Murray setzte sich mit einem bestimmten Typ durch, und der auch **Aberdeen Terrier** genannte Hund wurde populär. Aus dem urigen Jagdhund wurde ein Salonlöwe, der seiner ursprünglichen Aufgabe nicht mehr nachgehen kann. In Amerika wurde der Schotte mit dem charakteristischen Bart und dem ernsten Gesichtsausdruck Modehund. Heute ist er nur mehr selten anzutreffen. Der Scottish Terrier ist ein eher ruhiger, gesetzter, ernster Hund, der sich nur schwer mit Fremden anfreundet. Seiner Familie treu ergeben, besitzt er dennoch eine starke Persönlichkeit, die konsequent erzogen werden will. Der wachsame, aber nie laute Hund hat kein allzu großes Laufbedürfnis und eignet sich deshalb recht gut für ein Stadtleben. Das harsche Fell wird regelmäßig getrimmt.

▸ **Scottish Terrier**
Schulterhöhe 25,4–28 cm
Gewicht 8,6–10,4 kg
Farbe schwarz, weizenfarben, gestromt in jeder Farbe
Land Großbritannien
FCI-Nr. 73

bis 30 cm

BOLOGNESER

▸ **Bologneser**
Schulterhöhe
Rüden 27–30 cm,
Hündinnen 25–28 cm
Gewicht 2,5–4 kg
Farbe reines Weiß
Land Italien
FCI-Nr. 196

▸ **Coton de Tuléar**
Schulterhöhe
Rüden 25–32 cm
(ideal 28 cm),
Hündinnen 22–28 cm
(ideal 25 cm)
Gewicht Rüden 4–6 kg,
Hündinnen 3,5–5 kg
Farbe weiß; gelbe und
graue Flecken insbesondere an den Ohren
erlaubt
Land Madagaskar
(Frankreich)
FCI-Nr. 283

Bichons

Mumien kleiner, weißer Schoßhunde wurden schon in ägyptischen Pharaonengräbern gefunden. Seither entzückten die herzigen Wollknäuel vornehme, reiche Damen von der Antike bis in die Neuzeit. Zum Glück braucht man heute weder reich noch vornehm zu sein, um sich am reizenden Aussehen und bezaubernden Wesen dieser seltenen Hunde erfreuen zu können, wenngleich die Anschaffung u.U. mühsam und teuer ist. Alle Bichons zeichnen sich durch unwiderstehlichen Charme, fröhliche Ausgelassenheit, Witz und Klugheit aus. Sie gehen völlig in ihrer Bezugsperson auf und begleiten sie durch dick und dünn. Die kleinen Persönlichkeiten sind viel robuster und ausdauernder, als man annehmen möchte, und lieben ausgedehnte Spaziergänge. Trotzdem hält sich ihr Bewegungsdrang in Grenzen, und sie haben keinerlei Neigung zum Wildern. Sie sind wachsam, aber keine Kläffer. Das weiche Fell benötigt tägliche sorgfältige Pflege, schon der Welpe muss ans Bürsten gewöhnt werden. Ansonsten unkomplizierter und anpassungsfähiger Anfängerhund.

▸ **Bologneser**
Er stammt aus Italien und war der Liebling berühmter Damen wie Madame Pompadour, Katharina der Großen von Russland oder Maria Theresia von Österreich. Auch er haart nicht.

▸ **Bolonka zwetna**
In Russland wurde aus dem Bologneser mit verschiedenen anderen Rassen der Bolonka zwetna gezüchtet, der in

bis 30 cm

HAVANESER ▲

COTON DE TULÉAR ▼

Havaneser
Schulterhöhe
23–27 cm ± 2 cm
Farbe Zwei Farbvarietäten: Seiten vollständig reinweiß, falbfarben von hellfalb bis havannafarben (tabakfarben, rot-braun), in diesen zulässigen Farben gefleckt, leicht schwarz gewolkt erlaubt. Zulässige Farben und Flecken (weiß, hellfalbfarben bis havannafarben) mit schwarzen Flecken, schwarzes Haarkleid.
Land westl. Mittelmeergebiet
FCI-Nr. 250

der ehemaligen DDR viele Freunde fand. Diese Hunde sind nicht VDH-anerkannt und noch immer recht unterschiedlich im Erscheinungsbild. Ansonsten sind sie typische Bichons.

▸ **Havaneser**
Der **Bichon Havanais** gelangte vermutlich mit den Spaniern nach Kuba, wo er sich in feinen Kreisen großer Beliebtheit erfreute. Kommt in vielen Farben vor.

▸ **Coton de Tuléar**
Seefahrer brachten ihn auf die Insel Madagaskar. Der Name weist auf sein baumwollartiges Fell hin (Coton = Baumwolle aus Tuléar). Der Coton haart nicht.

bis 30 cm

Malteser
Schulterhöhe Rüden 21–25 cm, Hündinnen 20–23 cm
Gewicht 3–4 kg
Farbe reinweiß; blasse Elfenbeintönung zulässig
Land zentrales Mittelmeergebiet (Italien)
FCI-Nr. 65

Malteser

Der Malteser ist der am weitesten verbreitete und beliebteste Bichon. Der Name rührt nicht von der Insel Malta her, sondern von der Insel Meleda im Adriatischen Meer. Vermutlich kamen die schneeweißen Hündchen von Ägypten nach Griechenland, später nach Rom und in neuerer Zeit an den französischen Königshof. Von jeher schmückten sich feine Damen mit den charmanten, feenhaften Wesen, aber sie sollen auch als „Heilmittel" gegen allerlei Gebrechen gedient haben. Ganz sicher wirkte sich der warme Körper wohltuend auf den Leib aus, und die Gesellschaft des Hündchens heilsam auf die Seele. Malteser sind lebhafte, gelehrige intelligente Hausgenossen, wachsam, aber nicht unnötig kläffend. Der Malteser ist ein gesunder, robuster und langlebiger Vierbeiner, der gerne spazieren geht, rennt und tollt und seinen Menschen am liebsten auf Schritt und Tritt begleitet, was bei der handlichen Größe auch kein Problem ist. Die Malteser gewinnen in letzter Zeit immer mehr Freunde, weshalb man beim Kauf die Herkunft des Hundes kritisch prüfen sollte. Das glatte, bodenlange Seidenhaar muss täglich gekämmt, die Augen jeden Morgen und der Bart nach jeder Mahlzeit gereinigt sowie die Afterregion peinlich sauber gehalten werden. Nur wer wirklich Spaß an der Fellpflege und die nötige Zeit dazu hat, kann sich an einem weißen, gepflegten Malteser erfreuen.

bis 30 cm

Bichon à poil frisé

Zu den ältesten Rassen Europas gehören die „gelockten" Bichons. Schon im alten Rom waren diese weißen Hündchen geliebte Begleiter vornehmer Damen. Sie sind es viele Jahrhunderte lang geblieben, besonders in Italien und Frankreich, wo der Bichon auf kaum einem Gemälde aristokratischer Damen fehlen darf. Der Bichon beglückte seine Herrin nicht nur durch sein entzückendes Wesen, sondern erfüllte eine wichtige praktische Funktion – er diente als Bettwärmer und Heizkissen für Kranke. Der ehemals „Teneriffa-Hündchen" genannte Vierbeiner besitzt ein entzückendes Wesen voller Charme, Klugheit, Fröhlichkeit und Liebe. Er ist wachsam, ohne zu viel zu kläffen, und ein idealer Wohnungshund. Er liebt Spaziergänge, kommt aber auch mal ohne aus. Er kann seinen Herrn um den Finger wickeln und man kann ihm einfach nicht böse sein oder seiner Zuneigung widerstehen. Trotzdem ist er leicht nur mit Worten zu erziehen. Der Bichon ist ein ausgesprochen anpassungsfähiger Begleiter. Das robuste selbstbewusste Kerlchen braucht allerdings sorgfältige Pflege, soll es manierlich aussehen. Zweimal wöchentlich gründlich kämmen und einmal monatlich baden sind nötig. Die Spitzen des korkenzieherartigen Fells, das dem des Mongolenschafes ähnelt, werden etwas in Form geschnitten. Vorzug: er verliert keine Haare! Dieser noch seltene Hund erfreut sich zunehmender Beliebtheit.

▶ **Bichon à poil frisé**
Schulterhöhe
max. 30 cm
Farbe reinweiß
Land Frankreich/Belgien
FCI-Nr. 215

bis 30 cm

Zwergpinscher
Schulterhöhe Rüden und Hündinnen 25–30 cm
Gewicht 4–6 kg
Farbe einfarbig hirschrot, rot-braun bis dunkelrot-braun (früher Rehpinscher genannt) und schwarzrot
Land Deutschland
FCI-Nr. 185

Prager Rattler
Schulterhöhe 19–23 cm
Gewicht 2–2,2 kg
Farbe schwarz-rot, rot
Land Tschechische Republik, national anerkannt
FCI nicht anerkannt

Zwergpinscher

Zwergpinscher und Zwergschnauzer gab es schon vor der Reinzüchtung aller Schnauzer- und Pinscherrassen. Die Zwerge waren beliebte Salonhunde. Feine Damen der Jahrhundertwende schmückten sich mit den Winzlingen, die nicht klein und zart genug sein konnten. Zum Glück blieb das Zuchtideal nicht beim möglichst kleinen, feinen, zittrigen Schoßhund, sondern der Zwergpinscher soll genauso aussehen wie der Pinscher im Taschenformat. Typische Zwerghundmerkmale wie runder Schädel, kleine, spitze Schnauze, große vorstehende Augen usw. sind ebenso unerwünscht wie ängstliches Wesen. Der Zwergpinscher ist mit seinem Glatthaar ein sauberer, pflegeleichter Wohnungshund für kleinsten Raum. Er schließt sich eng an seine Familie an, gibt älteren, alleinstehenden Menschen Gesellschaft und Zuneigung, er ist spielfreudig und lustig, zärtlich und selbstbewusst. Der unbestechliche Wächter ist Fremden gegenüber misstrauisch. Ein Hund im Handtaschenformat, der kaum Ansprüche stellt.

▶ **Prager Rattler**
Der dem Zwergpinscher sehr ähnliche Hund ist in Literatur und Kunst bis ins 14. Jh. zurückzuverfolgen, als der tschechische König Karl I. dem französischen König Karl V. ein solches Hündchen schenkte. Seit Anfang der 60er Jahre wird die Rasse in der Tschechischen Republik aufgebaut. Liebenswerter, lebhafter Kleinhund. Außerhalb seiner Heimat weitgehend unbekannt.

▶ **Perro Ratero Mallorquin/ Ratero Valenciana**
Ähnlich, nur etwas größer sind diese nicht off. anerkannten spanischen Rattenfänger aus Mallorca und Valencia.

bis 30 cm

English Toy Terrier

Er ist auch unter dem Namen **Black and Tan Toy Terrier** bekannt und eine verkleinerte Ausgabe des Manchester Terrier. Der Zwerg begleitete seinen Herrn in der Jackentasche in die Kneipen, um gegen hohe Wettgelder Ratten in einer Arena zu töten. Die Briten entwickelten daraus einen regelrechten Sport: je mehr Ratten ein Hund in der Minute tötete, desto wertvoller war er. Schon 1881 gab es einen Standard für den Toy (toy = Spielzeug). Vermutlich wurde die Zwergform durch Auslese und Kreuzung mit dem Italienischen Windspiel erreicht, denn insgesamt ist der Toy zierlich und feingliedrig, auch wenn der Standard einen harmonischen, eleganten, kompakten Hund wünscht, der einen Eindruck von Aufmerksamkeit und Schnelligkeit vermitteln soll. Dabei darf er keineswegs an den → **Whippet** erinnern. Er ist ein fröhlicher, flinker, trotz geringer Größe mutiger, wachsamer Terrier, der nie nervös sein sollte. Ein guter Hausgenosse für die Großstadtwohnung, da er ausgesprochen pflegeleicht ist. Er gehört auch in England zu den seltenen Rassen und ist hierzulande kaum anzutreffen.

▶ **Toy Fox Terrier** (Bild rechts)
Aus kleinen Fox Terriern, → **Zwergpinschern**, → **Windspielen** und → **Chihuahuas** gezüchteter Kleinhund, der seinen Terriercharakter weitgehend bewahrt hat, dennoch umgänglicher im Wesen ist. Intelligenter, gelehriger, sehr feinfühliger, anhänglicher, selbstbewusster und dreister Hund. Genügsam in Haltung und Pflege. Nicht geeignet für kleine Kinder, ideal für ältere Menschen und Stadtwohnungen. Die seltene, haarlose Variante des Toy Fox Terrier, der **Hairless Toy Terrier**, wird separat gezüchtet.

▶ **English Toy Terrier**
Schulterhöhe 25–30 cm
Gewicht 2,7–3,6 kg
Farbe schwarz-loh
Land Großbritannien
FCI-Nr. 13

▶ **Toy Fox Terrier**
Schulterhöhe 21–29 cm
Farbe wenigstens zur Hälfte weiß, immer farbiger Kopf; schwarz mit lohfarbenen Abzeichen, Schokoladenbraun mit lohfarbenen Abzeichen, braun oder schwarz
Land USA, national anerkannt
FCI nicht anerkannt

bis 30 cm

LANGHAAR ZWERG BRAUNTIGER

Dachshund, Zwerg-Dachshund, Kaninchen-Dachshund

Dachshund
Gewicht Normalgröße ca. 9 kg
Brustumfang ab 35 cm, Zwerg 30–35 cm, Kaninchen bis 30 cm
Farbe Lang- und Kurzhaar: einfarbig rot, rotgelb, gelb mit oder ohne schwarze Stichelung; zweifarbig tiefschwarz oder braun mit rostbraunen oder gelben Abzeichen; gefleckt (getigert, gestromt): dunkle Grundfarbe (schwarz, rot, grau) mit weißen Flecken; rot oder gelb mit dunklerer Stromung; andersfarbige: alle anderen außer weiß und einfarbig schwarz. Rauhaar überwiegend saufarben, ansonsten wie Lang- und Kurzhaar.
Land Deutschland
FCI-Nr. 148

Der **Teckel** oder **Dackel** stammt von kurzbeinigen Bracken ab. Kurzbeinigkeit erleichtert das Durchstöbern dicht bewachsener Regionen, der langsamere Hund kann vom Jäger leichter verfolgt werden und in Dachs- und Fuchsbauten einschliefen. Der Vollblutjagdhund von erstaunlicher Vielseitigkeit kämpft unter der Erde tollkühn gegen Fuchs und den ihm körperlich überlegenen Dachs, jagt spurlaut, stöbert, zeigt beste Leistungen auf Schweiß und kann sogar bei der Wasserarbeit eingesetzt werden. Trotz seiner Jagdpassion ein beliebter Haus- und Familienhund. Der Clown, der Schelm, der Schauspieler unter den Hunden wird nie langweilig, seine Mimik ist unnachahmlich. Er weiß genau, wie er seine Menschen um den Finger wickeln kann. Er ist zärtlich, rücksichtsvoll, dreist und draufgängerisch, wann immer es die Situation erfordert. Der wachsame, ja durchaus verteidigungsbereite Dackel versteht es, sich Respekt zu verschaffen. Da er bei seiner Arbeit auf selbstständiges Handeln angewiesen ist, darf man ihm eigenen Entscheidungswillen nicht als Ungehorsam auslegen. Bei liebevollkonsequenter Erziehung ist auch der Dackel ein gehorsamer Hausgenosse. Das Problem scheint, dass Dackelbesitzer oft alle Prinzipien über dem Charme des Vierbeiners vergessen! Am beliebtesten ist der Rauhaar-, gefolgt vom Lang- und Kurzhaarteckel.

RAUHAAR KANIN SAUFARBEN

LANGHAAR NORMAL ROT

KURZHAAR NORMAL ROT

bis 30 cm

bis 30 cm

Podengo Portugues pequeno

Podengo Portugues pequeno
Schulterhöhe 20–31 cm
Gewicht 4–5 kg
Land Portugal
FCI-Nr. 94

Die im gesamten Mittelmeerraum vorkommenden, stehohrigen eleganten Laufhunde, die nicht zu den Windhunden zählen, sind schon auf Jahrtausende alten ägyptischen Darstellungen zu finden. Charakteristisch ist die rötliche Sandfarbe mit oder ohne weiße Abzeichen und das Vorkommen rauhaariger sowie kurzhaariger Exemplare. Portugal allerdings besitzt den einzigen niederläufigen Laufhund. Er ist recht beliebt, denn er ist nicht nur ein hervorragender Kaninchenjäger, sondern auch ein amüsanter Haus- und Familienhund, klein und genügsam. Erst in jüngster Zeit werden die Podengos nach Rassestandard gezüchtet, und obwohl sie von alters her ihren Typ bewahrt haben, gilt der kleine als schwierig in der Zucht, weil er das Ebenbild der größeren sein soll und keine Verzwergungsmerkmale wie runden Kopf, spitzen Fang und vorstehende Augen aufweisen darf. Charakterlich ist er mit dem Terrier vergleichbar, stets fröhlich, raubzeugscharf, intelligent, unkompliziert, kinderfreundlich, wachsam. Hervorragender Rattenfänger. Die kleinen Podengos gehen in die Baue wie → *Teckel* oder Terrier und arbeiten ähnlich wie der → *Jack Russell Terrier.* Sicherlich ein Familienhund mit Zukunft, allerdings braucht er eine konsequente Erziehung, um seine Neigung, einer Spur zu folgen, in Grenzen zu halten.

bis 30 cm

Affenpinscher

Vor 150 Jahren glaubte man, dieser struppige Zwerg sei eine Kreuzung zwischen Affe und Pinscher, daher der Name. Mit seinem runden Kopf, dem verkürzten Nasenrücken und seinen großen, runden, glutvollen Augen fällt er völlig aus dem Rahmen der Schnauzer-Pinscher-Familie. Strebel (1905) erwähnt noch einen seidenhaarigen Affenpinscher, der jedoch ausgestorben ist. Heute wünscht man das Fell hart und dicht mit harschem, sternförmig abstehendem Haarkranz um den Kopf, der mit dem stattlichen Bart und stachelig abstehenden Augenbrauen das charakteristische „Affengesicht" unterstreichen soll. Die hoch angesetzten Ohren dürfen stehen oder kippen. Sein Fremden gegenüber abweisendes, zuweilen aufbrausendes Wesen und der abfällige Name schaffen ihm auf Anhieb keine Freunde. Dabei ist er seinen Menschen ein liebevoller, etwas kauziger Hausgenosse mit ausgeprägter Persönlichkeit. Er ist sehr wachsam und bellt viel. Abgesehen davon ist er wegen seiner handlichen Größe ein idealer Wohnungshund mit hoher Lebenserwartung. Pflege bis auf das Kämmen des Kopfhaares und regelmäßiges Trimmen des Körperhaars einfach. Ein anpassungsfähiger Hausgenosse, der sich sowohl im Stadtpark austobt als auch ausgiebige Wanderungen mitmacht. Leider ist diese aparte Rasse hierzulande selten geworden. Die Zuchtbasis ist schmal. Umso beliebter ist der kleine Kauz in den angelsächsischen Ländern und in Skandinavien. Der Affenpinscher dürfte eng verwandt mit den Belgischen Griffons sein.

▶ **Affenpinscher**
Schulterhöhe 25–30 cm
Gewicht 4–6 kg
Farbe rein schwarz mit schwarzer Unterwolle
Land Deutschland
FCI-Nr. 186

bis 30 cm

BRÜSSELER GRIFFON

- **Belgische Griffons**
  Gewicht 1) max. 3 kg,
  2) Rüden max. 4,5 kg,
  Hündinnen max. 5 kg,
  ± 100 g
  Land Belgien

- **Brüsseler Griffon**
  Farbe rauhaarig, fuchsrot
  FCI-Nr. 80

- **Belgischer Griffon**
  Farbe rauhaarig, schwarz, schwarz mit loh, schwarzrot-meliert
  FCI-Nr. 81

- **Kleiner Brabanter Griffon**
  Farbe kurzhaarig, rot oder schwarz mit loh
  FCI-Nr. 82

Belgische Griffons

Die Belgischen Griffons und der deutsche Affenpinscher stammen vom gleichen struppigen Zwerghund ab, der später nach Typ und Farben getrennt weitergezüchtet wurde, wobei in Belgien der Mops eingekreuzt wurde. Dafür spricht die kurzhaarige Variante, der Kleine Brabanter Griffon **(Petit Brabançon)**, und die viel kürzere Nase. 1880 wurde ein Brüsseler Griffon „Bester Hund der Ausstellung" in Brüssel, was die Rasse mit einem Schlag populär machte. Während die kleinen Belgier in England, Amerika und Skandinavien zahlreiche Anhänger fanden, zählen sie in Deutschland eher zu den seltenen Rassen. Das mag an der schwierigen Zucht (große Welpen, anstrengende Geburten) und an der extremen Kurznasigkeit liegen, die starken Tränenfluss bedingt. Die Hautfalte zwischen Stirn und Nase muss sorgfältig gepflegt werden, um Entzündungen zu vermeiden. Außerdem schnarchen die kleinen Kurznasen. Die kleinen Burschen sind außerordentlich wachsam, bellen aber nur leise, was für die Haltung in der Wohnung vorteilhaft ist. Lästiges Keifen kennt der kleine Belgier nicht. Die Griffons sind robuste, lebhafte, anhängliche Familienhunde, die gerne laufen, toben und tollen. Voller Spiel- und Lebensfreude werden sie oft 15 Jahre und älter. Bis auf die Augen-Nasen-Region einfache Pflege.

bis 30 cm

BELGISCHER GRIFFON

◄ KLEINER BRABANTER GRIFFON ▲

bis 30 cm

WELSH CORGI PEMBROKE

Welsh Corgi, Lancashire Heeler

▸ **Welsh Corgi Pembroke**
Schulterhöhe
25,4–30,5 cm
Gewicht
Rüden 10–12 kg,
Hündinnen 10–11 kg
Farbe rotbraun sable,
rehfarben, schwarz und
tan, mit oder ohne weiße Abzeichen
Land Großbritannien
FCI-Nr. 39

▸ **Welsh Corgi Cardigan**
Schulterhöhe 30 cm
Farbe alle Farben, nicht überwiegend weiß
Land Großbritannien
FCI-Nr. 38

▸ **Lancashire Heeler**
Schulterhöhe 30 cm
Farbe schwarz und tan
Land Großbritannien, national anerkannt
FCI nicht anerkannt

▸ **Welsh Corgi**
Die Viehtreiberhunde aus Wales stammen möglicherweise von Wikingerhunden ab. Kurzbeinige Hunde ducken sich unter ausschlagenden Rinderhufen weg, springen vor, kneifen den widerspenstigen Bullen erneut in die Fesseln und weichen dem tödlichen Tritt blitzschnell aus. Auf dem Hof halten sie Ratten und Mäuse kurz, treiben die Rinder, bewachen das Anwesen. Corgis sind immer aufmerksam, immer im Dienst. Der intelligente, mittelgroße Hund auf kurzen Beinen ist selbstbewusst, kraftvoll und braucht eine konsequente Erziehung und Beschäftigung. Er stellt die Rangordnung in der Familie immer wieder in Frage und versteht es, durchzusetzen, was er sich in den Kopf gesetzt hat! Der wachsame Hund ist nicht überaggressiv und unkompliziert im Umgang mit Kindern. Ein pflegeleichter, herrlicher Kumpel für die ganze Familie! Der Pembroke wird noch gelegentlich mit verkürzter Rute geboren. Der Welsh Corgi Cardigan ist etwas gesetzter im Wesen.

▸ **Lancashire Heeler**
Nur vom britischen Kennel Club, nicht von der FCI anerkannter kurzbeiniger Viehtreiberhund aus der Region Manchester, vermutlich mit starkem Corgi-Einfluss und Einkreuzung von →
Manchester Terrier. Freundlicher, lebhafter, intelligenter, selbstbewusster Hausgenosse und fröhlicher Kamerad der Kinder, der eine konsequente Erziehung braucht. Wachsam. Sehr gut im Mini-Agility. Fängt Ratten und Kaninchen wie ein Terrier.

bis 30 cm

WELSH CORGI CARDIGAN

LANCASHIRE HEELER

Alopekis
Im Mittelmeerraum sind überall kurzbeinige, hütehundartige Hunde zu finden. In Griechenland widmet man sich dem Zuchtaufbau des historisch belegten Alopekis, der dem Lancashire Heeler sehr ähnlich ist.

▶ **Alopekis**
Schulterhöhe
20–30 cm, + 2 cm
Gewicht 3–7 kg
Farbe alle außer weiß
Land Griechenland
FCI nicht anerkannt

30–39 cm

JACK RUSSELL TERRIER

Weißbunte Terrier

▸ **Japanischer Terrier**
Schulterhöhe
ca. 30–33 cm
Farbe dreifarbig mit schwarzem Kopf; lohfarben und weiß; weiß mit schwarzen Flecken, schwarzen oder lohfarbenen Abzeichen am Körper
Land Japan
FCI-Nr. 259

▸ **Tenterfield Terrier**
Schulterhöhe 25,4–30,5 cm, ideal 28 cm, nicht über 30,5 cm
Farbe wie beim Jack Russell Terrier
Land Australien, national anerkannt
FCI nicht anerkannt

▸ **Japanischer Terrier**
Um das Jahr 1700 gelangten mit holländischen Seefahrern kleine, windhundartige Hunde nach Japan, wo sie sich in den Städten Kobe und Yokohama mit einheimischen kleinen Hunden kreuzten. Diese Kobe- oder Mikado-Terrier waren als Schoßhunde geschätzt und erinnerten an kleine → *Foxterrier*. Mit der politischen Öffnung kamen mehr fremde Hunde nach Japan. Welche Rassen sich nun einmischten, ist nicht bekannt, lediglich ein Mischling zwischen → *English Toy Terrier* und Toy Bullterrier ist um 1916 dokumentiert. Mit ihm und einer Kobe-Hündin wurde die Rasse aufgebaut und 1932 anerkannt.
Der **Nihon Teria** ist ein sauberer, fast geruchloser, pflegeleichter, extrem kurzhaariger, ruhiger Hund, geschaffen für die beengten Wohnverhältnisse in den japanischen Großstädten.

▸ **Tenterfield Terrier**
Um 1800 sollen diese kleinen Terrier mit Siedlern nach Australien gekommen sein. Den Namen haben sie von ihren ersten Züchtern Banjo Patterson und George Woolbough (The Tenterfield Saddler). Man benutzte sie zur Fuchsjagd, kreuzte später für mehr Schnelligkeit → *Whippet* und → *Windspiel*, später → *Chihuahua* ein. Der

JAPANISCHER TERRIER

30–39 cm

PARSON RUSSELL TERRIER

Parson Russell Terrier, Jack Russell Terrier

Eine junge und alte Rasse zugleich, verkörperte er die Urform des Fox Terriers, ehe er zum gestylten Ausstellungshund wurde. Der 1795 geborene Pfarrer (Parson) John (Jack) Russell war passionierter Jäger, Hundezüchter und 1873 Gründungsmitglied des Kennel Club und züchtete neben Show Fox Terriern weißbunte robuste Jagdterrier. Sie kannten weder Standard noch Schönheitswettbewerbe, sondern erfreuten sich besonderer Beliebtheit bei Jägern und Reitern, wo sie in den Ställen Ratten und Mäuse kurz hielten und bei den großen Fuchsjagden zum Einsatz kamen. Anfang der 8oer Jahre tauchten die Hunde vermehrt in Deutschland auf. 1990 wurde die Rasse auch auf FCI-Ausstellungen gezeigt. Bis dahin waren die Hunde in Aussehen und Charakter sehr unterschiedlich. Das führte zur Aufspaltung der kurzbeinigen und hochbeinigen Typen in zwei Rassen. Die kleinere Variante wurde in Australien entwickelt. Auf dem besten Wege zum Modehund, werden diese Hunde gnadenlos vermarktet, sodass häufig überaggressive Hunde auftreten, die sich nicht scheuen, die Zähne einzusetzen. Beide Terrier sind ausgesprochen lebhaft, schneidig und draufgängerisch. Als Einzeljäger sehr selbstständige Hunde voller Durchsetzungsvermögen, die trotzdem umgänglich und nicht aggressiv sein sollen. Russells sind wachsam, aber nicht unfreundlich, sehr robust und immer auf Trab. Kein Hund für bequeme oder nervöse Menschen! Kleiner, vielseitiger Jagdgebrauchshund, überwiegend für die Bodenjagd auf Fuchs und Schwarzwild. selbstbewusste, lerneifrige, treue Hund ist kühn und furchtlos bei der Arbeit und ein idealer Begleithund. Er ist dem Jack Russell Terrier sehr ähnlich, hat Stehohren und ist glatthaarig.

▶ **Parson Russell Terrier**
Schulterhöhe Rüden ideal 35 cm, Hündinnen ideal 33 cm
Haarkleid/Farbe rau oder glatt; weiß mit braunen und/oder schwarzen Abzeichen an Kopf und/oder Rutenansatz
Land Großbritannien
FCI-Nr. 339

▶ **Jack Russell Terrier**
Schulterhöhe ideal zwischen 25 und 30 cm
Gewicht zwischen 5 und 6 kg
Haarkleid/Farbe glatt, rau oder langhaarig; weiß mit schwarzen oder braunen Abzeichen
Land Großbritannien (Australien)
FCI-Nr. 345

30–39 cm

Sealyham Terrier

Sealyham Terrier
Schulterhöhe max. 31 cm
Gewicht Rüden 9 kg, Hündinnen 8,2 kg
Farbe weiß, weiß mit gelben, braunen, blauen oder dachsfarbenen Markierungen an Kopf und Ohren
Land Großbritannien
FCI-Nr. 74

Lucas Terrier
Schulterhöhe max. 30 cm
Gewicht max. 9 kg
Farbe Frost: alle Schattierungen von braun, mit oder ohne Sattel, weiße Abzeichen erlaubt. Irwin: Weißgescheckt
Land Großbritannien
FCI nicht anerkannt

In der zweiten Hälfte des 19. Jh. schuf Capt. Edwardes auf seinem Gut Sealy Ham den Sealyham Terrier. In Wales, genauer Pembrokeshire, gab es schon lange zuvor einen kräftigen, untersetzten weißen Terrier, den Edwardes mit dem → *Dandie Dinmont Terrier* kreuzte. Er führte noch → *Bullterrier*blut hinzu, um die Kraft der Kiefer zu verstärken, denn sein Zuchtziel war ein unerschrockener, harter Hund, der den Dachs aus seinem Bau trieb. Sealyham Terrier jagen auch in der Meute und sind nicht rauflustig. Obwohl hauptsächlich auf Dachs gezüchtet, verfolgten sie alles, was ihnen vor die Nase kam: Otter, Wiesel, Iltis und Kaninchen. Der moderne Showtyp-Sealyham eignet sich allerdings nicht mehr für die jagdlichen Aufgaben. Er wurde zu schwer, plump und reich behaart. Der Sealyham ist ein angenehmer, fröhlicher, humorvoller Hausgenosse, der gerne spielt und läuft. Er soll freundlich, gelehrig, furchtlos und aufmerksam sein. Seine tiefe, volle Stimme lässt hinter der Tür einen weit größeren Hund vermuten, der Sealyham ist deshalb ein effektvoller Wächter. Das weiße Fell wird regelmäßig getrimmt.

Lucas Terrier
Mischrasse zwischen → *Sealyham* und → *Norfolk Terrier*. Gesunder, freundlicher Hausgenosse, verträglich mit Artgenossen, kein Kläffer und leicht zu erziehen. Er haart nicht und wird getrimmt.

30–39 cm

Česky Terier

Der bekannte Kynologe Frantisek Horak suchte einen Terrier für die Jagd auf Hase, Fuchs und Dachs. Er begann 1949 mit Kreuzungsversuchen mit → **Scottish** und **Sealyham Terriern**, die damals noch arbeitsfähig waren. Horak schätzte die Jagdpassion des Schotten, er war ihm aber zu aggressiv und starrköpfig. Der leichtführige, mit vorzüglicher Nase ausgestattete Sealyham Terrier besaß nicht genug Raubzeugschärfe, und so züchtete er aus beiden Rassen einen leichten, wendigen, umgänglichen und leichtführigen Terrier voller Jagdpassion. 1959 wurden die ersten Exemplare ausgestellt, und 1963 wurde die Rasse offiziell anerkannt. Inzwischen ist der **Tschechische Terrier** weit über die Grenzen seines Landes hinaus bekannt. Allerdings nicht als Jagdterrier. Im Gegenteil, seine guten Eigenschaften als Familienbegleithund wurden züchterisch gefördert. Českys sind ideale Wohnungshunde, sauber, klein, wachsam, aber nicht bissig. Der ruhige, anpassungsfähige, zärtliche, gehorsame Hund ist der ideale Begleiter älterer Menschen, die noch viel spazieren gehen können. Der Česky tobt sich dabei mit Artgenossen und beim Ball- oder Stöckchenspielen aus. Bewegung allerdings braucht der gute Futterverwerter, sonst wird er schnell fett und träge. Da er im Allgemeinen leicht zu erziehen und sehr anhänglich ist, bereitet seine Jagdpassion kaum Probleme. Das seidig feine Haar wird regelmäßig geschoren, weil es so leichter zu pflegen ist. Häufiges Kämmen notwendig. Welpen werden schwarz oder schokoladenbraun geboren und erst später heller.

Česky Terier
Schulterhöhe 25–32 cm, ideal beim Rüden 29 cm, ideal bei der Hündin 27 cm
Gewicht 6–10 kg
Farbe graublau und milchkaffeefarben mit hellen Abzeichen
Land Tschechische Republik
FCI-Nr. 246

30–39 cm

Westgotenspitz
Schulterhöhe
Rüden 33 cm,
Hündinnen 31 cm,
Toleranz 1,5 cm
Farbe grau mit dunkler Schattierung auf dem Rücken, dem Nacken und der Schulter, dazu graugelbe oder hellgraue Partien auf der Brust, Schnauze, Kehle und z.T. auf den Läufen
Land Schweden
FCI-Nr. 14

Westgotenspitz

Der schwedische Schäferspitz stammt aus Westgotland in Schweden. Er ist der einzige niederläufige nordische Hund und hat starke Ähnlichkeit mit den britischen → *Corgis*. Es lässt sich heute nicht mehr sagen, ob die Wikinger ihre Hütehunde aus Skandinavien mit nach Wales brachten oder die dortigen Hunde mit nach Hause nahmen. Der **Västgötaspets** oder **Swedish Vallhund** ist ein unermüdlicher Hofhund, der geschickt den Tritten der Rinder ausweicht und sie dahin treibt, wohin er sie haben will. Ob der Bauernhund unbedingt reinrassig war oder nicht, interessierte den Bauern weniger, solange der Hund seine Arbeit tat. Deshalb drohte mit Verbesserung der Verkehrswege und Verbreitung fremder Rassen der typische Vallhund durch Vermischung unterzugehen. Gerade noch rechtzeitig begann in den 50er Jahren ein Zuchtprogramm, und der Vallhund ist heute in Schweden populär. Der kleine, intelligente, sehr aktive Hund lässt sich leicht erziehen. Er besitzt nicht die Eigenständigkeit der anderen Spitze. Er ist ein Familienhund von handlicher Größe, robuster Gesundheit, kräftig und pflegeleicht. Duldsam im Umgang mit Kindern, stets zum Spielen und Toben bereit, wachsam, aber nicht bissig, passt der Vallhund in jede Familie, die dem kleinen Arbeitshund Zuneigung schenkt und seinen regen Geist beschäftigt. Der Westgotenspitz ist auch außerhalb Schwedens anzutreffen. Bei etwa der Hälfte aller Hunde ist eine verkürzte Rute angeboren.

30–39 cm

Schipperke

Kleiner Schäferhund vom Spitztyp, dessen Name vom flämischen „Scheperke" = kleiner Schäferhund abgeleitet wird. Er wird im 15. Jahrhundert in der Chronik des Mönches Wencelas erstmals erwähnt. Auf vielen alten flämischen Gemälden ist der Hund als Bestandteil bäuerlichen Lebens zu finden. Aber auch auf den zahlreichen Kähnen war der Schipperke heimisch, worauf manche seinen Namen zurückführen. Der kleine, wendige Bursche hielt das Schiff von Ratten und Mäusen frei und bewachte es lautstark und energisch vor Dieben. 1690 gab es in Brüssel sogar einen Wettbewerb um das schönste Hundehalsband für die kleinen schwarzen Kerlchen. Als 1885 die belgische Königin Marie-Henriette einen solchen Hund bekam, gewann der Schipperke rasch an Beliebtheit. Der lebhafte, neugierige, immer aufmerksame Begleiter ist geduldig im Umgang mit den Kindern seiner Familie. Der unbestechliche Wächter verteidigt sein Revier voller Leidenschaft. Wem ein Hund genügt, der bellt und verteidigt, ohne Menschen ernsthaft gefährden zu können, der findet in dem kleinen, schwarzen Teufelchen einen ausgesprochen zuverlässigen Kameraden. Intelligent und gelehrig, voller Temperament und gut in der Wohnung zu halten, schließt sich der Hund ganz an seinen Menschen an. Fremden gegenüber ist er entsprechend unnahbar bis unfreundlich.
Der Schipperke liebt besonders die Nähe von Pferden, ist pflegeleicht und robust.

Schipperke
Gewicht zwei Gewichtsklassen:
a) 3–5 kg, b) 5–8 kg
Farbe schwarz
Land Belgien
FCI-Nr. 83

30–39 cm

MITTELSPITZ

▶ **Mittelspitz**
Schulterhöhe
34 ± 4 cm
Farbe schwarz, weiß, braun, orange, graugewolkt; andersfarbig: creme, creme-sable, orange-sable, black and tan, Schecken
Land Deutschland
FCI-Nr. 97

▶ **Kleinspitz**
Schulterhöhe
26 ± 3 cm
Farbe wie Mittelspitz
Land Deutschland
FCI-Nr. 97

Spitze

▶ **Deutscher Spitz**

Spitze sind die älteste Haushundform überhaupt und entwickelten sich auf der ganzen Welt. Insbesondere die deutschen Spitze gelten als hervorragende Haus- und Familienhunde. Die mittelgroßen und kleinen eignen sich bestens als Wohnungshunde. Bei entsprechender Erziehung lässt sich die sprichwörtliche Bellfreudigkeit in Grenzen halten, jedoch ist der Spitz immer ein zuverlässiger Wächter, der Fremden gegenüber ausgesprochen misstrauisch ist. Dafür ist er umso mehr seinem Herrn zugetan, er ist robust, anpassungsfähig und bewegungsfreudig. Groß genug, um lange Wanderungen unermüdlich mitzumachen, klein genug, um seinen Herrn überallhin zu begleiten. Der sehr gelehrige, leicht zu erziehende Hund zeichnet sich durch fehlenden Jagdtrieb aus. Spitze sind sehr reinlich, das lange Haar braucht regelmäßige Pflege, neigt aber nicht zum Verfilzen. Die deutschen Spitze unterscheiden sich nur durch die Größe und Farbe voneinander.

▶ **American Eskimo**

Ende des 19. Jh. in den USA begonnene Weiterzucht des Deutschen Spitzes, der zwar nicht offiziell vom American Kennel Club anerkannt ist, sich aber großer Beliebtheit erfreut. Man hat sich dabei auf die Farbe weiß festgelegt, wobei creme und biskuit noch erlaubt ist sind.

▶ **Japan Spitz**

Der fröhliche **Nihon Supittsu** ist ein wachsamer, aber nicht kläffender

30–39 cm

KLEINSPITZ

JAPAN SPITZ

VOLPINO ITALIANO

> **American Eskimo**
> **Schulterhöhe** 38–48 cm; mini 28–36 cm
> **Gewicht** 9–16 kg; mini 4,5–9 kg
> **Land** USA
> **FCI** nicht anerkannt

> **Japan Spitz**
> **Schulterhöhe** 30–38 cm (Hündinnen etwas kleiner)
> **Farbe** weiß
> **Land** Japan
> **FCI-Nr.** 262

> **Volpino Italiano**
> **Schulterhöhe** 30 cm
> **Farbe** weiß oder rot
> **Land** Italien
> **FCI-Nr.** 195

freundlicher Hausgenosse, ruhiger als die Deutschen Spitze und sehr kinderlieb. Er stammt von arktischen Spitzen ab. 1921 wurde er erstmals vorgestellt und 1948 der Standard erstellt, der die Bemerkung enthält: „Darf keinen Lärm machen!".

▸ **Volpino Italiano**
Er unterscheidet sich äußerlich und wesensmäßig kaum vom Kleinspitz. Leider ist der schon von den Römern geliebte Spitz in seiner Heimat sehr selten und außerhalb Italiens so gut wie unbekannt.

30–39 cm

POWDER PUFF

Chinesischer Schopfhund

▶ **Chinesischer Schopfhund**
Schulterhöhe Rüden 28–33 cm, Hündinnen 23–30 cm
Gewicht max. 5,5 kg
Farbe alle
Land China (Großbritannien)
FCI-Nr. 288

Im warmen Klima Asiens, Afrikas und Südamerikas können sich haarlose Mutationen normalerweise behaarter Hunde am Leben erhalten. Seit Jahrhunderten dienen sie als Wärmespender, Medizin und Speise. Von Seefahrern aus China mitgebrachte Exemplare wurden in neuester Zeit zuerst in den USA gezüchtet. Die bis auf mehr oder weniger behaarte Pfoten, Rutenquaste und Schopf haarlosen Exoten (**Chinese Crested Dog**) weisen eine ständig überhöhte Körpertemperatur auf, die Bezahnung ist unvollständig. Bei allen „Haarlosen" gibt es eine behaarte, vollzahnige Variante (**Powder Puff** mit schleierartigem Haarkleid), denn die ausschließliche Zucht mit haarlosen Tieren führt zum Absterben der Welpen im Mutterleib. Haarlose Hunde sind pflegeleicht, unanfällig gegen Ungeziefer und werden von Menschen besonders geschätzt, die an einer Tierhaarallergie leiden. Sie sind vor Kälte und starker Sonneneinwirkung gleichermaßen zu schützen. Ansonsten lebhafte, zärtliche, liebebedürftige, Fremden gegenüber abweisende Hunde. Die Powder Puffs sind unempfindlich und müssen regelmäßig gekämmt werden.

▶ **Peruanischer Nackthund**
Der früher „Inca Orchid Moonflower Dog" (Inka Orchideen-Mondblumen-Hund) genannte Hund wurde von den Inkas als heilig verehrt. Der sehr seltene **Perro sin Pelo del Peru** entspricht im wesentlichen der Beschreibung des Chinese Crested. Athletischer, lauffreudiger, wachsamer, verteidigungsbereiter Wohnungshund.

30–39 cm

PERUANISCHER NACKTHUND

CHINESE CRESTED DOG

Peruanischer Nackthund
Schulterhöhe/Gewicht
Klein: 25–40 cm, 4–8 kg.
Mittel: 40–50 cm, 8–12 kg.
Groß: 50–65 cm, 12–23 kg.
Farbe schwarz, schiefer-, elefanten-, blauschwarz, jede Grautönung, dunkel- bis hellblond mit oder ohne rosafarbene Flecken
Land Peru
FCI-Nr. 310

30–39 cm

TRICOLOUR

King Charles Spaniel

King Charles Spaniel
Gewicht 3,6–6,5 kg
Farbe Tricolour (ehemals „Prince Charles"), Black and Tan (ehemals „King Charles"), Blenheim (weiß mit roten Platten), Ruby (kastanienrot)
Land Großbritannien
FCI-Nr. 128

Häufig wird der hierzulande auch **Toy Spaniel** genannte Zwergspaniel mit dem Cavalier King Charles verwechselt, er ist aber kleiner und hat einen verkürzten Fang. Beider Vorfahren kamen im 13. Jh. aus Italien nach England. Anna von Cleve, vierte Frau Heinrichs des VIII., brachte sie an den englischen Hof, wo man sie zur Zeit Elisabeth I. unter den Gewändern mit sich trug und im Sitzen von den Hündchen die Füße wärmen ließ. Berühmt wurde der Hund von Maria Stuart, der nach ihrer Enthauptung unter den Röcken hervorkroch und den Leichnam nicht verlassen wollte. König Charles I. legte per Gesetz fest, dass der kleine Spaniel als einziger Hund den königlichen Rat betreten darf, und Charles II. kümmerte sich angeblich mehr um seine Hunde als um die Staatsgeschäfte. Auch Königin Victoria liebte diese Hunde sehr. Erst im 20. Jh. erfolgte die Trennung der beiden Rassen. Der kleine, stupsnasige King Charles Spaniel erlangte allerdings nie die Popularität des Cavalier King Charles. Auch in Deutschland ist er sehr selten anzutreffen. Der King Charles ist ruhig, friedfertig, anhänglich, ganz auf seinen Menschen eingestellt und glücklich, wenn er mit ihm zusammen sein darf. Draußen entwickelt er Temperament und erweist sich als fröhlicher, ausdauernder Spaziergänger, der nicht zum selbstständigen Streunen neigt. Fremden Menschen begegnet er zurückhaltend, sollte aber nie nervös oder ängstlich wirken. Das feine Haar wird regelmäßig gekämmt.

30–39 cm

BLENHEIM

Cavalier King Charles Spaniel

Die Vorfahren der kleinen Spaniels waren Stöberhunde spanischer und französischer Herkunft und besondere Lieblinge englischer Könige, deren Namen sie noch heute tragen. Obwohl der Cavalier King Charles Spaniel zu den ältesten Rassen Englands gehört, verdankt er seine Existenz heute einem Amerikaner. Er hatte die entzückenden Kleinhunde auf Gemälden alter Meister bewundert und war in den 20er Jahren des 20. Jahrhunderts nach England gereist, um ein Exemplar zu kaufen. Leider fand er dort nur die kurznasigen King Charles Spaniels vor! Allerdings wurden auch Welpen mit normalem Fang in den Würfen kurznasiger Eltern geboren. Mr. Eldridge setzte beachtliche Geldpreise für diese „Rückschläge" aus. Damit war das Interesse der Züchter geweckt, die Neuzüchtung des alten Zwergspaniels begann. 1945 wurde die Rasse anerkannt. Seither hat sie den kurznasigen Vetter an Beliebtheit in aller Welt weit überflügelt. Der kräftige Kleinhund, kein Zwerg, ist ein angenehmer Haus- und Familienhund, freundlich, liebenswürdig und sehr personenbezogen. Das hübsch gefärbte Fell ist nicht zu üppig und gut zu pflegen. Der Cavalier liebt ausgedehnte Spaziergänge, ist umgänglich mit anderen Hunden und leicht zu erziehen. Kindern ist er ein fröhlicher Spielkamerad und älteren Menschen ein verständnisvoller Begleiter. Ein guter Stadthund, wenn er im nahe gelegenen Park laufen kann.

RUBY UND BLACK & TAN

Cavalier King Charles Spaniel
Schulterhöhe max. 35 cm
Gewicht 5,5–8 kg
Farbe black & tan: rabenschwarz mit lohfarbenen Abzeichen; tricolour: dreifarbig schwarz-weiß mit lohfarbenen Abzeichen; ruby: einfarbig leuchtendes Rot; blenheim: kastanienfarbige Platten auf weißem Grund
Land Großbritannien
FCI-Nr. 136

30–39 cm

Mops
Gewicht 6,3–8,1 kg
Farbe silber, apricot, hellfalb, schwarz; schwarze Gesichtsmaske, Aalstrich und schwarze Schönheitsfleckchen auf Stirn und Wangen
Land Großbritannien
FCI-Nr. 253

Mops

Da ihn holländische Seefahrer im 16. Jh. aus dem Fernen Osten mitbrachten, glaubte man, die Rasse sei holländischen Ursprungs. Wilhelm von Oranien verdankte sein Leben einem wachsamen Mops **(Pug)**, der ihn rechtzeitig vor den Spaniern warnte. Mit den Oraniern gelangte der kleine Muskelprotz nach England, und bis ins 20. Jh. war er an allen europäischen Fürstenhöfen heimisch. Als verhätschelter, fett gefütterter Begleiter ältlicher Damen gelangte er in den Ruf eines dummen, faulen Hundes. Freiwillig „mopste" er sich wohl kaum, aber seinen treuen Kulleraugen, den Sorgenfalten auf der Stirn und dem auffordernden Schnaufen zu widerstehen und die begehrten Köstlichkeiten zu verweigern, verlangt schon harte Disziplin. Wer sie aufbringen kann und dem nicht gerade lauffreudigen Hund ausreichende Bewegung verschafft, wird sich ein langes Hundeleben an einem fröhlichen, aufmerksamen, intelligenten Hund erfreuen, der sich leicht erziehen lässt. Der liebenswürdige Mops ist niemals aggressiv, immer guter Laune und ein robuster Spielgefährte der Kinder. Wegen seiner kurzen Nase muss man ihn bei Hitze schonen. Haarpflege ist kaum nötig, nur Augenwinkel und Nasenfalte müssen täglich ausgewischt werden. Wer sein Schlafzimmer mit dem Mops teilen will, muss sich an sein Schnarchen gewöhnen.

30–39 cm

Französische Bulldogge

Der Not gehorchend siedelten kurz vor dem Ende des 19. Jh. Spitzenklöppler aus England in die Normandie über und brachten ihre Zwergbulldoggen mit. Während die Rasse auf der Insel unterging, erblühte der französische Familienzweig und hatte im Großraum Paris viele Liebhaber. Dort kreuzte man sie mit Terrier und Griffon und schuf einen kleinen Molossertyp, der sich in Temperament und Aussehen deutlich gegen die Bulldogge absetzte. Bis zur offiziellen Anerkennung war allerdings ein weiter Weg, denn die Zucht der fledermausohrigen, gedrungenen Hunde mit vorstehendem Unterkiefer lag in Händen der einfachen Leute von Paris: Handwerker, Straßenhändler und Dirnen. Erst als der englische König Eduard VII. einen solchen Hund kaufte, wurde der **Bouledogue français** salonfähig. Leider gehört er wegen seiner Körperproportionen zu den Problemrassen, natürliche Geburten sind selten (großer Kopf und schmales Becken), viele Hunde leiden an Kurzatmigkeit, Schnarchen und sind hitzeempfindlich. Der Bully ist intelligent, liebenswürdig, zärtlich und verschmust. Der aufgeweckte, intelligente Hund mit großem Beschützerherz ist anspruchslos und stets bereit, Freud und Leid mit seinem Menschen zu teilen. Er geht gerne spazieren, ist aber kein ausgesprochen lauffreudiger Hund. Der aufmerksame, verspielte Hund bellt wenig. Die französische Bulldogge ist ein guter Stadthund, besonders geeignet als Begleiter älterer Menschen. Augen und Nasenfalten sind sauber zu halten, das Fell ist pflegeleicht.

▶ **Französische Bulldogge**
Gewicht 8–14 kg
Farbe Falbfarbe oder Fauve, gestromt oder weiß mit gestromten Platten
Land Frankreich
FCI-Nr. 101

30–39 cm

▶ **Zwergschnauzer**
Schulterhöhe
30 bis 35 cm
Gewicht ca. 4,5 bis 7 kg
Farbe schwarz, weiß, pfeffersalz, schwarz-silber
Land Deutschland
FCI-Nr. 183

SCHWARZ-SILBER

Zwergschnauzer

→ *Affenpinscher* und Zwergschnauzer wurden stets in einen Topf geworfen und waren ebenso gut Begleiter feiner Damen wie Kutscher- und Stallhunde, die Ratten und Mäuse vernichteten. 1899 wurden sie erstmals getrennt ausgestellt. Man wollte weg von der rundköpfigen, kurznasigen Zwergform, hin zum verkleinerten Ebenbild des → *Schnauzers*. Dass der Weg richtig war, beweist die weltweite Beliebtheit des Zwergschnauzers. Der Zwergschnauzer ist ein unerschrockener Draufgänger und versteht es, durch sein Selbstbewusstsein manchen Hunderiesen zu bluffen. Sein quirliges, manchmal recht bellfreudiges Temperament ist sicherlich nichts für nervöse Menschen. Auch braucht der Winzling eine konsequente Erziehung, wenn er seiner Familie nicht auf dem Kopf herumtanzen soll.

Er ist Fremden gegenüber misstrauisch und unfreundlich, dafür aber umso treuer seiner Familie ergeben. Besonders für ältere, alleinstehende Menschen ist der pflegeleichte Schnauzbart, der regelmäßig getrimmt werden muss und kaum Haare verliert, ein fröhlicher, wanderlustiger Gefährte.

30–39 cm

Löwchen

Etwas aus der Reihe der Bichons tanzt das Löwchen **(Petit Chien Lion)** mit seinen längeren Beinen und dem geschorenen Fell in vielfältigen Farben. Löwchen in ihrer charakteristischen Schur findet man auf zahlreichen Darstellungen seit dem frühen Mittelalter. In der im 14. Jh. erbauten Kathedrale von Amiens schmücken zwei in Stein gehauene, geschorene Löwchen das Grab des Hl. Firmin. Sie lagen feinen Damen, mächtigen Herren und Bischöfen zu Füßen. Leider geriet die Rasse vollkommen in Vergessenheit. Eine belgische Züchterin suchte mühevoll Reste der alten Rasse zusammen und baute die Zucht neu auf. Das Löwchen gehört heute eher zu den seltenen Kleinhunden mit relativ schmaler Zuchtbasis. Dabei ist es lebhaft, verspielt, gelehrig und verträglich mit anderen Hunden. Es liebt ausgedehnte Spaziergänge, bei denen es seinen Lauf- und Spieltrieb befriedigen kann. Anschmiegsam und zärtlich zu seinen Menschen, verhält sich das Löwchen Fremden gegenüber reserviert. Es ist wachsam, aber kein unnötiger Kläffer und alles in allem ein fröhlicher Kleinhund, der sich auch in beengten Wohnverhältnissen wohl fühlt, sofern er genug Auslauf bekommt. Mit seinem kräftigen, leicht gewellten, nicht gelockten Haar ist er zudem der pflegeleichteste Bichon. Er braucht nur regelmäßig kurz gebürstet zu werden. Allerdings gehört zu seinem Standardbild das geschorene Hinterteil, um die Löwenhaftigkeit des Hundes zu betonen. Jedoch ist es jedem Hundebesitzer selbst überlassen, ob und wie er seinen Hund scheren lassen möchte.

▶ Löwchen
Schulterhöhe 25–32 cm
Gewicht 4–8 kg
Farbe alle erlaubt, außer braun (schokoladenbraun, leberfarben) und alle Derivate dieser Farbe; einfarbig oder gescheckt
Land Frankreich
FCI-Nr. 233

30–39 cm

Markiesje
Schulterhöhe 35 cm
Farbe schwarz; Blesse, weißer Brustfleck, Pfoten und Rutenspitze erlaubt
Land Niederlande, national anerkannt
FCI nicht anerkannt

Markiesje

Auf niederländischen Gemälden des 17. und 18. Jh. fällt häufig ein kleiner schwarzer, spanielartiger Schoßhund mit weißen Abzeichen auf. Noch vor dem 1. Weltkrieg berichtet der holländische Kynologe Toepoel: „Obwohl nie als Rasse gezüchtet, sieht man sie doch überall, nicht reinrassig, selbstverständlich. Wahrscheinlich könnte die Rasse noch rehabilitiert werden." Diese Initiative ergriff 1978 Mia van Woerden und begann voller Enthusiasmus mit dem Rückzüchtungsprogramm. Tatsächlich lebten in Holland noch viele Markiesje-ähnliche Hunde, und es gelang ihr, einen Zuchtbestand aufzubauen. Noch immer werden Hunde, die dem Rassetyp entsprechen, nach sorgfältiger Überprüfung ins Zuchtprogramm übernommen, um Inzuchtengpässe zu vermeiden. 1985 erlangte das Markiesje die vorläufige offizielle Rasseanerkennung und erfreut sich in seiner Heimat wachsender Beliebtheit. Das Markiesje ist ein eleganter, feingliedriger, aber nicht zerbrechlicher Kleinhund ohne Zwerghundmerkmale. Er ist ruhig, intelligent, gesellig und gelehrig. Charakteristisch ist sein anmutiger, sanftmütiger Augenaufschlag. Auf keinen Fall darf das Markiesje ein nervöser, ängstlicher Kläffer sein. Vielmehr ist es ein handlicher, zärtlicher, anpassungsfähiger Begleithund und ausdauernder Spaziergänger. Das pechschwarz glänzende, schlichte Langhaar ist pflegeleicht. Markiesjes werden nicht ins Ausland verkauft!

30–39 cm

Irish Glen of Imaal Terrier

George Tuberville erwähnt in seinem Werk „The Noble Art of Venerie" 1575 bereits den Glen of Imaal. Benannt wurde der charmante Hund nach seiner Heimat, einem Tal (Glen of Imaal) im irischen County Wicklow. Der zähe, draufgängerische Strubbelkopf wurde ausschließlich zur Jagd auf wehrhafte Tiere wie Dachs, Fuchs und Otter gezüchtet. Er arbeitet stumm und zieht die Beute aus dem Bau. Dabei setzt er seine starken, krummen Vorderläufe und sein kräftiges, scharfes Gebiss ein. Er lernt jedoch auch Apportieren von Feder- und Haarwild. Glens lieben Wasser und sind kraftvolle, ausdauernde Schwimmer. Der Glen of Imaal ist daher von alters her ein ausgesprochen harter, unempfindlicher Waidgeselle.

Damit das so bleibt, müssen irische Schönheitschampions noch immer Jagdprüfungen ablegen, ehe sie den Titel Champion tragen dürfen. Der Glen hat eine Zukunft bei sportlichen Menschen, die einen robusten, intelligenten, fröhlichen Gefährten suchen, der mit ihnen durch dick und dünn geht. Er ist ein mittelgroßer Hund auf kurzen Beinen. Allerdings braucht der Draufgänger unbedingt eine konsequente Erziehung. Der zuverlässige Wächter bellt nur bei Gefahr und verteidigt Heim und Familie furchtlos. Er ist bei Bedarf mutig entschlossen und temperamentvoll, ansonsten sanft und gelehrig. Naturbelassen benötigt das raue Haar regelmäßige Pflege, es darf aber auch getrimmt werden.

Irish Glen of Imaal Terrier
Schulterhöhe max. 35,5 cm, Hündinnen etwas kleiner
Gewicht 16 kg
Farbe blau, gestromt oder weizenfarbig
Land Irland
FCI-Nr. 302

30–39 cm

Border Terrier
Gewicht
Rüden 5,9–7,1 kg,
Hündinnen 5,1–6,4 kg
Farbe rot, weizenfarben, graumeliert (grizzle) mit tan, blau mit tan
Land Großbritannien
FCI-Nr. 10

Border Terrier

Der Border Terrier stammt aus dem Grenzraum (Border) England/Schottland. Der ursprüngliche Jagdterriertyp ist wahrscheinlich mit → **Bedlington** und **Dandie Dinmont Terrier** verwandt und wurde nach der Border Hunt (= Grenzjagd), einer Parforce-Meute, benannt. Jede Meute wird von Terriern begleitet, die den unter die Erde gehenden Fuchs wieder ans Tageslicht treiben. Schönheit war bei diesen Hunden vollkommen unwichtig, Körperbau und Fell mussten lediglich den Anforderungen gerecht werden: die Läufe lang genug, um mit den Pferden zu galoppieren, der Brustkorb schmal genug, um dem Fuchs unter die Erde zu folgen, das Fell wasserabweisend und schützend, das Gebiss stark genug, um auch Dachs und Otter zu töten. Diese enorm raubzeugscharfen Terrier schreckten vor keinem Feind zurück. Nach wie vor wird der Border Terrier in Großbritannien jagdlich geführt, aber er fand auch seinen Weg zu Hundeausstellungen und als Begleithund in Familien. Der mit Artgenossen verträgliche Hund ist ein beliebter „Zweithund". Der Border Terrier ist freundlich, gesellig, intelligent, gut im Umgang mit Kindern, genügsam und pflegeleicht. Der robuste Naturbursche mit dem ausgeglichenen Temperament lässt sich gut erziehen. Er ist ein ausdauernder Begleiter für sportliche Menschen und liebt Abwechslung und Bewegung. Das Haar wird regelmäßig mit den Fingern in Form gezupft.

30–39 cm

Basset Hound

Der Basset Hound ist ein Abkömmling des schweren, heute ausgestorbenen französischen Basset d'Artois und des leichteren Typs, des heutigen → *Basset Artésien Normand*. Beide wurden 1874 nach England gebracht und verschmolzen zu einem einheitlichen Typ. 1892 wurde ein → *Bluthund* eingekreuzt. Diese Paarung war die erste erfolgreiche künstliche Besamung bei einem höheren Säugetier! Jagdlich wurde der Basset Hound in kleinen Meuten bei der Hasenjagd eingesetzt und bewährte sich besonders im schwer zugänglichen Dickicht. Er zeichnet sich aus durch hervorragende Nasenleistung, bedächtige, spurtreue Nachsuche und Ausdauer. Auch heute arbeitet er gelegentlich noch auf Schweiß. In Amerika gelangten die Hunde vor Jahren in die Hände von Schauzüchtern, die die Rassemerkmale überbetonten und einen Hund schufen, der nur noch eine Karikatur des ehemaligen Jagdhundes darstellte, aber als knautschiger Hush Puppy in Mode kam. Glücklicherweise ist der Trend vorbei, und man legt Wert auf die Zucht gesunder, ausgewogener, vom Typ her leichterer Hounds. Der einst selbstständig jagende Hund hat seine Eigenständigkeit bewahrt, was oft als Sturheit und Eigensinn ausgelegt wird. Seine Erziehung bedarf konsequenter Geduld, jedoch wird er nie ein gefügiger Hund, der aufs Wort gehorcht. Der ausgeglichene, verträgliche Basset ist kein sehr lauffreudiger Hund.

Basset Hound
Schulterhöhe 33–38 cm
Farbe alle Houndfarben erlaubt
Land Großbritannien
FCI-Nr. 163

30–39 cm

BASSET ARTÉSIEN NORMAND

▸ **Basset artésien normand**
Schulterhöhe
30–36 ± 1 cm
Gewicht 15–20 kg
Farbe dreifarbig: falbfarben mit schwarzem Sattel und weiß; zweifarbig: falbfarben mit weiß
Land Frankreich
FCI-Nr. 34

Französische Niederlaufhunde

Bassets (gesprochen Basseeh) sind kurzbeinige Laufhunde, die schon seit dem 16. Jh. bekannt sind. Der Name geht auf das französische bas = tief, niedrig zurück. Es handelt sich bei der Kurzläufigkeit um eine angeborene erbliche Knochenverkürzung der Läufe (Chondrodystrophia fetalis). Schon die alten Ägypter stellten solche Hunde dar, sodass man annehmen kann, dass diese Mutation beim Hund durchaus nichts Ungewöhnliches ist. Die Niederläufer sind mit ihren „normalen" Rassevettern identisch und weisen keine weiteren Verzwergungsmerkmale auf. Es handelt sich also um große Hunde auf kurzen Beinen und keine Kleinhunde.

Früher gab es in Frankreich von fast allen Laufhundrassen Bassetschläge. Heute sind es nur noch vier. Da es sich um uralte Schläge handelt, gehen sie auf die Vorfahren der heutigen Laufhunde zurück, die Keltenbracken, die in den vier königlichen Rassen (St. Hubertushund aus den Ardennen, fahlroter Laufhund der Bretagne, graue Hunde Ludwigs des Heiligen und weiße Hunde der Könige) weitergezüchtet wurden. Da die Bretonen und die Skoten zum gleichen Volk gehörten und miteinander verkehrten, ist nicht auszuschließen, dass auch die kurzbeinigen schottischen Terrier, die die Skoten nachweislich besaßen, an der Züchtung der kurzbeinigen Bassets, insbesondere der rauhaarigen Bretonen, beteiligt waren. Der Mensch machte sich die Vorteile der kurzen Beine zunutze, denn solche Hunde verfolgen die Spur langsamer, sodass der Jäger besser Schritt halten kann, und sie dringen leichter durch dichtes Unterholz und Gebüsch, ebenso eig-

30–39 cm

BASSET BLEU DE GASCOGNE

Basset bleu de Gascogne
Schulterhöhe 34–38 cm
Farbe vollständige schwarz-weiße Tüpfelung mit oder ohne schwarze Platten, lohfarbene Abzeichen
Land Frankreich
FCI-Nr. 35

nen sie sich für die Jagd unter der Erde auf Fuchs und Dachs. Charakteristisch ist der angeborene Spurlaut auf frischer Fährte. Wie alle Laufhunde sind auch die Bassets Meutehunde mit ausgeprägtem Sozialverhalten. Sie fühlen sich in menschlicher Gesellschaft wohl und sind Kindern gegenüber sanft und liebenswürdig. Wach- und Schutztrieb sind nur mäßig entwickelt. Ihr Charakter wird geprägt durch Eigenständigkeit und große Jagdpassion. Deshalb ist frühzeitig konsequente Erziehung wichtig, trotzdem lassen sie sich selten von einer aufgenommenen Spur zurückpfeifen. Im Hause sind die Bassets angenehm zu haltende, fröhliche, lebhafte, intelligente Hausgenossen, wenn sie genügend Bewegung bekommen. Ende des 19. Jh. begannen die Herren Lane und Couteulx mit der Reinzüchtung der uns heute bekannten Bassetrassen aus alten örtlichen Schlägen. Seit einigen Jahren werden außer dem Basset fauve de Bretagne alle französischen Niederlaufhunde in Deutschland gezüchtet.

▶ **Basset artésien normand**
Ebenbild des großen Laufhundes aus Artois und Normandie, entstanden aus dem schweren normannischen und dem leichteren Artois-Basset. Der robuste, eifrige Jäger ist der Vorfahr des → *Basset Hounds,* weist aber nicht die körperlichen Übertreibungen des amerikanischen und englischen Vetters auf. Beliebter Haus- und Familienhund.

▶ **Basset bleu de Gascogne**
Niederläufiger Vertreter des blauen Laufhundes der Gascogne. Hund mit liebenswürdigem Charakter, mäßig

30–39 cm

BASSET FAUVE DE BRETAGNE

Französische Niederlaufhunde

▶ **Basset fauve de Bretagne**
Schulterhöhe 32–38 cm
Farbe falbfarben, weizengold oder ziegelrot
Land Frankreich
FCI-Nr. 36

▶ **Basset Griffon Vendeen**
Schulterhöhe
Petit 34–38 cm,
Grand 38–42 cm
Farbe einfarbig: hasenfarben oder weißgrau; zweifarbig: weiß-orange, weiß-schwarz, weiß-grau, weiß und lohfarben; dreifarbig: weiß, schwarz, lohfarben; weiß, hasenfarben, lohfarben; weiß, grau, lohfarben
Land Frankreich
FCI-Nr. Petit 67, Grand 33

temperamentvoll und mit lockerem Kehllaut, der wie ein langgezogenes Bellen geheult wird. Ausdauernd bei der Jagd auf Hase und Reh. Sehr selten.

▶ **Basset fauve de Bretagne**
Kurzbeinige Form des → *Griffon fauve de Bretagne.* Fauve bezeichnet die fahlrote Fellfarbe. Der rauhaarige Draufgänger stört sich bei der Jagd nicht an dornigem, dichtem Gestrüpp und stöbert Hasen, aber auch Füchse und Dachse auf. Der unkomplizierte, freundliche, temperamentvolle Bursche ist in der Meute weniger verträglich und im Charakter dem Rauhaarteckel nicht unähnlich.

▶ **Basset Griffon Vendeen**
Die Griffon Vendeen gibt es noch in allen vier Größen. Ihr lustiges, ruppiges Aussehen verschafft ihnen immer mehr Freunde. Der sanfte, stets froh gelaunte Hund besitzt ein ursprüngliches, instinktsicheres Wesen, ist unkompliziert und für Kinder ein robuster Gefährte, der nichts übel nimmt. Quirlig lebhaft, besitzen sie Ausdauer und Schnelligkeit, die man ihnen nicht zumutet. Man beachte, dass die einst selbstständig jagenden Hunde noch immer leidenschaftliche Jäger und deshalb ungeeignet sind für Menschen, die einen gehorsamen Hund für entspannte Spaziergänge in freier Natur suchen. Der große (Grand) jagt vornehmlich Hasen, der kleine (Petit) Kaninchen. Sie unterscheiden sich nicht nur in der Größe, sondern auch geringfügig in den Rassekennzeichen.

30–39 cm

PETIT BASSET GRIFFON VENDEEN

GRAND BASSET GRIFFON VENDEEN

30–39 cm

BERNER

Schweizer Niederlaufhunde

▶ **Schweizer Niederlaufhunde**
Schulterhöhe 33–41 cm, ideal 36–38 cm
Gewicht 8–15 kg
Farbe wie bei den Laufhunden: Berner weißschwarz-rot, auch in Rauhaar; Luzerner schwarzweiß oder grauweiß mit schwarzen Flecken und braunem Brand; Jura brauner Brand mit schwarzem Sattel, schwarz mit lohfarbenen Abzeichen, auch Stockhaar; Schwyzer weiß mit gelbroten oder roten Platten
Land Schweiz
FCI-Nr. 60

Die Niederlaufhunde **(Petit chien courant suisse)** sind kurzbeinige Abkömmlinge der → *Schweizer Laufhundrassen.* Früher jagten die Laufhunde Hasen, Füchse, Dachse, kleines Raub- und Flugwild, manchmal Gämsen. Um die Jahrhundertwende wechselte immer mehr Rehwild ein. Die Brackenjagd mit den laut jagenden, schnellen, großen Laufhunden verängstigte die Rehe und wurde unbeliebt. Die untätigen Laufhunde indes erwiesen sich als üble Wilderer. Man wollte nun einen kleineren, langsamen Laufhund haben, der für das Rehwild keine Gefahr darstellte, der aber die Aufgaben des Schweißhundes erfüllen konnte. Man versuchte sich auf die Auslese kleiner Exemplare, kreuzte mit → *Dackel,* → *Dachsbracke* und → *Fox Terrier* und schuf eine Schweizer Dachsbracke, die wenig Laufhundcharakter besaß. Die Freunde des alten Laufhundes hingegen strebten einen niederläufigen Laufhund und keinen Dackelbastard an, wozu auch die Erhaltung der typischen Laufhundfarben gehörte. Schließlich kreuzte man franz. Laufhunde und Bassets ein und einigte sich auf „Schweizer Niederlaufhunde". Die Zucht wird zwar heute rein betrieben, weist aber noch immer starke Typunterschiede auf und ist noch lange nicht am Ziel. Die Hunde sind auch in der Schweiz sehr selten, da sie nicht als Haus- und Familienhunde, sondern als reine Jagdgebrauchshunde gehalten werden.

BERNER RAUHAAR

30–39 cm

SCHWYZER

JURA

LUZERNER

30–39 cm

- **Dansk/Svensk Gardhund**
  Schulterhöhe
  Rüden 34–37 cm,
  Hündinnen 32–35 cm,
  ± 2 cm
  Farbe weiß mit farbigen Flecken
  Land Dänemark/
  Schweden, national anerkannt
  FCI nicht anerkannt

- **Ratonero Andaluz**
  Schulterhöhe
  Rüden 40 cm,
  Hündinnen kleiner
  Farbe weißer Grund mit schwarzen Flecken, auch dreifarbig
  Land Spanien, national anerkannt
  FCI nicht anerkannt

Dansk/Svensk Gardhund

In Norddeutschland, Dänemark und Südschweden war der sogenannte „Rattenbeißer" unentbehrlich, um in den großen Ställen und Scheunen Ratten und Mäuse kurz zu halten. Außerdem meldete er Fremde mit lautem Gebell und war der stets fröhliche, unempfindliche, nie übelnehmerische Spielkamerad der Kinder. Seine Intelligenz und Lernfähigkeit machten ihn zu einem beliebten Zirkushund. Robustheit war von je her eines der wichtigsten Merkmale der Hofhunde. Gehörten sie bis vor wenigen Jahren zum Alltagsbild bäuerlichen Lebens, drohte den lustigen Hunden mit Aufgabe der Höfe und Abwandern der Jugend in die Städte das Ende. Der dänische und der schwedische Zuchtverband sammelten rechtzeitig auf den Höfen zuchtfähige, typische Hunde ein. Dänisch-Schwedische Hofhunde sind wachsame, gesunde Hausgenossen, leicht zu erziehen, sie wildern oder raufen nicht und brauchen kaum Pflege. Stets lustig und zum Spielen aufgelegt, sind sie gelehrige und anhängliche Kameraden, die viel Zuwendung und Beschäftigung brauchen, gerne spazieren gehen, aber nur mäßiges Laufbedürfnis haben.

▶ **Ratonero oder Bodeguero Andaluz**
Auf englische Terrier und eingeborene Rattenfänger zurückgehender eifriger Ratten- und Mäusevertilger in den Häfen, Bodegas, Ställen und Lagerhäusern südspanischer Hafenstädte. Es entwickelte sich ein einheitlicher Hundetyp, der erst kürzlich als Rasse anerkannt wurde. Die weiße Farbe ist wichtig, um die Hunde in ihrem düsteren Revier besser zu sehen.

30–39 cm

Shetland Sheepdog

Die Shetland-Inseln nördlich von Schottland sind berühmt für ihre kleinen Pferde, Rinder und Schafe. Aufgabe des kleinen Shetland Hundes war, Haus und Hof zu bewachen, Gärten und Felder vor gefräßigen Schafen zu bewahren, Ratten und Mäuse zu fangen. Die kleinen Burschen waren zäh, klug, wendig, schnell, gehorsam. Matrosen kauften sie gerne als Souvenirs. Eine Einnahmequelle witternd, kreuzten die Shetlander ihre Hunde mit → *Zwergspaniels, Papillons* und *Zwergspitzen,* um hübsch bunte Hunde anbieten zu können. Heute noch kommen aufgrund der zur Typverbesserung vorgenommenen Collieeinkreuzungen zu groß geratene Shelties vor. Der Shetland Sheepdog ist in England und Amerika weit beliebter als der Collie und rangiert oft unter den 10 beliebtesten Hunderassen. Hierzulande zählt er eher zu den seltenen Rassen, erfreut sich aber wachsender Beliebtheit. Dabei ist er ein robuster, kluger, lerneifriger, leichtführiger Hausgenosse und zuverlässiger Wächter. Er liebt Bewegung und Beschäftigung. Er geht ganz in seiner Bezugsperson auf und folgt ihr auf Schritt und Tritt. Fremden gegenüber ist er in der Regel abweisend. Der **Sheltie** ist ein idealer Weggefährte für denjenigen, der dem Hund viel liebevolle Aufmerksamkeit schenken möchte. Laute, strenge, harte Menschen werden mit dem sensiblen Sheltie nicht glücklich. Das Fell muss einmal wöchentlich gründlich gebürstet werden. Shelties erfreuen sich auch in Deutschland wachsender Beliebtheit, insbesondere bei Freunden des Agility-Sports, den sie sehr lieben.

▶ **Shetland Sheepdog**
Schulterhöhe Rüden 37 cm, Hündinnen 35,5 cm
Farbe zobelfarben, tricolour (schwarz mit lohfarbenen Abzeichen), schwarz und blue merle (mit und ohne lohfarbene Abzeichen), alle mit den typischen weißen Abzeichen an Kopf, Hals, Brust, Beinen und Rutenspitze
Land Großbritannien
FCI-Nr. 88

30–39 cm

LAKELAND TERRIER

Lakeland, Welsh, Fell, Westfalen Terrier

Lakeland Terrier
Schulterhöhe max. 37 cm
Gewicht Rüden 7,7 kg, Hündinnen 6,8 kg
Farbe schwarz/tan, blau/tan, rot, weizenfarben, rotmeliert, leberfarben (braun), blau, schwarz
Land Großbritannien
FCI-Nr. 70

FELL TERRIER

▶ **Lakeland Terrier**
In Schafzuchtgebieten ist die Fuchsjagd eine Notwendigkeit. Jungfüchse werden genau zur Lammzeit abgesäugt, neugeborene Lämmer sind eine leichte Beute für die Ernährung der Welpen. Der Verlust der Lämmer zwingt die Schäfer dazu, Füchse kurz zu halten. Terrier töten sie im Bau. Im Lake District und in den unwirtlichen Fell-Bergen entwickelte sich ein zäher Terrier, gelegentlich **Patterdale Terrier** genannt, mit tödlichem Biss und sprichwörtlichem Mut. 1912 gelangte er in die Ausstellungsszene. Heute ist der Lakeland ein guter Familienhund, wachsam, klein, pflegeleicht, immer fröhlich und vergnügt, doch geht er einer Rauferei nur ungern aus dem Wege. Der Lakeland Terrier wird regelmäßig getrimmt.

▶ **Welsh Terrier**
Der Welsh Terrier trieb bei Fuchsjagden mit Hundemeuten den Fuchs unverletzt aus dem Bau. Auch der Welsh ist ein beherzter, draufgängerischer typischer Terrier. Der fröhliche, in seiner Familie liebenswürdige, populäre Terrier, der oft als „kleiner → *Airedale*" bezeichnet wird, ist bei ausreichender Bewegung gut in der Stadt zu halten. Das Fell wird regelmäßig getrimmt.

▶ **Fell Terrier**
Nicht FCI-anerkannt. Je nach Bedarf gezüchtete, robuste, widerstandsfähige, raubzeugscharfe Terrier. In Großbritannien weit verbreitet. In Aussehen und Arbeitsweise recht unterschiedlich, da reine Arbeits- und keine Schauhunde. **Working Terrier** werden lokal auch Lakeland oder Patterdale Terrier genannt.

30–39 cm

WELSH TERRIER ▲   ▼ **WESTFALEN TERRIER**

Welsh Terrier
Größe max. 39 cm
Gewicht 9–9,5 kg
Farbe schwarz mit loh, grizzle mit loh
Land Großbritannien
FCI-Nr. 78

Westfalen Terrier
Schulterhöhe 32 bis 40 cm
Farbe loh- bis saufarben mit dunkler Maske
Land Deutschland
FCI nicht anerkannt

▶ **Westfalen Terrier**
Anfang der 70er Jahre aus → *Jagdterrier,* → *Lakeland* und → *Fox Terrier* aus Jagdlinien gezüchteter, sehr führiger, wasserfreudiger Terrier, der mit überlegter Schärfe und gutem Selbstschutzverhalten arbeitet und dennoch absolut raubwildscharf ist. Wird vorwiegend auf Drückjagden auf Schwarzwild eingesetzt. Angenehmer Hausgenosse, verträglich mit anderen Hunden. Rau- und Glatthaar.

30–39 cm

KLEIN

▸ **Pudel**
Schulterhöhe Klein 35–45 cm, Zwerg 28–35 cm, Toy unter 28 cm
Farbe einfarbig schwarz, weiß, kastanienbraun, grau (silber) und aprikosenfarben; Neufarben (nur in Deutschland anerkannt): schwarzlohfarben, schwarz-weiß gescheckt (Harlekin) und rot
Land Frankreich
FCI-Nr. 172

Pudel

Pudelähnliche Hunde waren schon in der Antike Begleiter edler Damen. Ab dem 16. Jh. findet man sie häufig auf Gemälden großer Meister. Im Barock und Rokoko waren sie außerordentlich beliebt. Sie stammen von den alten Wasserhunden ab, die viele Jagd- und Hütehundrassen prägten. Einst wie heute werden Pudel für den Zirkus ausgebildet und zur Trüffelsuche eingesetzt. Die Vielseitigkeit und die damit einhergehende Anpassungsfähigkeit des Pudels, die Tatsache, dass er keine Haare verliert, und die handliche Größe machten ihn zum bevorzugten Begleithund. Seit sich in den 50er Jahren neben der sogenannten Standardschur mit Löwenmähne und geschorenem Hinterteil die Neue Schur durchsetzte, erlebte der Pudel einen kometenhaften Aufschwung. Besonders die kleinen und Zwerge wurden vermarktet. Der **Caniche** ist ein intelligenter, anhänglicher, auf seinen Menschen eingehender, bis ins hohe Alter verspielter, leicht erziehbarer Hausgenosse, der kaum Probleme bereitet. Er muss etwa alle 8 Wochen geschoren und täglich gekämmt werden, um immer hübsch auszusehen. Er ist wachsam, aber nicht aggressiv und kein Kläffer. Fremden gegenüber verhält er sich neutral. Er liebt ausgedehnte Spaziergänge, neigt nicht zum Wildern und ist verträglich mit Artgenossen.

ZWERG

TOY

30–39 cm

Italienisches Windspiel

Der kleine Windhund **(Piccolo Levriero Italiano)** gehört zu den ältesten Windhundrassen, die schon in der Bronzezeit existierten. In seiner heutigen Form kann man das Windspiel bis in die Antike zurückverfolgen. Stets war es der Liebling der Könige und feinen Damen. Der berühmteste Windspielfreund war zweifellos Friedrich der Große, König von Preußen, der eine große Zucht betrieb. Das kleine Windspiel, das so zerbrechlich wirkt mit angezogenem Pfötchen und immer zu frieren scheint, ist bei natürlicher, robuster Aufzucht keineswegs empfindlich, sondern ein harter und engagierter Jagd- und Rennhund, der viel Bewegung braucht. Dabei ist er klein und handlich, genügsam, pflegeleicht und stört nie. Bei liebevoller Erziehung ist das Windspiel ein gehorsamer Kamerad, den man in der Regel gut frei laufen lassen kann. Der mit seinem dünnen Fell relativ kälteempfindliche Hund muss bei kaltem Wetter in Bewegung bleiben. Windspiele lassen sich sehr gut zu mehreren halten, was auch bei begrenzten Raumverhältnissen möglich ist. Der kleine Bursche besitzt eine unerwartet starke Persönlichkeit und viel Mut, der manchmal über seine tatsächliche Kraft hinausgeht. Das Windspiel ist ein unterhaltsamer, lebhafter Hausgenosse für Menschen, die sich gern und viel im Freien bewegen. Es eignet sich weniger als Gefährte für kleinere Kinder. Bemerkenswert ist die hohe Lebenserwartung von oft mehr als 15 Jahren. Der Pflegeaufwand dieser kurzhaarigen Hunde ist gering. In Deutschland sind Windspiele bislang sehr selten.

▶ **Italienisches Windspiel**
Schulterhöhe 32–38 cm
Gewicht max. 5 kg
Farbe schwarz, schiefergrau, isabellfarben; weiß an Brust und Pfoten zulässig
Land Italien
FCI-Nr. 200

30–39 cm

ALPENLÄNDISCHE DACHSBRACKE

▶ **Alpenländische Dachsbracke**
Schulterhöhe
34–42 cm,
ideal Rüden 37–38 cm,
Hündinnen 36–37 cm
Farbe hirschrot, dunkelhirschrot, schwarz mit rostrotem Brand (sog. Vieräugel)
Land Österreich
FCI-Nr. 254

▶ **Westfälische Dachsbracke**
Schulterhöhe 30–38 cm
Farbe wie Deutsche Bracke
Land Deutschland
FCI-Nr. 100

Dachsbracken

Schon auf Bildern aus dem Mittelalter werden kurzbeinige Jagdhunde dargestellt. Niederläufige Bracken wurden aus hochläufigen Bracken herausgezüchtet, weil man langsamere Hunde zur Jagd auf Fuchs und Hase wünschte. Wegen ihrer handlichen Größe und des angenehmen Wesens sind sie zwar gut in der Familie zu halten, gehören aber dennoch ausschließlich in Jägerhand.

▶ **Alpenländische Dachsbracke**
Hervorragender Schweißhund auf alles Schalenwild. Weiteres Arbeitsgebiet ist die laute Jagd auf Hase und Fuchs. Anspruchsloser, wetterharter, ausdauernder ruhiger Hund mit feiner Nase, sehr spursicher, spurlaut, wildscharf. Kann bei Bedarf auch kleines Haar- und Federwild apportieren.

▶ **Westfälische Dachsbracke**
Anpassungsfähiger, freundlicher Jagdhund mit feiner Nase und großer Spürpassion. Wird vornehmlich zum Stöbern auf Hase, Fuchs, Kaninchen und Schwarzwild eingesetzt, daneben auch zur Schweißarbeit. Furchtloser, wachsamer Hund, genügsam, robust und liebevoll mit Kindern.

▶ **Drever**
Praktisch identisch mit der Westfälischen Dachsbracke ist die **Schwedische Dachsbracke**, die in Schweden weite Verbreitung fand und 1953 als schwedi-

WÄLDERDACKEL

30–39 cm

WESTFÄLISCHE DACHSBRACKE

DREVER

▶ **Drever**
Schulterhöhe
Rüden ideal 35 cm,
Hündinnen 33 cm
Farbe alle Farbkombinationen außer ganz weiß und leberfarben
Land Schweden
FCI-Nr. 130

▶ **Wälderdackel**
Schulterhöhe
Rüden 35–40 cm,
Hündinnen 30–37 cm
Gewicht
Rüden 15–25 kg,
Hündinnen 10–20 kg
Farbe dunkle Farben bevorzugt
Land Deutschland
FCI nicht anerkannt

sche Rasse anerkannt wurde. Beliebtester Jagdhund Schwedens. Passionierter, ausdauernder Hasenjäger, der auch auf Rehwild eingesetzt wird.

▶ **Wälderdackel**
Schwarzwälder Bracke. Typische Bracke der Region. Reine Gebrauchszucht, deren Aussehen die Nützlichkeit bestimmt. Der spurlaut jagende Hund wird zum Stöbern, zur Baujagd und Nachsuche auf Hase, Fuchs, Schwarzwild und Reh eingesetzt. Sehr führerbezogen.

30–39 cm

▶ **American Cocker Spaniel**
Schulterhöhe ideal Rüden 38 cm, Hündinnen 35,5 cm, jeweils ± 1,3 cm
Farbe einfarbig: schwarz, creme bis dunkelrot und braun mit oder ohne Loh-Abzeichen (black und tan); mehrfarbig: schwarz-weiß, rot-weiß, braun-weiß und Schimmel, jeweils mit oder ohne Loh-Abzeichen (schwarz-bunt gescheckt)
Land USA
FCI-Nr. 167

American Cocker Spaniel

Spaniels gehören zu den ältesten Jagdhundrassen überhaupt und stöberten vornehmlich Vögel auf, die mit Netzen gefangen wurden. Daher der niederläufige Hund, der sich unter den Netzen, später unter dem Schuss wegduckte. Aus ihm entwickelten sich die Setter als reine Vorstehhunde. Der American Cocker wurde in den Vereinigten Staaten aus dem englischen → *Cocker Spaniel* herausgezüchtet. Er wird zwar auch noch jagdlich geführt, ist heute aber in erster Linie eine Schaurasse und gehört zu den beliebtesten Hunderassen in den USA. Walt Disney setzte der Rasse mit Susi in seinem berühmten Zeichentrickfilm „Susi und Strolch" ein Denkmal. Der American Cocker ist kleiner als der englische und unterscheidet sich hauptsächlich durch den runderen Kopf, die deutlichen Augenbögen, sehr große sprechende Augen und üppiges Haarkleid am ganzen Körper, das sorgfältig geschnitten und gepflegt werden muss. Der American Cocker ist ein zärtlicher, fröhlicher Familienhund, sanftmütig und leicht zu erziehen. Er ist sehr menschenbezogen und braucht engen Kontakt. Er ist wachsam, aber nicht laut. Sein Jagdtrieb hält sich bei guter Erziehung in Grenzen.
Vermutlich erreichte er wegen seines „frisierten" Aussehens bei uns nicht die Beliebtheit wie in seiner Heimat. Das Fell wird bei Familienhunden häufig gekürzt und ist damit pflegeleichter.

30–39 cm

Norwegischer Lundehund

Seit über 400 Jahren wurde der **Norsk Lundehund** abgerichtet, Papageientaucher (Lunde) in den Steilklippen der Inseln Vaeroy und Rost lebendig zu fangen und seinem Herrn zu bringen. Die hübschen, heute streng geschützten Vögel leben in Höhlen direkt unter der Grasnarbe am Klippenrand. Für diese spezielle Aufgabe entwickelte der Lundehund einige Eigenheiten im Körperbau. So besitzt er fünf ausgebildete Zehen mit relativ großen Ballen und zwei zusätzlichen Afterkrallen für größere Trittsicherheit im glitschigen Gestein. Um geschickter in die Höhlen kriechen zu können, kann er die Vorderläufe um 90° vom Körper abspreizen. Zum Schutz der Ohren vor Nässe und Schmutz klappt er die Ohrmuschel seitlich ein. Das Jagdverbot auf die Vögel schien das Schicksal dieser einmaligen Rasse zu besiegeln, doch sie konnte rechtzeitig von Hundefreunden gerettet werden. Anfangs war die Ausfuhr verboten, weil es so wenig Zuchttiere gab. Heute sieht man den Lundehund hie und da auf Ausstellungen. Er ist ein temperamentvoller, aufmerksamer, anhänglicher Begleithund, Fremden gegenüber zurückhaltend. Ringelrute.

▶ **Norwegischer Lundehund**
Schulterhöhe Rüden 35–38 cm, Hündinnen 32–35 cm
Gewicht 7 kg
Farbe rot-braun bis falb mit schwarzen Haarspitzen oder schwarz oder grau mit weißen Abzeichen oder weiß mit dunklen Abzeichen
Land Norwegen
FCI-Nr. 265

30–39 cm

Fox Terrier
Schulterhöhe
Rüden max. 39 cm, Hündinnen etwas kleiner
Gewicht Rüden 8,25 kg, Hündinnen etwas weniger
Farbe vorherrschend weiß mit schwarzen, schwarz und lohfarbenen oder lohfarbenen Abzeichen an Kopf oder Rutenansatz
Land Großbritannien
FCI-Nr. Drahthaar (Wire) 169, Glatthaar (Smooth) 12

Fox Terrier

Der Fuchs findet in Großbritannien, dem Land der Steinwälle und Heckenreihen, ideale Lebensbedingungen. Schafzüchter verfolgen den Lämmerdieb mit scharfen Terriern, die Familie Reineke im Bau den Garaus machen. Bei der „sportlichen Jagd" dürfen die Terrier den Fuchs nicht töten, sondern müssen ihn möglichst unverletzt aus seinem Versteck heraustreiben. Weißbunte Hunde werden bevorzugt, weil sie sich besser vom Fuchs unterscheiden. Alle Foxl sind selbstbewusste, harte Terrier mit großer Jagdpassion und benötigen konsequente Erziehung. Intelligenter, unternehmungslustiger, immer fröhlicher, sehr gelehriger und wachsamer Begleiter. Robuster, unverwüstlicher Bursche, der beschäftigt werden will und selten einem Streit mit Artgenossen aus dem Weg geht. Gelegentlich wird der Fox jagdlich geführt. Der Drahthaarfox muss regelmäßig fachkundig getrimmt werden, um Form und Farbe zu behalten. Der Glatthaarfox ist lebhafter, noch härter und pflegeleicht.

30–39 cm

BRASILIANISCHER TERRIER
Brasilianischer Terrier, Rat Terrier

▸ **Brasilianischer Terrier**
Der **Fox Paulistinha** gilt als Nationalhund Brasiliens. Nachkomme aller möglichen importierten kleinen Schiffshunde wie → *Fox Terrier* und einheimischer Hafenhunde, die sich als Rattenvertilger nützlich machten. Sehr guter Haus- und Familienhund, der sich dem Landleben ebenso gut anpasst wie einer Etagenwohnung in der Stadt. Sehr anhänglich, verschmust, weniger eigensinnig als die Russells und weniger raufl ustig als die Foxe, leicht zu erziehen. Liebt es mit Kindern zu toben, Jogger und Wanderer zu begleiten, begnügt sich auch ohne zu murren mit einen Tobespiel im Park. Sehr hohe Lebenserwartung. Das kurze Fell ist pflegeleicht. Hat bereits in Europa Freunde gefunden.

▸ **Rat Terrier**
Einst englische Zweckzüchtung zwischen weißem Terrier, → *Beagle* und → *Whippet* zur Jagd und Rattenbekämpfung. Einwanderer nahmen ihre Hunde um die Jahrhundertwende mit in die USA, wo sie mit → *Glatthaarfox, Windspiel* und Beagle einen feineren, freundlicheren Hund mit starkem Jagdtrieb züchteten. Präsident Roosevelt besaß die Hunde und nannte sie Rat Terrier. Eine kurzbeinige Variante läuft unter dem Namen „Teddy Roosevelt Terrier".

▸ **Brasilianischer Terrier**
Schulterhöhe Rüden 35 bis 40 cm, Hündinnen 33–38 cm
Gewicht ca. 10 kg
Farbe Grundfarbe weiß mit schwarz, braun oder blau und lohfarbenen Abzeichen
Land Brasilien
FCI-Nr. 341 (vorläufig aufgenommen)

▸ **Rat Terrier**
Größe unter 32,5 cm und darüber bis 40 cm
Farbe alle außer falb mit Maske, silber oder creme
Land USA
FCI nicht anerkannt

RAT TERRIER

40–49 cm

Beagle
Schulterhöhe
33–40 cm
Farbe alle Houndfarben außer leberbraun
Land Großbritannien
FCI-Nr. 161

Beagle

Schon die Römer fanden in Großbritannien beagleähnliche Jagdhunde vor. 1475 taucht der Name zum ersten Mal auf. Im 16. Jahrhundert begleiteten Beagles die englischen Könige auf der Jagd. Der Beagle gilt als kleines Ebenbild des ehemaligen Southern Hound, eines vom → **Bleu de Gascogne** abstammenden Hasenjägers. Da kleiner und langsamer als die großen Hunde, geht man mit Beaglemeuten zu Fuß auf Hasenjagd.

Dem hiesigen Jäger bietet der kleine, familienfreundliche Jagdhund viel: feine Nase, Spurlaut, Brackieren, Stöbern ebenso wie Schweißarbeit. In erster Linie wird der Beagle heute dank seiner Charaktereigenschaften als Familienhund gehalten. Anpassungsfähig, gesellig und verträglich untereinander, eignen sich Beagles leider bestens für Laborzuchten und als Versuchstiere. Der kleine weißbunte Jagdhund ist sanft, fröhlich und lustig, intelligent und pfiffig, aber auch etwas stur. Der nimmermüde Spielgefährte für Kinder macht allen Unsinn mit und reagiert nicht böse auf unbeholfene Kinderhände. Niemals ist der Beagle scharf und aggressiv.

Der passionierte Jagdhund folgt nur zu gerne jeder Spur, und als selbstständig jagender Meutehund zeigt er auch heute noch Selbstständigkeit und Eigenwillen. Deshalb muss der Beagle von klein an konsequent erzogen werden, was bei den putzigen Welpen schwer fällt und oft genug vergebene Liebesmüh' ist, sobald er eine Fährte aufnimmt!

Beagle sind robust. Das kurze, dichte Fell ist wetterfest und pflegeleicht.

40–49 cm

Bulldog

Bullenbeißen war in England jahrhundertelang ein beliebter „Sport" für Menschen aller Klassen. Große Summen wurden auf Hunde und Bullen verwettet. Das merkwürdige Äußere der Englischen Bulldogge war allein darauf abgestimmt, den festgebundenen Bullen bei der Nase zu packen und zu Boden zu ziehen. Der ideale Bullenbeißer war demnach gedrungen, niederläufig und immens standfest mit enormer Kraft im Nacken- und Kieferbereich. Die kurze Nase und der vorstehende Unterkiefer erlaubten festes Zupacken, ohne selbst zu ersticken. 1835 wurde das Bullenbeißen verboten. Aus dem ehemaligen Muskelpaket mit blitzschnellem Reaktionsvermögen züchtete man nun ein atmungs- und bewegungsunfähiges, übergewichtiges Monster, das sich kaum noch natürlich fortpflanzen konnte und mit allen möglichen Krankheiten behaftet war. Der Nationalhund Englands wurde in all seiner Hässlichkeit zum politischen Symbol. Aus vernünftiger, gesunder Zucht jedoch ist der Bulldog ein fröhlicher, freundlicher Haus- und Familienhund, der durch charmanten Eigensinn bezaubert. Augen und Nasenfalten pflegebedürftig. Sorgfältige Welpenaufzucht nötig, um Übergewicht und Entwicklungsstörungen zu vermeiden. Beim Welpenkauf auf gesunde, drahtige Zuchttiere achten.

▶ **Olde English Bulldogge**
1971 in den USA von D. Leavitt begonnene Rückzüchtung der alten englischen Bulldogge. Ziel: Abschreckung durch grimmiges Aussehen, ohne zu beißen, gesund, agil, ohne Atembeschwerden.

▶ **Bulldog**
Schulterhöhe ca. 40 cm
Gewicht Rüden 25 kg, Hündinnen 22,7 kg
Farbe alle außer grau, schwarz und schwarz und tan
Land Großbritannien
FCI-Nr. 149

40–49 cm

▸ **Shiba Inu**
Schulterhöhe
Rüden 40 cm,
Hündinnen 37 cm,
jeweils ± 1,5 cm
Farbe rot, schwarzloh, sesam, schwarz-sesam, rot-sesam
Land Japan
FCI-Nr. 257

Shiba Inu

Darstellungen spitzschnäuziger, stehohriger Hunde mit Ringelruten auf Bären- und Hirschjagd findet man auf Jahrtausende alten Tonfiguren und Reliefs. Die Hunde gelangten vor 4.000 Jahren vom asiatischen Festland auf die japanische Inselgruppe. Heute noch wird er jagdlich auf kleines Wild und Vögel geführt. Man trifft ihn sogar bei der Bären- und Wildschweinjagd an. Der kleinste japanische Spitz ist in Japan ein beliebter Familienhund. Außerhalb Japans wurde er zuerst in den USA, dann in England gezüchtet. Inzwischen hat er sich mit seinem freundlichen Lächeln weltweit viele Herzen erobert. Der fuchsartige Spitz hat sich seit Urzeiten nicht verändert und viel ursprüngliches Hundeverhalten bewahrt. Welpen benötigen daher sorgfältige Sozialisierung. Der hübsche, possierliche kleine Hausgenosse ist sehr intelligent und selbstbewusst. Kein Hund für Anfänger, da er seinen Menschen unbedingt als gütigen und fähigen Rudelführer anerkennen muss, um seine liebenswerten Charaktereigenschaften zu zeigen. Niemals unterwürfig, ist der Shiba lebhaft und unternehmungslustig, aber auch kühn und sehr aufmerksam. Aufgrund seiner Jagdpassion ist Freilauf schwierig. Bietet man dem temperamentvollen Burschen genügend Bewegung und Beschäftigung, kann man ihn gut in der Etagenwohnung halten. Er ist robust und witterungsunempfindlich und fühlt sich auch im Freien wohl. Der Hund ist ausgesprochen reinlich, das kurze, dichte Stockhaar pflegeleicht, haart aber stark beim Fellwechsel.

40–49 cm

Kooikerhondje

Im wasserreichen Holland hat das „Kojenhündchen" **(Kleiner Holländischer Wasserwild-Hund)** eine uralte Tradition, wie zahlreiche Darstellungen auf alten Gemälden dokumentieren. Das Fangen von Wildenten in Kojen ist eine jahrhundertealte Jagdweise. Am Ende eines mit Draht bedeckten Kanals werden Enten aufgezogen und gefüttert. Sie kennen den Menschen und seinen Hund. Rasten Wildenten auf dem Zuge, erscheint das Kooikerhondje am Ufer, wo der Kanal beginnt. Für die halbwilden Enten ein Zeichen, dass der Mensch kommt und Futter streut. Sie schwimmen freudig in den Kanal, gefolgt von den Wildenten. Der Hund läuft am Ufer des Kanals entlang, das so bewachsen ist, dass der Hund immer wieder auftaucht und verschwindet. Er lockt die neugierigen Enten in die Falle. Seine wichtigsten Attribute sind die buschige, weiße Rute und ein ruhiges, niemals nervöses Wesen, um die Enten nicht zu erschrecken und zu vertreiben. Heute unterhält man Entenkojen nur noch zu wissenschaftlichen Zwecken, und die Kooikerhondje wurden zum beliebten Begleithund. Sie sind fröhlich, lebhaft, wachsam, intelligent und gelehrig. Sie verehren ihren Herrn, für den sie alles tun, und brauchen ständigen Familienkontakt. Sie genießen es, mit ihrem Herrn zu arbeiten und für Gutgemachtes gelobt zu werden. Das Kooikerhondje ist leicht zu erziehen, braucht aber einen Führer, ohne den es verunsichert und aufsässig wird. Im Umgang mit groben Kindern nicht sehr geduldig. Das schlichte Langhaar ist pflegeleicht.

▶ **Kooikerhondje**
Schulterhöhe
35–40 cm
Farbe weiß mit orange-roten Platten
Land Niederlande
FCI-Nr. 314

40–49 cm

FIELD SPANIEL

Field Spaniel
Schulterhöhe ca. 45,5 cm
Gewicht ca. 25 kg
Farbe einfarbig schwarz, leberbraun oder schimmel mit oder ohne Brand
Land Großbritannien
FCI-Nr. 123

Spaniels

▸ **Sussex Spaniel**
Etwa seit 150 Jahren rein gezüchteter, einstmals beliebter Jagdhund, gehört der Sussex heute zu den seltenen Rassen. Er jagt bedächtig, gründlich und besonders ausdauernd in dichtem Unterholz und besitzt eine sehr gute Nase. Ungewöhnlich für einen Spaniel: er jagt spurlaut. Der Sussex ist leichtführig, freundlich und anhänglich.

▸ **Field Spaniel**
Ebenfalls seltener Spaniel, der im Laufe seiner Reinzucht oft modisch „verformt" und mit vielen Rassen verkreuzt wurde. Heute ausdauernder Jagdhund für raues Gelände mit guter Nase, dem das Apportieren beigebracht werden kann. Freundlicher, anhänglicher Familienhund, jedoch etwas eigensinniger als die anderen Spanielrassen, braucht er eine geduldige, konsequente Erziehung.

▸ **Clumber Spaniel**
Alter, von englischen Königen bevorzugter Spaniel mit Basset- oder → **Bluthundeinkreuzung**. Man wollte einen schweren Hund, der besser durchs dichte Unterholz kam, langsam und bedächtig, dabei gründlich suchte. Trotz seiner Schwere beweglicher, ausdauernder Jäger mit hervorragender Nase, der gut apportiert. Freundlicher, ruhiger Familienhund. Alle drei müssen regelmäßig gebürstet werden.

40–49 cm

SUSSEX SPANIEL

CLUMBER SPANIEL

▸ **Sussex Spaniel**
Schulterhöhe 38–41 cm
Gewicht ca. 23 kg
Farbe goldleberfarben mit goldenen Haarspitzen
Land Großbritannien
FCI-Nr. 127

▸ **Clumber Spaniel**
Gewicht Rüden 36,5, Hündinnen 29,5 kg
Farbe weiß mit zitronengelben Flecken
Land Großbritannien
FCI-Nr. 109

40–49 cm

▶ **Deutscher Jagdterrier**
Schulterhöhe
33–40 cm
Gewicht
Rüden 9–10 kg,
Hündinnen 7,5–8,5 kg
Farbe schwarz,
schwarzgrau meliert,
dunkelbraun mit
braunroten Abzeichen
Land Deutschland
FCI-Nr. 103

Deutscher Jagdterrier

Der Deutsche Jagdterrier **(DJT)** wurde aus → *Fox Terrier* und alten schwarzroten englischen Rauhaarterriern gezüchtet. Anders als in Großbritannien erfasste man hier den Jagdterrier zuchtbuchmäßig, ohne dass er zum Mode-Schauhund geworden wäre, wie in England z. B. → *Lakeland* und → *Welsh Terrier*. Ganz im Gegenteil: der Deutsche Jagdterrier nimmt es an Passion und Raubzeugschärfe mit jedem englischen Working Terrier auf, ist zudem aber ein vielseitig einsetzbarer Jagdhund in allen deutschen Revieren. Seine angeborene Schärfe und Härte sowie der ausgeprägte Freiheits- und Bewegungsdrang und eine gute Portion Hartnäckigkeit machen eine konsequente Führung notwendig. Der DJT ordnet sich auch nur seinem Führer unter. Er ist ein hervorragender Bauhund. Dank seiner ausgeprägten Wasserfreude gut als Wasserwildstöberer und -apporteur auszubilden. Auch bei der Schweißarbeit vermag er Spitzenleistungen zu vollbringen, insbesondere auf der Raubwild- und Raubzeugwitterung. Spurlaut ist ihm angeboren. Der Deutsche Jagdterrier setzt sich mit vollem Eifer ein und gibt niemals auf. Der selbstständige Jäger attackiert das gestellte Wild ohne Rücksicht auf die eigene Gesundheit und wird häufig verletzt. Nicht selten kann er im Fuchsbau nur noch tot geborgen werden oder nimmt den ungleichen Kampf mit einem Keiler auf. Der Jagdterrier will und muss arbeiten. Als reiner Haus- und Familienhund ist der charmante Bursche undenkbar. Dem fast täglich führenden Berufsjäger oder Förster hingegen ist er ein kaum ersetzbarer Helfer. Rau- und Glatthaar.

40–49 cm

Staffordshire Bull Terrier

In der ersten Hälfte des 19. Jh. waren Tierkämpfe, insbesondere massenhaftes Rattentöten, beliebter Volkssport. Doch das Abschlachten Tausender Ratten in wenigen Minuten war bald nicht mehr attraktiv genug, sodass man sich etwas Neues – Hundekämpfe – einfallen ließ. Man kreuzte scharfe, schneidige Terrier mit kampfstarken, harten Bulldoggen. Das Ergebnis war ein kräftiger, wendiger Hund mit mächtigen Kiefern. Die kurzbeinigen, dickköpfigen Hunde, deren Ohrlappen man abschnitt, waren ausgesprochen hässlich, doch sie erfüllten den Zweck: sie griffen alles, was Hund war, an und kämpften bis zum Tod. Diese grausamen Hundekämpfe wurden zwar verboten, aber illegal weitergeführt – bis heute! Der Staffordshire Bull Terrier wurde inzwischen zu einem harmonischen, wohlgestalteten Kraftpaket umgezüchtet, der sich als Haus- und Familienhund großer Beliebtheit erfreut. Menschen gegenüber ist er freundlich und liebenswürdig, treu und anhänglich sowie ausgesprochen gutmütig mit Kindern. Der kleine Muskelprotz ist nach wie vor eine dominante Persönlichkeit und braucht eine konsequente Erziehung sowie frühe Gewöhnung an den Umgang mit fremden Hunden. Abgesehen von seiner ab und an durchbrechenden Rauflust ist er ein unkomplizierter, pflegeleichter, robuster, ausdauernder Begleiter vor allem sportlicher Männer.

Leider fiel der Staffordshire Bull Terrier in Deutschland dem Gesetz zur Bekämpfung gefährlicher Hunde zum Opfer und darf weder gezüchtet noch eingeführt werden.

▶ **Staffordshire Bull Terrier**
Schulterhöhe 35,5–40,5 cm
Gewicht Rüden 12,7–17 kg, Hündinnen 11–15,4 kg
Farbe rot, falb, weiß, schwarz, blau, gestromt mit oder ohne weiß
Land Großbritannien
FCI-Nr. 76

40–49 cm

Tibet Terrier
Schulterhöhe
Rüden 35,6–40,6 cm,
Hündinnen etwas
kleiner
Gewicht bis 12,5 kg
Farbe alle außer
schokoladenfarbig
Land Tibet (Großbritannien)
FCI-Nr. 209

Tibet Terrier

Der Tibet Terrier ist kein Terrier, sondern ein Hütehund wie die sehr ähnlichen europäischen zotthaarigen Hütehunde. Seine Heimat ist das bis 5.000 m hohe Hochplateau von Tibet, das Dach der Welt. Während die anderen tibetischen Kleinhunde vom Menschen gehegt und gepflegt wurden, war der Tibet Terrier der Arbeitsgefährte der Bauern und Viehzüchter, der sich mit seinen Herren in den rauen Lebensbedingungen und den extremen Klimaverhältnissen durchschlagen musste. Natürliche Auslese unter härtesten Bedingungen prägte die Rasse. In den 20er Jahren arbeitete die britische Ärztin Dr. Agnes Greig in Indien nahe Tibet. Zum Dank für die gelungene Operation einer wohlhabenden Tibeterin erhielt sie einen Tibet Terrier, der sie so faszinierte, dass sie sich bis zu ihrem Lebensende der Zucht widmete und die Rasse in Europa etablierte. Das derbe Haarkleid des robusten Naturburschen braucht bei korrekter Beschaffenheit nur einmal in der Woche gründlich gebürstet zu werden. Der Tibet Terrier gewinnt mit seinem lustigen, strubbeligen Aussehen und dem charmanten Charakter viele Freunde. Er ist lebhaft, verspielt und unkompliziert im Umgang mit Kindern, intelligent und gelehrig. Er passt sich allen Lebensumständen bestens an, vorausgesetzt, er hat engen Familienkontakt. Der fröhliche Begleiter liebt Bewegung und Beschäftigung. Fremden gegenüber abweisend, ist er bei Bedarf ein mutiger Beschützer und erfreut sich wachsender Beliebtheit.

40–49 cm

Bedlington Terrier

Die Vorfahren des „Schäfchens im Wolfspelz" versorgten die Familien armer englischer Bergarbeiter im Gebiet um Bedlington mit erwildertem Fleisch und wertvollen Otterpelzen und verdienten ihren Unterhalt als Rattenfänger. Vermutlich standen rauhaarige Terrier, Bull Terrier, Greyhound, Otterhound, ja sogar Bulldog bei seiner Entstehung Pate. Der ursprüngliche, rauhaarige Terrier erhielt seine Schäfchenform erst mit Beginn seiner Ausstellungskarriere im ausgehenden 19. Jahrhundert. Heute ist der Bedlington eine elegante Schauschönheit mit fein gekraustem Haar, dessen mit der Schere geschnittene Frisur einiges Geschick erfordert. Geblieben sind seine Charaktereigenschaften: er ist noch immer raubzeugscharf, ein harter Kämpfer, intelligent und lernfreudig, der sich vielseitig ausbilden lässt. Der wachsame, schneidige Vierbeiner ist ein liebevoller, zärtlicher Hausgenosse, der nie ängstlich erscheinen sollte. Braucht Bewegung und Beschäftigung. Er haart nicht und muss regelmäßig gekämmt und geschnitten werden. Belingtonwelpen werden schwarz bzw. dunkelbraun geboren (kleines Foto).

Bedlington Terrier
Schulterhöhe ca. 41 cm
Gewicht 8–10,5 kg
Farbe blau und leber- und sandfarben, blau und loh
Land Großbritannien
FCI-Nr. 9

40–49 cm

Manchester Terrier
Schulterhöhe
Rüden 40–41 cm, Hündinnen 38 cm
Farbe schwarzlohfarben
Land Großbritannien
FCI-Nr. 71

Manchester Terrier

Glatthaarige, schwarzlohfarbene Terrier gibt es in Großbritannien seit Jahrhunderten. Sie gelten als Vorfahren vieler moderner Terrierrassen und sicherlich auch zu denen des Deutschen → *Pinschers*. Sie wurden weniger zur Jagd als zu Tierkämpfen eingesetzt. In der Bergbauregion Großbritanniens war das Rattentöten ein beliebter Sport, bei dem es um viel Geld ging. Je mehr Ratten ein Hund tötete, desto wertvoller war er. „Billy" soll 100 Ratten in 6 Minuten und 30 Sekunden geschafft haben! Berühmte Rattenkiller zeichneten sich auch bei der Kaninchenhatz aus und wurden mit → *Whippets* gepaart. So entstand um Manchester herum ein eleganter, schnellerer Typ. Da auch die Wiege der Hundeausstellungen in dieser Region stand, waren Manchester oder **Black and Tan Terrier** schon früh beliebte Schauhunde. Heute ist der Manchester eher eine Rarität innerhalb der Terrierfamilie, obwohl er ein überaus angenehmer Begleithund ist. Die Manchester Terrier waren immer eng dem Menschen verbunden, wurden nie im Zwinger, sondern stets in kleiner Anzahl im Haus gehalten. Wir haben es hier mit einem sehr häuslichen, freundlichen, Kindern zugetanen Hund zu tun, der ausgesprochen sauber und pflegeleicht ist. Der Manchester ist wachsam, aber nicht bissig, temperamentvoll und bewegungsfreudig, ohne ständig Beschäftigung zu fordern. Gelehrig und leicht erziehbar, dürfte er auch dem unerfahrenen Hundehalter Freude machen.

40–49 cm

Hollandse Smoushond

1850 verkaufte der Hundehändler Abraas in Amsterdam sog. „Herrenstallhunde" als vorzügliche Ratten- und Mäusefänger. Mit ziemlicher Sicherheit bezog er sie aus Deutschland, wo man sich auf die Zucht pfeffer- und salzfarbener → *Schnauzer* konzentrierte und die gelbroten aus der Zucht ausschloss. Diskretion den Züchtern gegenüber mag Herrn Abraas veranlasst haben, die Herkunft der Hunde nie preiszugeben. Der gelbrote Schnauzer Hollands war allgemein beliebt. Nach dem II. Weltkrieg galt der Smoushond jedoch als ausgestorben. 1972 stieß Frau Barkman durch Zufall auf einen Smoushond und begann ein Rückzüchtungsprogramm mit schnauzerähnlichen gelben Bauernhunden, in das der → *Border Terrier* einbezogen wurde. Welpen werden nur über den Verein vermittelt und mit strengen Auflagen ausschließlich in den Niederlanden verkauft. Smousjes fallen noch recht unterschiedlich aus, aber die Rasse gewinnt stetig an Beliebtheit. Der Smous ist ein robuster, fröhlicher, freundlicher Kamerad ohne Furcht, aber nicht rauflustig und gut zu mehreren zu halten. Er streunt und wildert nicht. Der gelehrige und anhängliche Hund ist mit liebevoller Konsequenz leicht zum gehorsamen Hausgenossen zu erziehen. Der verspielte, temperamentvolle, aber nie nervöse Hund ist ein ausdauernder Läufer und geduldiger Spielkamerad der Kinder, wachsam, aber nicht aggressiv. Das raue Fell ist bei korrekter Beschaffenheit pflegeleicht.

▶ **Hollandse Smoushond**
Schulterhöhe ca. 42 cm
Gewicht ca. 10 kg
Farbe einfarbig gelb; dunklere Ohren und Fang erlaubt
Land Niederlande
FCI-Nr. 308

40–49 cm

English Cocker Spaniel

English Cocker Spaniel
Schulterhöhe
Rüden 39–41 cm,
Hündinnen 38–39 cm
Gewicht 12,5–14,5 kg
Farbe rot, schwarz, zwei- und dreifarbig
Land Großbritannien
FCI-Nr. 5

Russischer Jagdspaniel
Der Russische Jagdspaniel stammt von verschiedenen Spanielrassen ab, die vor der Revolution nach Russland kamen.

Russischer Jagdspaniel
Schulterhöhe 43 cm
Farbe viele Farben erlaubt
Land Russland
FCI nicht anerkannt

Er gehört zu den ältesten bekannten Hunderassen und geht auf spanische Vogelhunde zurück. Im 19. Jh. wurde der Cocker Spaniel speziell für die Jagd auf Waldschnepfe (= woodcock) gezüchtet. Die jagdlichen Vorzüge des Cockers sind weites, bogenreines Stöbern, spurlautes Jagen, leidenschaftliches Apportieren, auch aus dem Wasser, sowie gute Leistungen auf Schweiß und Totverbeller oder -verweiser. Letzteres ist wichtig, da der kleine Hund oft die Beute nicht apportieren kann. Guter Rauschgift- und Sprengstoffsuchhund. Seine wahre Karriere ist die des Familienhundes. Er ist sehr intelligent, anhänglich und verschmust, dabei temperamentvoll, immer fröhlich, verspielt und zu Spaziergängen bereit. Der charmante Hund mit dem Madonnenblick braucht eine konsequente Erziehung, da er es gut versteht, seine Familie um den Finger zu wickeln. Dem Hund zuliebe sollte unbedingt auf zuverlässigen Gehorsam geachtet werden. Auf schlanke Linie achten, da Cocker sehr gute Futterverwerter und immer hungrig sind. Regelmäßige Haarpflege und Ausdünnen überschüssigen Fells nötig, besonders in den Ohren.

40–49 cm

Boston Terrier

Der Boston Terrier ist eine amerikanische Kreation. Er wurde um Boston/Massachusetts durch Kreuzung englischer → *Bulldoggen* mit heute ausgestorbenen weißen Englischen Terriern ursprünglich als Kampfhund gezüchtet. Später kam noch ein Schuss → *Französischer Bully* hinzu. Seit 1893 sind Name und Standard anerkannt. Der anpassungsfähige Kamerad ist stets fröhlich und zu jedem Ulk bereit, außerordentlich menschenfreundlich und kinderlieb. Er benötigt wenig Erziehung, denn er ist sehr intelligent und feinfühlig und reagiert auf die Stimmlage. Der Boston ist wachsam, aber kein Kläffer, doch verteidigt er sein Revier wütend gegen Fremde. Trotz der langen Reinzüchtung gibt es manchmal stärker zum Bulldog-Erbe tendierende Tiere (etwas massiger und im Wesen gesetzter). Die mehrheitlich vorkommenden leichteren Terriertypen sind von unbekümmerter Lebhaftigkeit und Spielbereitschaft. Das kleine Kraftpaket strotzt vor Selbstbewusstsein und ist ein ausdauernder Läufer – allerdings Vorsicht bei extremer Hitze! Das feine Haar ist ausgesprochen pflegeleicht. Da Unterwolle fehlt, kann der Boston bei extremer Kälte frieren. Idealer, außerordentlich anpassungsfähiger Wohnungshund. Charakteristisch für den Boston Terrier ist sein intelligenter Ausdruck, geprägt durch die großen, runden, tiefdunklen Augen und die aufgerichteten, unkupierten Ohren. Zur Blutauffrischung der in Europa wenig vertretenen Rasse werden ständig Zuchttiere aus den USA und Kanada importiert. Die winzige Rute ist unkupiert.

▶ **Boston Terrier**
Schulterhöhe etwa 35–42 cm
Gewicht drei Klassen: leicht bis 6,8 kg, mittel 6,8–9 kg, schwer 9–11,3 kg; Hündinnen in der Regel etwas zierlicher als Rüden
Farbe gestromt, schwarz oder seal mit weißen Abzeichen
Land USA
FCI-Nr. 140

40–49 cm

Norbottenspets

Norbottenspets
Schulterhöhe
40–43 cm
Farbe weiß mit gelben, schwarzen oder rotbraunen Flecken
Land Schweden
FCI-Nr. 276

Der hübsche weißbunte, mittelgroße, stockhaarige Spitz ist in seiner Heimat sehr selten und außerhalb Schwedens praktisch unbekannt. Er stammt aus dem Norbotten-Gebiet an der finnischen Grenze. Der Norbottenspitz ist der ideale Jagdhund auf Federwild in den ausgedehnten lichten Wäldern und Mooren der Region. Der kleine Spitz jagte mit den nordischen Jägern seit Tausenden von Jahren, geriet aber in Vergessenheit und wurde 1948 für ausgestorben erklärt. Zwar blieb der Norbottenspitz Ausstellungen fern und Welpen wurden nicht mehr zur Eintragung gemeldet, doch bedeutete das nicht, dass die Jäger ihren Hund aufgegeben hatten. So wurde die Rasse 1967 wiederentdeckt und erlebt seither einen erfreulichen Aufschwung. In Jagdweise und Charakter gleicht er dem → *Finnenspitz*. Der Hund findet die Vögel und verbellt sie anhaltend, sobald sie sich auf einem Baum niedergelassen haben. Die sich in Sicherheit wiegenden Vögel lassen sich vom Hund ablenken und bleiben sitzen, bis der Jäger herankommt. Er jagt auch ausgezeichnet Marder. Das Jagdverhalten ist dem kleinen Spitz angeboren und braucht ihm nicht beigebracht zu werden. Der Norbottenspitz ist aufmerksam, furchtlos und draufgängerisch. Er macht einen munteren, aktiven, freundlichen, selbstbewussten Eindruck. Der Hund ist nie scheu, nervös oder aggressiv. Der Norbottenspitz ist ein ausgezeichneter Wächter. Das kurze, wetterbeständige Haarkleid ist pflegeleicht.

40–49 cm

Basenji

Die Basenjis gehören zu den primitiven Haushunden des tropischen Hackgürtels rund um die Erde, die zwar meist innerhalb menschlicher Siedlungen leben, sich aber selbst durchbringen müssen. Der Basenji aus dem Kongo wurde bisher als einziger Hund dieser Art als Rasse anerkannt. Die Eingeborenen schätzen und ehren ihn heute noch als unentbehrlichen Jagdgehilfen zum Vorstehen und Stöbern und pflegen ihn mit entsprechender Sorgfalt. Er besitzt zudem eine hervorragende Nase. Auf jahrtausendealten ägyptischen Darstellungen ruht dieser Hund zu Füßen der Pharaonen. Im 19. Jh. brachten Afrikaforscher die ersten Basenjis nach England, wo die systematische Zucht begann. Der Basenji bellt nicht wie andere Hunde, sondern drückt Gemütsregungen durch kurzes Wuff, Grollen oder Jodeln aus. Außerdem ist er reinlich wie eine Katze und riecht nicht. Trotz dieser für einen Wohnungshund erfreulichen Eigenschaften kein Hund für jedermann. Barschheit macht ihn scheu, eigensinnig und unfolgsam. Der kluge, gelehrige, stets heitere, verspielte, doch unaufdringliche Hund braucht liebevolle, verständnisvolle Behandlung, um sich zu entfalten, da seine Gehorsamsbereitschaft gering, sein Jagdtrieb dafür umso ausgeprägter ist. Er braucht Bewegungsraum, viel Auslauf und Beschäftigung.

▸ **Can Guicho**
Auch **Quisquelo**. Der galizische Kaninchenjäger vom Spitztyp wurde erst vor kurzem als Rasse anerkannt. Außerhalb seiner Heimat unbekannt.

▸ **Basenji**
Schulterhöhe ideal Rüden 43,2 cm, Hündinnen 40,6 cm
Gewicht ideal Rüden 11 kg, Hündinnen 9,5 kg
Farbe schwarz-weiß, rot-weiß, gestromt, schwarz-weiß-loh
Land Zentralafrika (Großbritannien)
FCI-Nr. 43

▸ **Can Guicho**
Schulterhöhe Rüden 34–42 cm, Hündinnen 30–38 cm
Gewicht Rüden 8–12 kg, Hündinnen 6–10 kg
Farbe alle
Land Spanien, national anerkannt
FCI nicht anerkannt

40–49 cm

Pumi
Schulterhöhe 35–44 cm
Gewicht 8–13 kg
Farbe weiß, schwarz, grau, rötlichbraun
Land Ungarn
FCI-Nr. 56

Pumi

Der Pumi entstand vermutlich im 17. und 18. Jh. Importierte Merinoschafe lösten in Ungarn das einheimische, weniger wirtschaftliche Zackelschaf ab. Mit den Herden kamen fremde Hütehunde ins Land und vermischten sich mit den einheimischen. So vermutet man Verwandtschaft mit dem → **Berger de Brie**, Spitz und sogar Terrier. Das Endprodukt war ein robuster, lebhafter Treibhund mit kurz gelocktem Haar und viel Unterwolle. Erst Anfang der 20er Jahre erkannte man im Pumi eine eigene Rasse. Der Pumi ist bis heute Arbeitshund geblieben und überall in Ungarn auf den Bauernhöfen anzutreffen.
Der überaus kluge, anpassungsfähige, gelehrige Bursche hütet sogar erstklassig Schweine und wird auch bei der Wildschweinjagd eingesetzt, wo sich sein draufgängerisches Terriererbe bewährt. Geschätzt wird seine Raubzeugschärfe als Ratten- und Mäusevertilger. Der stets aufmerksame, aktive Hund braucht Beschäftigung und Auslauf. Sportliche Menschen mit guten Nerven, die einen zuverlässigen Wachhund suchen und deren Nachbarschaft einen bellfreudigen Hund ertragen kann, finden im Pumi sicherlich einen reizvollen Begleiter. Ringelrute.

40–49 cm

Irish Terrier

Man weiß über die Entstehung der „roten Teufel" Irlands nur, dass sie im letzten Jahrhundert noch in verschiedenen Farben vorkamen und sich, wie alle irischen Terrier, in abgelegenen Gegenden zu ihrem heutigen Rassebild entwickelten. Wegen seiner Größe ist der Irish nur bedingt ein Erdhund und passt höchstens in den Dachsbau. Er kämpft am Dachs stumm, mit tolldreistem Mut. Wie überhaupt seine Lebenseinstellung zu sein scheint: „Sieg oder Tod!" Er besitzt einen ausgezeichneten Ruf als Rattenvertilger und Kaninchenjäger. Ohne zu zögern dringt er in dorniges Gestrüpp ein, um das Kaninchen herauszutreiben, und verfolgt die Ratten bis ins Wasser. Der unwiderstehliche Charme der Irish Terrier liegt in Draufgängertum, großer Treue und Hingabe an ihre Herrn. Ein zärtlicher Hitzkopf! Als auf sich selbst gestellter Jäger mit starker Persönlichkeit braucht der intelligente, gelehrige Hund eine konsequente Erziehung, am besten eine handfeste Ausbildung im Hundesport, denn er eignet sich zu allem, was ein Hund lernen kann: Turnierhundsport, Agility, jagdliche Führung.

Nach wie vor geht ein Irish Terrier keiner Rauferei aus dem Wege. Er ist sportlich und ausdauernd, Jogger, Radfahrer und Wanderer finden in ihm einen unermüdlichen Gefährten. Immer fröhlich, immer einsatzbereit, ist der Irish Terrier ideal für Menschen, die Langeweile hassen. Das drahtige Fell wird regelmäßig getrimmt.

▸ **Irish Terrier**
Schulterhöhe ca. 45 cm
Gewicht Rüden 12,25 kg, Hündinnen 11,4 kg
Farbe einfarbig rot
Land Irland
FCI-Nr. 139

40–49 cm

RAUHAAR

Kromfohrländer

Kromfohrländer
Schulterhöhe
38–46 cm
Gewicht
Rüden 11–16 kg,
Hündinnen 9–14 kg
Haar/Farbe Stockhaar
und Rauhaar; weiß mit
braunen Flecken
Land Deutschland
FCI-Nr. 192

STOCKHAAR

Der Kromfohrländer entsprang einer Laune der Natur. Eine Fox Terrier-Hündin fand Gefallen an einem 1945 von Soldaten mitgebrachten Struppi, der ein bretonischer Griffon gewesen sein soll. Das Ergebnis waren entzückende Mischlinge, die Ilse Schleifenbaum alle aufnahm. Das fröhliche Wesen, hübsche Aussehen, die unkomplizierte Art, Anhänglichkeit und robuste Gesundheit begeisterten sie so, dass sie sich ein Leben ohne diese Hunde nicht vorstellen konnte, und beschloss, sie weiterzuzüchten. Sie fand dabei Unterstützung eines erfahrenen Hundefachmanns, sodass der Kromfohrländer (Krom fohr = Krumme Furche, ein Stück Land ihrer Heimat bei Siegen) 1955 als Rasse anerkannt wurde. Kromfohrländer gibt es nur aus kleinen Liebhaberzuchten, wo die Welpen in enger Gemeinschaft mit dem Menschen aufwachsen. Sie sind deshalb aufgeschlossene, menschbezogene, anhängliche Familienhunde. Sie neigen weder zum Streunen noch zum Wildern und lieben ausgedehnte Spaziergänge. Die bis ins hohe Alter verspielten Hunde lassen sich leicht erziehen und beschäftigen. Sie eignen sich gleichermaßen für alleinstehende Stadtmenschen wie lebhafte Familien auf dem Lande, wenn sie nur ständig mit ihren Menschen zusammen sein dürfen. Kromfohrländer sind gesellig und gut zu mehreren zu halten. Die wachsamen Kerlchen sind nicht bissig, können jedoch im Ernstfall die Zähne blitzen lassen. Die Haarpflege ist einfach.

LANGHAAR

40–49 cm

Pyrenäen-Schäferhund

▸ **Langhaariger Pyrenäen-Schäferhund**
Der große weiße → *Pyrenäenberghund* beschützt die Herden, der kleine Pyrenäenschäferhund **(Berger des Pyrénées à poil long)** hütet sie. Er gewann über die Grenzen seiner Heimat hinaus Freunde bei seiner tapferen Tätigkeit als Sanitäts- und Meldehund in den Weltkriegen. Der gelehrige, quicklebendige, ruppige Pfiffikus ist ein virtuoser Hütehund mit bewundernswerter Schnelligkeit, Ausdauer und Durchsetzungskraft. Dabei gilt er als unbestechlicher Wächter, der schnell anschlägt, aber nicht ausdauernd kläfft. Er ist Fremden gegenüber ausgesprochen misstrauisch, in seiner Familie jedoch ein hingebungsvoller Hausgenosse, der nic seine Persönlichkeit aufgibt. Sein oftmals aufbrausendes Wesen muss mit konsequent-liebevoller Erziehung gezügelt werden. Er gehorcht nur einem Herrn, den er als solchen anerkennt, doch verträgt er keine grobe oder raue Behandlung. Seine Erziehung ist durchaus nicht einfach. Er ist eben ein Arbeitshund mit allen Konsequenzen. Der langhaarige Pyrenäenschäferhund wird gelegentlich gründlich gebürstet.

▸ **Pyrenäen-Schäferhund mit kurzhaarigem Gesicht**
Der sehr viel seltenere langstockhaarige Pyrenäen-Schäferhund mit kurz behaartem Gesicht **(Berger des Pyrénées à face rase)** ist pflegeleichter, etwas leichtführiger, weniger temperamentvoll und nicht ganz so zurückhaltend.

Pyrenäen-Schäferhund
Schulterhöhe
Langhaar: Rüden 40–48 cm, Hündinnen 38–46 cm; face rase 40–54 cm/40–52 cm
Farbe sandfarben bis rotbraun, schwarz oder grau, Harlekin (buntscheckig)
Land Frankreich
FCI-Nr. à poil long 141, face rase 138

40–49 cm

Puli
Schulterhöhe Rüden 40–44 cm ± 3 cm, Hündinnen 37–41 cm ± 3 cm
Gewicht Rüden 13–15 kg, Hündinnen 10–13 kg
Farbe schwarz (mit Rost- oder Reifanflug), weiß, grau, falb und maskenfalb
Land Ungarn
FCI-Nr. 55

Puli

1751 wurde der Puli erstmals in der Literatur erwähnt. Man vermutete seine Heimat in Tibet und Nordindien. Ursprünglich wurden Pulis in allen Farben und gescheckt geboren, doch mit der Schönheitszucht in den 20er Jahren ging der Trend zum reinschwarzen Hund. Heute züchtet man wieder andere Farben. Der Puli ist noch ein sehr ursprünglicher Hütehund. Er ist überaus intelligent, lernt schnell und freudig und braucht engen Kontakt zu seiner Familie. Er hütet und beschützt alles, was zu seinem Rudel gehört, einschließlich Kinder, Katzen und anderen Hunden. Seine Kompetenz als Wach- und Hütehund unterstreicht er mit seiner hellen Stimme. Der fröhliche, immer aktive Hund passt gut auf einen Bauernhof, zu aktiven Menschen oder in eine Familie mit Kindern und weiteren Tieren. Er ist glücklich, wenn er eine Aufgabe hat, und benötigt entsprechend viel Beschäftigung und Auslauf. Das lange Schnürenhaar, das ca. 3 Jahre zur Entwicklung braucht, wird nie gekämmt, sondern vom Welpenalter an durch das Auseinanderziehen der sich von alleine bildenden Zottansätze in Form gebracht. Kämmen und Bürsten entfällt, aber die Zotten müssen aus hygienischen Gründen regelmäßig gewaschen werden. Wer keine Ausstellungspreise erringen will, sollte es den Schäfern nachtun: sie scheren jedes Jahr mit den Schafen auch die Hunde. Auskämmen verhindert die Schnürenbildung.

40–49 cm

Norwegischer Buhund

Schon die Wikinger besaßen Hütespitze. Die Bezeichnung Buhund taucht aber erst Ende des 17. Jh. auf. Bu bedeutet sowohl „Wohnplatz" als auch „Vieh" und bestätigt die Aufgabe des Buhundes als Wach- und Viehtreiberhund. Darüber hinaus ging er mit auf die Jagd auf Elch, Rotwild, Fuchs, Fasan und Rebhuhn. Besonderen Mut erforderte die Bären- und Wolfsjagd. Heute noch wird der **Norsk Buhund** im Südwesten Norwegens als Hütehund eingesetzt, wobei ihm seine Fähigkeit, sich sicher und schnell über unwegsames Gelände zu bewegen, zugutekommt. Zuverlässig findet er in unübersichtlichem Gebiet verlorene Schafe und treibt große Herden. Allerdings verdrängen ihn fertig ausgebildet aus England importierte → **Border Collies** bei der Schafherde, dafür gewinnt er als Haus- und Familienhund immer mehr Freunde. In Norwegen wird die Rasse als altes Kulturgut besonders gefördert und am Leben erhalten. Der Buhund wird außerhalb Norwegens in größerem Rahmen nur noch in England gezüchtet. Vereinzelt trifft man ihn in anderen Ländern Europas an. Der Norwegische Buhund ist lebhaft, gelehrig und ein unerschrockener Wächter. Charmantes, menschenfreundliches, dennoch energisches Wesen, anhänglich und kinderlieb. Der kleine Hund ist erstaunlich kraftvoll und ausdauernd, aber auch bellfreudig. Das dichte, derbe Fell ist pflegeleicht.

Norwegischer Buhund
Schulterhöhe Rüden 43–47 cm, Hündinnen 41–45 cm
Gewicht 18 kg
Farbe Falbe (wie das Fjordpferd) von sehr hell bis hin zu rot-gelblich mit oder ohne schwarze Haarspitzen, Maske akzeptiert. Schwarz vorzugsweise einfarbig, jedoch auch mit weißem Halsring, Brust und Pfoten. Reine, klare Farben.
Land Norwegen
FCI-Nr. 237

40–49 cm

▸ **Island Hund**
Schulterhöhe
Rüden 42–48 cm, ideal 46 cm; Hündinnen 38–44 cm, ideal 42 cm
Farbe verschiedene Braunnuancen von creme bis rotbraun, schokoladenbraun, grau, schwarz; weiß immer vorhanden, aber nicht vorherrschend (über 50%)
Land Island
FCI-Nr. 289

▸ **Alaskan Klee Kai**
In den USA gezüchteter kleiner Husky. Ähnlich dem Island Hund. Nicht offiziell anerkannt.

Island Hund

Mit den Islandponys kamen auch die Island Hunde **(Islenkur Fjarhundur)** nach Deutschland. Diese uralte ehemalige Jagdhundrasse wurde auf der Insel mangels Wild zum Treib- und Hütehund umfunktioniert. Obwohl eng mit dem Menschen zusammenarbeitend, wurde er nie als Haus- oder Familienhund gehalten. Harte Auslese auf Leistungsfähigkeit und Gesundheit machen den Island Hund zu einem robusten, anspruchslosen, gehorsamen, flinken, mutigen, arbeitseifrigen Hund, der sich nicht durch unwegsames Gelände oder schlechtes Wetter beeinträchtigen lassen darf. Ausgesprochen gutartig und freundlich, sind sie gut für den Umgang mit Kindern geeignet. Island Hunde hängen voller Hingabe an ihren Menschen, lernen schnell und willig. Sie sind sensibel und müssen konsequent, aber ohne Härte erzogen werden. Der Island Hund ist kein Schutzhund, jedoch zuverlässiger Wächter, der bellt, aber nicht beißt. Aggressive Hunde wurden nie geduldet! Verträglich im Umgang mit anderen Hunden und Tieren. Der sehr lebhafte, bellfreudige Hund braucht eine Aufgabe und Bewegung. Kein Hund für bequeme Menschen. Als hervorragende Reitbegleithunde erfreuen sie sich besonders in Reiterkreisen großer Beliebtheit. Island Hunde können sehr unterschiedlich aussehen, sie kommen kurz- oder langhaarig und in großer Farbenvielfalt vor. Pflegeleicht.

40–49 cm

American Staffordshire Terrier

Mit englischen Einwanderern gelangten 1870 die ersten → *Staffordshire Bull Terrier* in die USA und erhielten später den Namen American Staffordshire Terrier. Sie sind hochläufiger und eleganter als ihre englischen Ahnen. Leider werden sie, obwohl es verboten ist, in den USA immer noch, meist unter der Bezeichnung **Pit Bull Terrier**, für Hundekämpfe gezüchtet. Die Rasse ist stark in Verruf geraten, weil verantwortungslose Menschen diese Hunde nicht nur für Hundekämpfe, sondern auch für Atacken gegen Menschen missbrauchten. Von der FCI anerkannt sind nur Hunde mit AKC-Papieren, die als Schau- und nicht als Kampfhunde gezüchtet werden. Im Grunde ist der American Staffordshire Terrier Menschen gegenüber freundlich, unbefangen und ein braver Hausgenosse sowie zuverlässig im Umgang mit Kindern. Die Erziehung des starken, selbstbewussten Hundes verlangt von klein an gefühlvolles Durchsetzungsvermögen. Nach wie vor neigt er zum Raufen, deshalb müssen schon die Welpen den Umgang mit anderen Hunden lernen. Der drahtige, sportliche Hund braucht Bewegung und Beschäftigung. Der von einem vernünftigen Züchter stammende American Staffordshire Terrier ist nicht überaggressiv. Durch Missbrauch in kriminellen Kreisen fallen beide Rassen unter das Gesetz zur Bekämpfung gefährlicher Hunde und dürfen in Deuschland weder gezüchtet noch eingeführt werden.

▶ **American Staffordshire Terrier**
Schulterhöhe Rüden 46–48 cm, Hündinnen 43–46 cm
Farbe alle außer überwiegend oder rein weiß; black and tan und leberfarben unerwünscht
Land USA
FCI-Nr. 286

PIT BULL TERRIER

40–49 cm

Irish Soft Coated Wheaten Terrier

Irish Soft Coated Wheaten Terrier
Schulterhöhe Rüden 46–48 cm, Hündinnen etwas weniger
Gewicht Rüden 15,75–18 kg, Hündinnen etwas weniger
Farbe jede Schattierung zwischen hellem Weizen und Rotgold
Land Irland
FCI-Nr. 40

Eine ausgesprochen aparte Erscheinung ist der „weichhaarige weizenfarbige Terrier". Er kam erst vor wenigen Jahren zu uns und ist auf dem besten Wege, sich die Herzen aller zu erobern, die ihn näher kennen lernen. Er entwickelte sich auf den abgeschiedenen Bauernhöfen Irlands, wo sich die Menschen mühevoll ihren Lebensunterhalt erarbeiteten. Der Hund musste sich sein Futter verdienen und nützlich machen. Luxushunde konnte man sich nicht leisten, ebenso wenig einen Hund für die Jagd, einen für die Herde, einen Wachhund usw. Der Soft Coated Wheaten Terrier konnte alles: er ernährte sich vornehmlich von Ratten und Mäusen, trieb das Vieh ein, beschützte Haus und Hof und half bei der Jagd. Harte natürliche Auslese schenkte uns einen robusten, gesunden Vierbeiner von charmanter Vierschrötigkeit. Der Irish Soft Coated Wheaten ist ein fröhlicher, temperamentvoller, verspielter Hausgenosse, kinderlieb und geduldig, menschenfreundlich, wachsam, aber nie bissig. Anhänglich und klug, lässt er sich mit Konsequenz und Liebe leicht erziehen. Er braucht viel Bewegung und Beschäftigung. Das lange Fell bringt Schmutz in die Wohnung, auch braucht das Haar ausgiebige Pflege. Ausstellungstiere werden meist sorgfältig in Form geschnitten. Sie sind dann auch pflegeleichter als im Originalzustand. Die Rasse hat international einen festen Freundeskreis gewonnen.

40–49 cm

Kerry Blue Terrier

Dieser außergewöhnliche Allroundhund stammt aus der abgelegenen Region „Ring of Kerry", wo er auf den verstreut liegenden Höfen wachte, Ratten und Mäuse kurz hielt und das Vieh trieb. Hunde gegen die gefährlichen Dachse kämpfen zu lassen, war bis ins letzte Jahrhundert ein beliebter Sport, bei dem sich die großen, kräftigen Terrier auszeichneten. Vermutlich ist die blaue Farbe auf die Einkreuzung von → *Bedlington Terriern* zurückzuführen, die Ende des letzten Jahrhunderts zahlreich in Dublin gehalten wurden. Die Welpen werden, wie beim Bedlington, schwarz geboren und färben sich binnen zwei Jahren in alle Blau- und Silbertöne um. Das schön gewellte, seidige Haar des Kerry Blue fällt nicht aus, sondern wird ausgekämmt und in Form geschnitten. Der Kerry Blue Terrier ist ein Hund, der alles kann. Er ist intelligent und gelehrig, ein vorzüglicher Wächter und zuverlässiger Beschützer. Dabei bellt er nur, wenn nötig. Er kann jagdlich geführt werden und apportiert wie ein Retriever zu Wasser und zu Lande. Der Kerry ist temperamentvoll, aber nicht nervös. Er braucht Beschäftigung und Bewegung sowie eine konsequente Erziehung, insbesondere was den Umgang mit anderen Hunden betrifft, denn er rauft gerne. Zu Menschen ist er allgemein freundlich. Er ist ein hervorragender Haus- und Familienhund, sofern man Zeit für die Fellpflege und ausgiebige Beschäftigung mit dem Hund hat.

Kerry Blue Terrier
Schulterhöhe
Rüden 45,5–49,5,
Hündinnen 44,5–48 cm
Gewicht
Rüden 15–18 kg,
Hündinnen entsprechend weniger
Farbe blau mit oder ohne schwarze Maske und Ohren
Land Irland
FCI-Nr. 3

40–49 cm

Entlebucher Sennenhund

Entlebucher Sennenhund
Schulterhöhe Rüden 44–50 cm ± 2 cm, Hündinnen 42–48 cm ± 2 cm
Farbe Grundfarbe Schwarz mit gelb- bis rostbraunen und weißen Abzeichen
Land Schweiz
FCI-Nr. 47

Česky Strakaty Pes
Schulterhöhe 40–50 cm
Gewicht 15–20 kg, der beagle-ähnlichere Schlag 45 cm mit 14 kg
Farbe schwarz oder braun-bunt, Lang- und Stockhaar
Land Tschechien, national anerkannt
FCI nicht anerkannt

Der uralte Treib- und Bauernhund aus dem Emmental und Entlebuch wurde 1889 erstmals erwähnt und war dem Appenzeller Sennenhund sehr ähnlich. Prof. Heim förderte die Reinzucht, doch trotz großer Bemühungen schien die Rasse 1924 ausgestorben. Es ist Dr. Koblers Hartnäckigkeit zu verdanken, die letzten Exemplare aufgespürt und einen Verein gegründet zu haben, der die Entlebucherzucht rettete. Heute findet der handliche, pflegeleichte, robuste Hund mit dem klugen Gesichtsausdruck immer mehr Freunde bei Menschen, die mit ihrem Hund etwas anfangen wollen, ohne sich mit einem großen Hund zu belasten. Der Entlebucher ist stets aufmerksam, lernt schnell und willig, hat ein unerschrockenes Wesen und besitzt guten Schutz- und Wachtrieb und bellt gern. Er besitzt eine hervorragende Nase und eignet sich für viele hundesportliche Aktivitäten. Angeboren verkürzte Rute kommt vor. Das derbe Kurzhaar ist pflegeleicht.

Česky Strakaty Pes

Prof. Horak züchtete den „Horakschen Laborhund" (Gescheckter Tschechischer Hund) aus verschiedenen Rassen und Mischlingen. Mit Aufgabe der Forschung kamen die Hunde in Familien, wo sich der unkomplizierte, anpassungsfähige und verträgliche Hund rasch Freunde schaffte. Angenehmer, ruhiger Familienhund.

40–49 cm

Großspitz

Der Spitz war im Mittelalter aus dem täglichen Leben auf dem Bauernhof nicht wegzudenken. Der Fremden gegenüber stets misstrauische Hund war ein ausgezeichneter Wächter. Da er keine Neigung zum Wildern zeigte und sich nicht als Jagdhund abrichten ließ, duldeten die Jagdherren solche Hunde gern bei ihren Bauern. Außerdem bewährte er sich als sogenannter Hütespitz. Natürlich duldet der Spitz keine Ratten und Mäuse auf dem Hof und macht sich in vieler Weise unentbehrlich. Obwohl der Großspitz dank seiner Reviertreue und Wachsamkeit ein idealer Haus- und Hofhund für die vielen Menschen wäre, die ein Leben abseits der Stadt suchen, ist er relativ wenig verbreitet. Dabei ist er intelligent, gelehrig, geflügelfromm, geduldig mit Kindern, robust und witterungsunempfindlich. Der Spitz ist eine selbstbewusste Persönlichkeit, die sich nur ungern unterordnet und deshalb eine konsequente Erziehung benötigt. Von klein an erzogen, gibt es jedoch mit dem Spitz kaum Probleme. Der Hund geht gerne spazieren und liebt den Aufenthalt im Freien, er wird aber nicht hysterisch, wenn sein Spaziergang einmal ausfällt, denn der sehr territorialbewusste und reviertreue Hund fühlt sich zu Hause wohl, wenn er seiner Aufgabe als Wachhund gerecht werden kann. Spitze sind nicht immer verträglich im Umgang mit Artgenossen. Die Haarpflege ist nur beim Junghund aufwendig, das Fell des erwachsenen Hundes wird regelmäßig gebürstet.

Ein attraktiver Begleithund, der größere Aufmerksamkeit verdient.

▸ **Großspitz**
Schulterhöhe
46 ± 4 cm
Farbe schwarz, weiß, braun
Land Deutschland
FCI-Nr. 97

40–49 cm

PERRO DE AGUA ESPAÑOL

▸ **Perro de Agua Español**
Schulterhöhe
Rüden 40–50 cm,
Hündinnen 38–45 cm
Gewicht
Rüden 16–20 kg,
Hündinnen 12–16 kg
Farbe einfarbig weiß,
schwarz und braun,
zweifarbig weiß und
schwarz, weiß und braun
Land Spanien
FCI-Nr. 336

▸ **Boykin Spaniel**
Schulterhöhe
Rüden 39–45 cm,
Hündinnen 35–41cm
Gewicht Rüden 15–
20 kg, Hündinnen etwas weniger
Farbe einfarbig leberfarben oder dunkel
schokoladenbraun;
kleiner weißer Brustfleck erlaubt; Fell mittellang, glatt bis etwas
gelockt, auch Kurzhaar
Land USA
FCI nicht anerkannt

Wasserspaniels

Sogenannte Wasserhunde gibt es an allen Küsten Europas und sie gelangten mit den Siedlern an die Ostküste Amerikas. Dort rasteten die Zugvögel und boten reiche Jagdbeute. Es entwickelten sich einige interessante Rassen, die ausschließlich für den Jagdgebrauch gezüchtet werden.

▸ **Perro de Agua Español**
Der Spanische Wasserhund kommt hauptsächlich in Andalusien vor. Obwohl von Hauptberuf Hütehund, holt der begeisterte Schwimmer und Apporteur für seinen Herrn alles aus dem Wasser, ob Fischernetze oder geschossene Enten. Er taucht sogar nach Fischen! Intelligent, vielseitig, wachsam, kinderfreundlich und robust. Das zottelige Fell wird gezupft oder gelegentlich geschoren. Angeborene kurze Ruten kommen vor. Auch er fand seit seiner Rasseanerkennung vor wenigen Jahren zahlreiche Freunde außerhalb seiner Heimat, da er ein sehr angenehmer, fröhlicher Familienhund ist.

▸ **Boykin Spaniel**
Um die Jahrhundertwende züchtete Whitaker Boykin aus South Carolina mit einem jagdlich hervorragenden Streuner, → **Chesapeake Bay Retriever,** → **Springer-, Cocker** und **American Water Spaniel** einen Spezialisten für die Truthahn- und Entenjagd. Typischer Spaniel, leichtführig, intelligent, liebenswürdig. Angenehmer Begleit- und passionierter Jagdhund.

▸ **Lagotto Romagnolo**
Er gehört zu den alten Wasser-Apportierhunden, die man schon im Mittelalter in den Lagunen von Ravenna schätzte. Im 19. Jh. kam er in die Romagna als Trüffelsuchhund. Er eignete sich durch sein Wasser abweisendes, Luft einschließendes Lockenfell hervorragend für die Arbeit in nasskalter Jahreszeit. Er besitzt eine hervorragende Nase und sucht mit großer Passion, aber Jagdtrieb wurde ihm abgezüchtet, damit er sich im Wald nicht durch Wild ablenken lässt. Er ist lebhaft, sehr

40–49 cm

LAGOTTO ROMAGNOLO

gelehrig und arbeitsfreudig. Der fröhliche, liebenswerte und sehr anhängliche, leicht erziehbare Hund ist ein hervorragender Begleithund und erfreut sich als Familienhund mittlerweile in ganz Europa wachsender Beliebtheit, obwohl er erst seit wenigen Jahren als Rassehund bekannt ist. Er braucht Beschäftigung und Familienanschluss, eignet sich sehr gut für alle möglichen hundesportlichen Aktivitäten und ist ein unermüdlicher Begleiter für sportliche Menschen sowie robuster Gefährte in Familien mit Kindern. Das krause Fell wird auf einer einheitlichen, sehr pflegeleichten Länge am ganzen Körper kurz gehalten. Haart nicht.

American Water Spaniel

Vermutlich aus Retrievern, → *Irish* und *English Water Spaniel* in den USA gezüchteter Jagdgebrauchshund, der schnell und zuverlässig findet und Vögel unversehrt apportiert. Hervorragender Schwimmer, den niedrigste Temperaturen nicht abschrecken. Für die Arbeit im eiskalten Wasser brauchen die Hunde ein schützendes Fell. In den Locken bildet die Luft eine isolierende Schicht. Kein Vorstehhund, besitzt aber eine hervorragende Nase und arbeitet ausdauernd in unzugänglichem Gelände. Umgänglicher Hausgenosse, gut mit Kindern und zuverlässiger Wächter. Jedoch nicht aggressiv. In Deutschland nahezu unbekannt.

AMERICAN WATER SPANIEL

▶ **Lagotto Romagnolo**
Schulterhöhe Rüden 43–48 cm, ideal 46 cm; Hündinnen 41–46 cm, ideal 43 cm ± 1 cm
Gewicht Rüden 13–16 kg, Hündinnen 11–14 kg
Farbe schmutzigweiß, braun, orange, einfarbig oder gefleckt
Land Italien
FCI-Nr. 298 (vorläufig aufgenommen)

▶ **American Water Spaniel**
Schulterhöhe 38–46 cm
Gewicht Rüden 13,5–20,5 kg, Hündinnen 11,5–18 kg
Farbe leberbraun, braun, dunkles schokoladenbraun, kleine weiße Abzeichen an Zehen und Brust erlaubt
Land USA
FCI-Nr. 301

50–59 cm

Österreichischer Kurzhaariger Pinscher

▶ **Österreichischer Kurzhaariger Pinscher**
Schulterhöhe 35–50 cm
Gewicht 12–18 kg
Farbe Gelbtöne, hirschrot, schwarz und braun, gestromt, mit oder ohne weiße Abzeichen
Land Österreich
FCI-Nr. 64

Der alte Hofhund Österreichs wird schon auf Gemälden des Barock und später im Biedermeier in dörflichen Alltagsszenen dargestellt. Als man später Rassehunde zu züchten begann, dachte niemand an den unscheinbaren Dorfköter. Für den Landwirt hingegen blieb der robuste Hofhund, der energisch sein Anwesen bewachte, Ratten und Mäuse kurz hielt und beim Viehtreiben half, anspruchsloser Kamerad. Genügsamkeit im Futter, robuste Gesundheit und problemlose Fortpflanzung waren selbstverständlich. 1912 stieß der Kynologe Prof. Hauck bei Forschungsarbeiten auf die uralte Hofhundrasse, die vor der Verbastardierung mit modischen Rassehunden bewahrt werden musste. 1928 wurde die Rasse offiziell anerkannt. Er machte keine Karriere, aber er überlebte selbst schwere Kriegszeiten. Er gedieh im Verborgenen und war außerhalb seiner Heimat weitgehend unbekannt. Erst in den letzten Jahren blühte die Zucht auf, denn die Menschen suchen mehr denn je einen urigen, unverzüchteten Hausgenossen. Der Kurzhaarpinscher streunt und wildert nicht und ist nach wie vor ein guter Wachhund und Rattenfänger. Freundlicher Familienhund, der Fremden gegenüber reserviert, wachsam und verteidigungsbereit ist und der sich leicht erziehen lässt. Der Pinscher braucht Bewegung und Beschäftigung und ist für sportliche Menschen ein unermüdlicher Begleiter.

50–59 cm

Mudi, Kroatischer Schäferhund

▸ **Mudi**

Der wirkliche Arbeitshund Ungarns schwang sich nie zur Schauschönheit auf und ist in seiner Heimat weit verbreitet. Er hütet die schwierigen Steppenrinder, Zackelschafe und Pferde und hält auf dem Hof Ratten und Mäuse kurz. Da auch Arbeitshunde ohne Ahnentafel in die Zucht eingebracht wurden, hat die Rasse eine gesunde Basis, es kommen allerdings noch Typabweichungen vor. Robuster, unverfälschter, noch uriger, anpassungsfähiger Haus- und Familienhund, der auch ein Luxusleben in der Stadt durchaus zu schätzen weiß. Er ist weniger laut als → *Pumi* und → *Puli*, anspruchslos in Haltung, Fütterung und Pflege. Er ist intelligent, leicht zu erziehen und sehr wachsam. Braucht viel Bewegung und Beschäftigung.

▸ **Kroatischer Schäferhund**

Ab 1935 züchtete Prof. Romic systematisch den in seiner Heimat sehr seltenen, im Ausland gänzlich unbekannten kroatischen Schäferhund (**Hrvatski Ovcar**). Heute noch unersetzlicher Allroundhütehund, der mit unermüdlichem Eifer, Mut, Schnelligkeit, Lauffreudigkeit und rascher Auffassungsgabe Schafe, Schweine, Rinder, Pferde und Enten hütet. In seiner Heimat beliebter Wachhund. Der anspruchslose, robuste, leicht erziehbare und intelligente Hund mit wenig Jagdleidenschaft dürfte eine gute Zukunft als Begleiter sportlicher Menschen haben. Angeboren verkürzte Rute kommt vor.

▸ **Mudi**
Schulterhöhe 37–47 cm
Gewicht 8–13 kg
Farbe schwarz, selten weiß, braun, aschfarben, blue-merle
Land Ungarn
FCI-Nr. 238

▸ **Kroatischer Schäferhund**
Schulterhöhe 40–50 cm, max. 53 cm
Farbe schwarz; weiße Pfoten erlaubt
Land Kroatien
FCI-Nr. 277

50–59 cm

▸ **Polski Owczarek Nizinny**
Schulterhöhe Rüden 45–50 cm, Hündinnen 42–47 cm
Farbe alle Farben, auch Schecken anerkannt (außer Merlefaktor)
Land Polen
FCI-Nr. 251

Polski Owczarek Nizinny

Der **PON** oder auch **Polnische Niederungshütehund** hütete in der polnischen Tiefebene jahrhundertelang große Schafherden, ohne dass ihm züchterische Beachtung geschenkt worden wäre. Er war da und tat seine Arbeit – wie er aussah, war unwichtig. Nur nützlich musste er sein. Das setzte eine gewisse Größe, Intelligenz, Genügsamkeit und Widerstandskraft, Hütetrieb, Wachtrieb und ein den Bodenverhältnissen und dem Klima angepasstes Fell voraus. Nach dem II. Weltkrieg begann in Polen die Reinzucht. 1963 wurde die Rasse anerkannt und fasste ab den 70er Jahren auch in Deutschland Fuß. Der untersetzte, muskulöse Hund besticht durch ein erstaunlich mühelos fließendes Gangwerk und eine reizvolle Farbenvielfalt.

Der noch unverfälschte Arbeitshund braucht viel Beschäftigung und Bewegung, er hält sich gern bei jedem Wetter im Freien auf und ist ein zuverlässiger, energischer Beschützer von Haus und Hof. Er besitzt wenig Neigung zum Streunen und Wildern. Fremden gegenüber allgemein misstrauisch, darf er jedoch nie ängstlich oder bissig sein. Der selbstbewusste, bis ins hohe Alter temperamentvolle Hund braucht eine konsequente Erziehung, denn der selbstständige Hund ordnet sich nur dem von ihm anerkannten Rudelführer unter. Er ist ein guter Futterverwerter, und man muss auf seine Linie achten! Das standardgerechte, harsche Ziegenhaar muss regelmäßig gebürstet werden. Angeborene Stummelrute kommt vor.

50–59 cm

Schapendoes

Als 1940 der holländische Kynologe Toepoel die bodenständigen Hunderassen Hollands katalogisierte, stieß er auf Restbestände des Schapendoes, dem Hütehund der Heideregionen. Im ganzen Land wurden typische Exemplare zusammengesucht, überprüft und in die Zucht einbezogen. Erfahrene Züchter und Wissenschaftler der Genetik bauten die Rasse auf einem gesunden Stamm neu auf. 1968 wurde der Schapendoes offiziell anerkannt. Bisher werden die Schapendoes nur von wenigen Züchtern in kleinem Rahmen gezüchtet, die eine Vermarktung ablehnen. Jedoch gewinnt der fröhliche Naturbursche immer mehr Freunde, wo immer er auftaucht. Der Schapendoes ist ein freundlicher, verspielter, lebhafter Familienhund. Er ist wachsam ohne Schärfe und unermüdlicher Spielkamerad der Kinder. Im Hause ist er ruhig und nie nervös, vorausgesetzt, er wird beschäftigt und bekommt genügend Auslauf! Der temperamentvolle und arbeitswillige Hund eignet sich sehr gut für Turnierhundsport und Agility. Der arbeitsfreudige, gelehrige Bursche will mit Verständnis erzogen werden. Für seinen Herrn tut er alles, aber er will verstehen, wofür und warum. Selbstständiges Arbeiten liegt ihm noch im Blut – gehorchen ja, aber nicht angewiesen sein auf Kommandos. Der Schapendoes ist verträglich mit Artgenossen. Die Pflege ist beim jungen Hund aufwendig, bei korrektem hartem Haar wird der erwachsene Hund nur alle zwei Wochen gründlich gebürstet.

▶ **Schapendoes**
Schulterhöhe
40–50 cm
Farbe alle Farben zulässig
Land Niederlande
FCI-Nr. 313

50–59 cm

Epagneul Breton

- **Epagneul Breton**
  Schulterhöhe ideal Rüden 48–50 cm ± 1 cm, Hündinnen 47–49 cm ± 1 cm
  Farbe weiß-orange, weißschwarz, weiß-braun; dreifarbig
  Land Frankreich
  FCI-Nr. 95

- **Epagneul du Larzac**
  Schulterhöhe ca. 54 cm
  Farbe weiß-braun
  Land Frankreich
  FCI nicht anerkannt

- **Epagneul de St. Usuge**
  Schulterhöhe Rüden 47–54 cm, Hündinnen 41–49 cm
  Farbe Braunschimmel oder einfarbig braun
  Land Frankreich, national anerkannt

Der **Bretonische Vorstehhund (Bretonischer Spaniel)** geht auf mittelalterliche Vogelhunde zurück, die man Ende des 19. Jahrhunderts mit Laverack Settern kreuzte. Über seine jagdlichen Leistungen sagt man: weite, raumgreifende Suche mit hoher Nase, feinste Nasenleistung, firmes Vor- und Durchstehen. Für leichte Nachsuchen brauchbar. Zuverlässiger Verlorenbringer, sehr wasserfreudig auch unter schwierigen Bedingungen. Raubwildschärfe meist geringer entwickelt, kein Stöberhund, sondern klassischer Vorstehhund, der in der Feld-, Wald- und Wasserjagd den großen Rassen ebenbürtig ist. Er ist ausgesprochen leichtführig, intelligent, sanft und zuweilen sensibel. Der kleine Vorstehhund passt sich leicht an das Familienleben an, ist ausgesprochen kinderlieb und kein Kläffer. Durch seine handliche Größe ideal für all diejenigen Jäger, die den Hund in der Wohnung halten und ihn mit auf Reisen nehmen wollen.

- **Epagneul du Larzac**
Dem trockenen Klima Südfrankreichs angepasster, dem Bretonen ähnlicher Vorstehhund. Im Zuchtaufbau begriffen.

- **Epagneul de St. Usuge**
Kleinster französischer Vorstehhund aus dem französischen Jura. Im Zuchtaufbau begriffen. Ausgezeichnet in Feld, Wald und Sumpf, sehr wasserfreudig. Leichtführig. Sanft und kinderlieb.

50–59 cm

Finnenspitz

Vermutlich stammt der Nationalhund Finnlands **(Suomenpystykorva)** von aus dem Osten eingewanderten russischen Laiki ab. Sein russisches, in Aussehen und Jagdverhalten nahezu identisches Gegenstück ist der **Russisch-(Karelisch) Finnische Laika**; kleines Bild. In den Wäldern seiner Heimat jagt er hauptsächlich auf Birk- und Auerwild. Er stöbert die großen Vögel auf und verfolgt sie, bis sie sich in den Baumkronen niederlassen. Der Hund bellt und springt, um die Aufmerksamkeit des Vogels auf sich zu lenken, der sich in den Wipfeln sicher fühlt und sitzen bleibt, bis der Jäger herbeikommt und schießen kann. Sehr viel Mut erfordert das Stellen und Verbellen eines Elches oder Bären. Die durchdringende Stimme des Finnenspitzes ist ein wichtiges Merkmal. Der Finnenspitz ist kein Schmeichler und sehr selbstständig, wie es seine Jagdarbeit erfordert. Er marschiert gerne auf eigene Faust los und frönt seiner Jagdleidenschaft. Der kluge Finnenspitz ist gelehrig, aber niemals unterwürfig und gehorcht keineswegs immer aufs Wort. Die Erziehung, die konsequent, aber ohne Zwang schon beim Welpen beginnen muss, erfordert Hundeverständnis. Der Finnenspitz braucht viel Bewegung und Beschäftigung. Er ist wachsam ohne Aggressivität und geduldig mit Kindern. Er benötigt kaum Pflege, ist ein genügsamer Fresser, stets fröhlich und abenteuerlustig, dabei nie nervös und hysterisch (sofern er ausreichend beschäftigt wird.) Witterungsunempfindlich liebt er den Aufenthalt im Freien, trotzdem ist enger Familienanschluss unerlässlich.

▸ **Finnenspitz**
Schulterhöhe
Rüden 44–50 cm,
Hündinnen 30–45 cm
Farbe rotbraun oder gelbbraun, weiße Abzeichen an Brust und Pfoten erlaubt
Land Finnland
FCI-Nr. 49

▸ **Russisch-Finnischer Laika**
Schulterhöhe 43–45 cm
Land Russland
FCI nicht anerkannt

50–59 cm

Schnauzer

Schnauzer
Schulterhöhe Rüden und Hündinnen 45–50 cm
Gewicht 14–20 kg
Farbe schwarz, pfeffersalz
Land Deutschland
FCI-Nr. 182

Der ehemalige „Rattler" lebte in Ställen und Scheunen, fing Ratten und Mäuse und bewachte den Hof. Der „urdeutsche" Bauernhund war hauptsächlich in Süddeutschland beheimatet. 1882 bezog der Hundezüchter Max Hartenstein aus Württemberg seinen Zuchtstamm und baute damit die Schnauzerzucht konsequent auf. Besonderes Augenmerk galt üppigem Bart und Augenbrauen sowie reingrauer Farbe, obwohl anfangs noch fahlrote Schnauzer erlaubt waren. Der Schnauzer hat sich seither nicht wesentlich verändert, Frisur, Haar und Farbe wurden perfekter, aber er ist ein uriger Hund geblieben. Das raue Haar wird regelmäßig getrimmt. Der Allroundhund ist dem sportlichen Besitzer ein ausdauernder und witterungsunempfindlicher Begleiter, der stets zu Spiel und Spaß bereit, aufmerksam, lernfreudig, unerschrocken und temperamentvoll, aber niemals nervös ist. Gutmütig, mit gesundem Misstrauen in zweifelhaften Situationen, ist der Schnauzer kein bissiger Hund, aber stets wachsam und verteidigungsbereit. Gelegentliche Rauflust muss von klein an unterbunden werden. Der Schnauzer braucht engen Familienkontakt und eignet sich für vielfältige Ausbildungsmöglichkeiten, z.B. Turnierhundsport. Sein reger Geist und seine selbstbewusste Persönlichkeit verlangen einen Herrn, der auf den Schnauzercharakter eingeht. Unnötige Härte, aber auch allzu viel Nachgiebigkeit verträgt er nicht. Das derbe Fell wird regelmäßig getrimmt und ist pflegeleicht.

50–59 cm

Pinscher

Der seltene Pinscher stand stets im Schatten seines rauhaarigen Bruders, des Schnauzers. Hätte sich nicht 1956 der Pinscher und Schnauzer Klub intensiv um die Züchtung bemüht, wäre die Rasse heute vermutlich ausgestorben. Dass dieser praktische, charakterlich gute Hund so wenig Anklang findet, mag an seiner recht unscheinbaren Erscheinung und am Namen liegen. Wer will schon einen „Pinscher" spazieren führen? Das Wort geht vermutlich auf das Englische to pinch = kneifen zurück und weist auf seine Vergangenheit als Rattenfänger in Stallungen und auf seine Wachsamkeit hin. Fuhrleute schätzten ihn besonders, denn solange der Pinscher auf dem Fuhrwerk saß, wagte niemand, Pferd und Wagen anzurühren.

Mit Beginn der Schnauzerzucht im ausgehenden 19. Jh. verlor der glatthaarige Pinscher immer mehr an Bedeutung, obwohl beide Varianten in einem Wurf fielen. Seine kraftvolle und doch elegante Erscheinung verleiht dem Pinscher die Schönheit eines formvollendeten Hundes. Seine Wesenszüge sind schneidiges Temperament, Aufmerksamkeit, Ausbildungsfähigkeit und Robustheit, gutartiger Charakter mit Spiellust, Anhänglichkeit an seinen Herrn, unbestechliche Wachsamkeit, ohne ein Kläffer zu sein. Der selbstbewusste Hund braucht von klein an eine konsequente Führung und lässt sich nicht gängeln. Deshalb nur bedingt für Familien mit Kindern zu empfehlen. Das kurze Fell ist pflegeleicht.

▶ **Pinscher**
Schulterhöhe
Rüden und Hündinnen
45–50 cm
Gewicht 13–18 kg
Farbe rot und schwarz
mit roten Abzeichen
Land Deutschland
FCI-Nr. 184

50–59 cm

CUR

FEIST

▸ **Treeing Cur**
Schulterhöhe 45–70 cm
Gewicht über 14 kg
Farbe alle Variationen
Land USA
FCI nicht anerkannt

▸ **Treeing Feist**
Schulterhöhe 25–55 cm
Gewicht 5–16 kg
Farbe einfarbig oder in allen Farben gemischt
Land USA
FCI nicht anerkannt

Treeing Cur, Treeing Feist

Cur und Feist sind Begriffe für Mischlinge – „Köter". Für die ersten Siedler in Amerika waren diese Alleskönner lebenswichtig, denn sie trugen wesentlich zum Lebensunterhalt bei. Sie schützten Hab und Gut, sorgten für eine Fleischmalzeit und Felle für Kleidung oder zum Verkauf. Mit der Schaffung von Arbeitsplätzen in Industrieanlagen verlor der Hund an Bedeutung. Aus der Jagd wurde Sport. Es gibt eine Vielzahl von Curs (die sog. Feists sind kleinere, Jack Russell Terrier ähnliche Hunde) mal pinscher-, mal jagdhundähnlicher, geprägt vom Geschmack und Bedarf ihrer Züchter. Alle zeichnen sich durch hohen Jagdeifer aus und besitzen besondere Fähigkeiten, die Beute – Eichhörnchen, Oppussum, Puma – in die Bäume zu jagen oder dort aufzuspüren und durch Bellen anzuzeigen, den sog. „treeing instinct". Sie sind raubzeugscharf, flink, wachsam und intelligent, dabei aufmerksame und liebenswerte, robuste und anspruchlose Begleiter. Der Eifer, Eichhörnchen hoch in den Bäumen zu jagen, ist angeboren und züchterisch gefestigt. Wie ein Hund jagt, ob bellend oder leise, oder wie er aussieht, ist nicht so wichtig. Man kennt etwa 11 Cur- und 5 Feist-Rassen. Außerhalb der Staaten unbekannt.
Weitere Cur-Rassen: Black Mouth, Camus, Canadian, Catahoula Leopard Dog, Kemmer Stock Mountain Cur, Leopard Cur, Mountain View Cur, Original Mountain Cur, Stephens Cur, Treeing Tennessee Brindle.
Weitere Feist-Rassen: DenMark Feist, Mullins Feist, Original Cajun Squirrel Dog, Thornburg Feist.

50–59 cm

Springer Spaniels

▸ **English Springer Spaniel**
Heute in England einer der beliebtesten Jagdhunde, hat sich der Springer Spaniel in zwei Typen aufgespalten: Arbeitshund und Schauhund. Selten besteht ein Schauhund Jagdprüfungen, doch so gut wie nie gewinnt ein Arbeitsspaniel einen Schönheitspreis. Ursprünglichster Spanieltyp, dessen Existenz 600 Jahre zurückverfolgt werden kann. Damals trieb er die Vögel in Netze. Heute ist der Springer Spaniel ein hervorragender Jagdgebrauchshund, der sucht, weitläufig stöbert, das Wild herausdrückt und zuverlässig nach dem Schuss apportiert. Er ist ausgesprochen wasserfreudig. Kein Vorsteher. Der English Springer ist freundlich, anhänglich, zuverlässig und braucht viel Bewegung und Beschäftigung. Ideal für den Alleinjäger, der gleichzeitig einen angenehmen Familienhund sucht. Das schlichte Langhaar bedarf regelmäßiger Pflege, ebenso die langen Ohren.

▸ **Welsh Springer Spaniel**
Eine ebenfalls sehr alte Rasse. Dieser hübsche Jagdspaniel ist ein ausgesprochen harter, ausdauernder Hund, der besonders den Anforderungen seiner bergigen walisischen Heimat angepasst ist. Die Jagdeigenschaften sind die des English Springer. Auch er ist ein angenehmer Familienhund, leicht zu erziehen, temperamentvoll, gut mit Kindern.

▸ **English Springer Spaniel**
Schulterhöhe ca. 51 cm
Farbe alle Landspanielfarben erlaubt; leberfarben-weiß, schwarz-weiß mit oder ohne braune Abzeichen bevorzugt
Land Großbritannien
FCI-Nr. 125

▸ **Welsh Springer Spaniel**
Schulterhöhe
Rüden ca. 48 cm,
Hündinnen ca. 46 cm
Farbe weiß mit leuchtend rotbraun
Land Großbritannien
FCI-Nr. 126

50–59 cm

Nova Scotia Duck Tolling Retriever

▶ **Nova Scotia Tolling Retriever**
Schulterhöhe
Rüden 48–51 cm,
Hündinnen 45–48 cm,
jeweils ± 3 cm
Gewicht
Rüden 20–23 kg,
Hündinnen 17–20 kg
Farbe verschiedene Schattierungen von rot oder orange mit weißen Abzeichen an Kopf, Brust, Pfoten und Rute
Land Kanada
FCI-Nr. 312

Der kleinste Retriever kommt von der Halbinsel Neuschottland im Süden Kanadas. Dort rasten ziehende Enten und Gänse. Die Indianer ahmten mit ihren Hunden den kupferroten kanadischen Fuchs nach, der schwanzwedelnd am Ufer hin und her hüpft, bis die neugierigen Enten nahe genug heranschwimmen, um von im Versteck lauernden Füchsen gepackt zu werden. Die Siedler machten sich diese ungewöhnliche Jagdmethode zunutze und züchteten aus einheimischen rotbraunen Indianerhunden, Cocker Spaniel, Setter und Collie den Nova Scotia Duck Tolling Retriever (Neuschottland Enten-heranlockender Apportierhund). Der Jäger veranlasst aus einem Versteck heraus den Hund, am Ufer zu spielen und zu toben. Sind die Enten nahe genug, ruft er den Hund ins Versteck, tritt heraus, die Enten fliegen auf und werden geschossen. Der Hund bringt nun aus dem Wasser die Vögel an Land. Er gilt als robuster, vor eisigem Wasser nicht zurückschreckender, zuverlässiger Apporteur. Der „Toller" ist ein lebhafter, verspielter, leicht erziehbarer und gehorsamer Familienhund, der auch auf hiesigen Jagdprüfungen für Retriever geführt werden kann. Er neigt nicht zum Wildern oder Streunen und ist für solche, die sich nicht mit einem schwierigen Hund auseinandersetzen wollen, ein unkomplizierter Weggenosse. Das schlichte, etwas längere Haar des Toller ist pflegeleicht.

50–59 cm

Shar Pei

Als seltenster Hund der Welt wurde das „Faltenwunder" aus den USA kommend weltweit vermarktet. Die uralte chinesische Hunderasse soll zur Jagd auf Wildschweine, als Hirten-, Haus- und Hofhund gezüchtet worden sein. In den 50er Jahren wurden in China Hunde fast ausgerottet, einige wenige Shar Peis konnten in Taiwan, Macao und Hongkong überleben. 1971 bat Matgo Law, ein Züchter aus Hongkong, in einer amerikanischen Zeitschrift um Hilfe bei der Erhaltung des vom Aussterben bedrohten Shar Pei. Die Nachfrage war enorm. Welpenpreise stiegen in Schwindel erregende Höhen und der Shar Pei wurde in den USA zum Statussymbol. Es wurden meist nur Bilder von Welpen veröffentlicht, die eine starke Faltenbildung zeigten, während der erwachsene Hund kaum Falten aufweist. Extreme Faltenbildung beim erwachsenen Hund beruht auf Hormonstörungen und verursacht Hautprobleme, bei Hündinnen Zyklusstörungen und ist unerwünscht. Zu tief liegende, kleine Augen und zu starke Kopffalten führen zu eingerollten Augenlidern, die schmerzhafte Entzündungen hervorrufen. Leider sind diese Auswüchse für manche Leute immer noch Rassemerkmale. Dies zu verhindern, ist Bestreben der Rassehundezuchtvereine, denn der Shar Pei ist ein origineller, temperamentvoller, fröhlicher, zärtlicher, aber auch ruhiger Hausgenosse. Fremden gegenüber zurückhaltend, stets aufmerksam, wachsam und verteidigungsbereit, ohne aggressiv zu sein. Ausgesprochen sauberer Wohnungshund.

▶ **Shar Pei**
Schulterhöhe 40–51 cm
Gewicht 29 kg
Farbe einfarbig schwarz, rehbraun, cremefarben
Land China
FCI-Nr. 309

Mini-Shar Pei
In den USA wird der nicht offiziell anerkannte Mini-Shar Pei gezüchtet.

50–59 cm

Australian Cattle Dog

- **Australian Cattle Dog**
  Schulterhöhe
  Rüden 40–51 cm, Hündinnen 43–48 cm
  Farbe blau- oder rotfleckig
  Land Australien
  FCI-Nr. 287

- **Stumpy Tail Cattle Dog**
  Schulterhöhe
  Rüden 46–51 cm, Hündinnen 43–48 cm
  Farbe wie Cattle Dog
  Land Australien, national anerkannt
  FCI nicht anerkannt

Britische Siedler brachten ihre Collies mit nach Australien. Im trocken-heißen Innenland sowie im Umgang mit den halb wilden Rindern genügten sie den extremen Anforderungen nicht mehr und man kreuzte sie mit dem einheimischen Dingo, um einen widerstandsfähigeren Hund zu bekommen. So entstand aus kurzhaarigen blue merle Collies, Dingo und später vermutlich Bull Terrier, Dalmatiner und Kelpie-Kreuzungen der heutige Australian Cattle Dog **(Australischer Treibhund)**. Die Welpen werden weiß geboren und bekommen später ihre charakteristische Zeichnung. Idealer Viehzüchterhund, der trotz seines gedrungenen Körperbaus ein ausgesprochen wendiger Viehtreiber ist. Der kraftvolle Hund ist stets aufmerksam, außerordentlich intelligent, wachsam, mutig und besitzt ein zuverlässiges Pflichtbewusstsein. Misstrauisch gegen Fremde, ist er ein unbestechlicher Beschützer der Familie. Er braucht Beschäftigung! Der selbstbewusste Hund lernt schnell, braucht aber eine gute Führung, dann lässt er sich vielseitig im Hundesport einsetzen. Der in seiner Heimat beliebte Familienhund wird in Europa bislang nur selten gezüchtet.

Der **Stumpy Tail Cattle Dog** ist eine Form des Australian Cattle Dog, allerdings nicht FCI-anerkannt, mit angeboren verkürzter Rute.

▶ **German Coolie**
Eine Mischform zwischen Kelpie und Cattle Dog mit einem Einschlag Border Collie. Heute in Australien ein bei den Farmern beliebter, arbeitsfreudiger Alleskönner.

50–59 cm

Australian Kelpie

Die Vorfahren dieses hervorragenden Hütehundes waren kurzhaarige schottische Collies, aus denen australische Schaffarmer gezielt Hunde für ihre Zwecke züchteten. Das erste in Australien abgehaltene Sheep Dog Trial gewann 1872 die Hündin Kelpie. Ihre Nachkommen nannte man einfach Kelpie. In Europa noch selten anzutreffen, ist der Kelpie in den USA bei Schaf- und Rinderzüchtern begehrt. Der flinke, kluge, leise arbeitende Hund besitzt angeborenen Treib- und Hütetrieb. Seine Stärke liegt im Heranbringen von verstreutem Vieh in unübersichtlichem Gelände, insbesondere in Zusammenarbeit mit berittenen Viehhirten. Bei seinem Debut in Deutschland lag ein Kelpie auf Platz 2 im europäischen Hütewettbewerb. Er eignet sich demnach genauso gut für die Arbeit mit kleineren Herden und an der Koppel und zeigt widerspenstigen Schafen gegenüber hartes Durchsetzungsvermögen. Der Kelpie ist ein eifriger, dennoch ruhiger Hund von großer Intelligenz und Selbstständigkeit. Er ist wachsam, aber kein ausgesprochener Schutzhund. Bekommt er die nötige Beschäftigung, ist er ein guter, temperamentvoller Familienhund, der allerdings konsequente Erziehung benötigt.

▶ **Australian Kelpie**
Schulterhöhe Rüden 46–51 cm, Hündinnen 43–48 cm
Farbe schwarz, schwarz und tan, rotbraun und tan, hellbraun, schokoladenbraun, rauchblau und tan
Land Australien
FCI-Nr. 293

50–59 cm

SHIKOKU

▸ **Hokkaido**
Schulterhöhe Rüden 48,5 bis 51,5 cm, Hündinnen 45,5–48,5 cm
Farbe sesam, gestromt, rot, schwarz, schwarzloh, weiß
Land Japan
FCI-Nr. 261

▸ **Kai**
Schulterhöhe
Rüden 53 cm, Hündinnen 48 cm, ±3 cm
Farbe schwarz- und rotgestromt, rot, weiß, schwarz, sesam (beige)
Land Japan
FCI-Nr. 317

Japanische Spitze

Die Vorfahren der japanischen Spitzrassen kamen vor rund 4.000 Jahren vom asiatischen Festland auf die Inselgruppe. Sie passten sich den Klimabedingungen von den kalten nördlichen Inseln bis zum warmen Süden hin an, ohne ihr Aussehen wesentlich zu verändern. Als selbstständige Jäger ordnen sie sich nicht unter, sie kooperieren höchstens mit ihrem Rudelführer. Der Besitzer eines solch reizvollen Hundes, der noch viel ursprüngliches Hundeverhalten aufweist, muss auf die Mentalität seines Hundes eingehen, ihn konsequent, aber ohne Zwang erziehen und seine Überlegenheit als Führer beweisen. Alle sind pflegeleicht, robust und widerstandsfähig. Wachsame, verteidigungsbereite, in friedlicher Situation freundliche Hunde, die raubzeugscharf sind und z.T. auch hier jagdlich geführt werden können. Bewegungsfreudig, doch kaum ohne Leine auszuführen. Hokkaido, Kai und Shikoku stehen in Japan unter nationalem Schutz.

▸ **Hokkaido**
Der von der Insel Hokkaido stammende ehemalige Bärenjäger, auch **Ainu** genannt, ist vereinzelt in Europa anzutreffen.

▸ **Kai**
Jagdhund auf Vögel, Hase, Dachs und Wildschwein im gebirgigen Mitteljapan; auch **Kohshu-Tora** genannt. Der Kai wird außerhalb Japans nur in den USA gezüchtet.

▸ **Shikoku**
Temperamentvoller Jagdhund mit

50–59 cm

KISHU

HOKKAIDO

scharfen Sinnen aus dem südwestlichen Raum. In Japan auch hoch verehrter, seltener Familienhund. Die Rasse, auch **Kohchi Ken** genannt, wurde zum japanischen Nationaldenkmal erklärt. Erste Exemplare gelangten ausnahmsweise nach Europa.

▸ **Kishu**
Aus dem mittleren Südwesten stammender Jagdhund auf Wildschwein und Rehe. Der gute Wachhund ist vereinzelt in Europa anzutreffen.

KAI

▸ **Shikoku**
Schulterhöhe
Rüden 52 cm, Hündinnen 46 cm ± 3 cm
Farbe sesam, schwarzsesam, rot-sesam
Land Japan
FCI-Nr. 319

▸ **Kishu**
Schulterhöhe
Rüden 52 cm, Hündinnen 46 cm, jeweils ± 3 cm
Farbe weiß, rot, sesam
Land Japan
FCI-Nr. 318

50–59 cm

Whippet
Schulterhöhe
Rüden 47–51 cm,
Hündinnen 44–47 cm
Farbe alle
Land Großbritannien
FCI-Nr. 162

Coursing
Paarweise freie Jagd nach einem im Zickzackkurs gezogenen künstlichen Hasen, wobei Geschicklichkeit und Schnelligkeit zählen.

Whippet

Der Whippet war das „Rennpferd des kleinen Mannes" und verdankt seine Entstehung Bergleuten und Fabrikarbeitern der nordenglischen Grafschaften. Während die vornehmen, reichen Leute mit Greyhounds ihrem Jagdvergnügen nachgingen, war der gelegentlich erwilderte Kaninchenbraten für die Armen lebensnotwendig. Eine billiger zu haltende Alternative schufen sich diese Menschen durch die Kreuzung kleiner Greyhounds mit einem Schuss Terrierblut; letztere vererbten dem Whippet die Schärfe auf Ratten und Mäuse. Der Whippet verhalf seinen Herren zum Freizeitvergnügen bei der Kaninchenhetze in geschlossenen Arenen, später, als dies verboten war, beim Rennen. Hetzobjekt war ein Tuch, das der Besitzer schwenkte. Zur „Starthilfe" warf ein Helfer den Hund schwungvoll auf die Rennbahn. Der Whippet ist ein pflegeleichter, ruhiger, angenehmer Hausgenosse, zärtlich seiner Familie zugetan, lebhaft, fröhlich und verspielt im Freien, stets zu gemeinsamen Unternehmungen bereit. Der hochintelligente Hund lässt sich leicht erziehen, man darf jedoch seine Persönlichkeit nicht unterschätzen. Der Whippet ist sehr anhänglich und liebt engsten Körperkontakt mit seinen Menschen, ist aber nie aufdringlich. Fremden gegenüber eher zurückhaltend. Sehr sozialverträglich mit anderen Hunden. Der Kurzstreckensprinter tobt sich so richtig beim Ballspiel oder mit Artgenossen aus, auch Agility macht ihm Spaß. Wer seinen Hund frei laufen lassen möchte und keinen Wert auf den Rennsport legt, kaufe nicht aus Zuchten, wo der Hetztrieb gefördert wird. Herkömmliche Rennstrecken sind für den kleinen Hund ungesund, Kurzstrecken-Coursing ist vorzuziehen.

50–59 cm

Barbado da Terceira, Sapsaree

▸ **Barbado da Terceira**
Eine neu entdeckte, alte Rasse, der Viehtreiberhund von Terceira. Er erinnert an die in ganz Europa bekannten lang-rauhaarigen Hütehunde. Er hütete die halbwilden Rinder der Azoreninsel. Der ausgezeichnete Wächter ist stets aufmerksam und misstrauisch gegen Fremde. Er ist anhänglich, intelligent, lernt gerne und ordnet sich dem unter, den er als Rudelführer akzeptiert. Diese urige Rasse befindet sich im Wiederaufbau und erfreut sich wachsender Beliebtheit.

▸ **Sapsaree**
Seine Historie geht in Volksliedern, Literatur und Darstellungen bis 935 v. Chr. zurück. „Sap" bedeutet graben, „sar" Geist, im übertragenen Sinn „der die bösen Geister mit der Wurzel ausreißt" – Ghostbuster auf neudeutsch. Er war schon immer ein geschätzter Wächter und Begleiter, denn er vertrieb die bösen Geister. Der Genetiker Prof. Ha kannte die Hunde aus seiner Kindheit und begann 1969 eine Studie. Bei etwa 30 Exemplaren konnte er mit DNA-Analysen die Reinrassigkeit nachvollziehen. Die Regierung unterstützt das moderne Zuchtprogramm zur Erhaltung des 1992 zum Naturdenkmal Nr. 368 ernannten Hundes.

▸ **Barbado da Terceira**
Schulterhöhe Rüden 56 cm, Hündinnen 53 cm
Farbe grau, fast weiß bis fast schwarz, auch Brauntöne; mit oder ohne weiße Abzeichen
Land Portugal
FCI nicht anerkannt

▸ **Sapsaree**
Schulterhöhe 50 cm
Farbe blau: Grautöne, gelb: Brauntöne
Land Korea, national anerkannt
FCI nicht anerkannt

SAPSAREE

50–59 cm

BRANDLBRACKE

Österreichische Bracken

▶ **Brandlbracke**
Schulterhöhe
Rüden 50–56 cm,
Hündinnen 48–54 cm
Farbe schwarz mit dunkelbraunem Brand, rötlichbraun
FCI-Nr. 63

▶ **Tiroler Bracke**
Schulterhöhe
Rüden 44–50 cm,
Hündinnen 42–48 cm
Farbe rot oder schwarzrot, dreifarbig
FCI-Nr. 68

▶ **Steirische Rauhaarbracke**
Schulterhöhe
Rüden 47–53,
Hündinnen 45–51 cm
Farbe rot und fahlgelb
FCI-Nr. 62

▶ **Brandlbracke**
Auch **Österreichische Glatthaarige Bracken**. Brandlbracken, auch Vieräugl genannt, begleiteten schon Kaiser Maximilian I. (1493–1519) bei der Hochwildjagd. Nach den Bildern in seinem Jagdbuch hat sich die Rasse wenig verändert. Als zusätzliches Augenpaar galten die gelben Flecken an den Augenbrauen. Daher der Name Vieräugl. In der Antike wurden solche Hunde als Schutz vor bösen Geistern geschätzt.
Hervorragender Schweißhund im Gebirge. Leichtführig. Guter Stöberhund zu Lande und zu Wasser, lernt auch zu apportieren. Zuchtziel ist ein feinnasiger, spurlauter und fährtensicherer Hund mit Wild- und Raubzeugschärfe.

▶ **Tiroler Bracke**
Ursprüngliche Form der alten Wildbodenhunde, die bis ins Jahr 1500 nachzuweisen ist. Sie gilt als Meister der Schweißarbeit im rauen Hochgebirge. Zuverlässig bei der Arbeit nach dem Schuss. Spur- und Fährtenwille, Spur- und Fährtentreue, Totverbellen oder Totverweisen sind natürliche Veranlagungen der Tiroler Bracke.

▶ **Steirische Rauhaarbracke**
Mit der Kreuzung von Hannoverschem Schweißhund, rauhaariger Istrianer Bracke und Brandlbracke schuf Karl Peintinger um 1880 die Rasse (auch **Peintinger Bracke**). Diese sehr seltene Bracke eignet sich hervorragend zur Nachsuche in schwierigem Gelände. Alle Bracken werden nur an Jäger abgegeben.

50–59 cm

TIROLER BRACKE

STEIRISCHE RAUHAARBRACKE

50–59 cm

SLOVENSKY KOPOV

Bracken

- **Slovensky Kopov**
  Schulterhöhe
  Rüden 45–50 cm,
  Hündinnen 40–45 cm
  Gewicht 15–20 kg
  Farbe schwarz und loh
  Land Slowakei
  FCI-Nr. 244

- **Smalandstövare**
  Schulterhöhe Rüden
  46–54 cm, Hündinnen
  42–50 cm
  Farbe schwarz mit tiefbraunen Abzeichen
  Land Schweden
  FCI-Nr. 129

- **Slovensky Kopov**
Der **Slowakische Laufhund (Slowakische Bracke)** ist der vielseitigste Jagdhund der Slowakei, hervorragend auf Schweiß, als Stöberer und Apportierer. Der Hund besitzt bemerkenswerten Orientierungssinn und ist ein guter Wachhund. Er erfreut sich auch in Deutschland wachsender Beliebtheit.

- **Smalandstövare**
Etwas aus dem Rahmen fallende mittelgroße Bracke mit häufig angeborener Stummelrute. Sie stammt aus der Region Smaland in Südschweden und wird zur Jagd auf Hase und Fuchs gezüchtet. Die Smalandstövare **(Smaland-Laufhund, Smaland-Bracke)** ist ein ausgezeichneter Schweißhund, der außerhalb Schwedens praktisch unbekannt ist.

- **Piccolo lepraiolo dell'Appenino molisano**
Kleinere, dem Segugio ähnliche Bracke für die Hasenjagd aus dem Appeningebirge Italiens. Die Reinzucht befindet sich im Aufbau. Noch nicht anerkannt. Glatt- und rauhaarig.

SMALANDSTÖVARE

50–59 cm

Bayerischer Gebirgsschweißhund

In der zweiten Hälfte des vorigen Jahrhunderts änderten sich im bayerischen Alpenraum die Jagdbedingungen. Unentbehrlicher Jagdgehilfe war nun der Schweißhund, der im unwegsamen Hochgebirge frei und spurlaut auf der Schweißfährte sichere Arbeit leistete. Darum züchtete man Ende des 19. Jh. aus dem für die Nachsuchenarbeit im unwegsamen Felsengebiet zu schweren Hannoverschen Schweißhund und einer Tiroler Brackenhündin den Urtyp des Bayerischen Gebirgsschweißhundes. Ursprünglich bei den bayerischen und österreichischen Berufsjägern eingesetzt, verbreitete er sich zunehmend auch in den Hochwildgebieten der deutschen und europäischen Mittelgebirge. Seine Mannschärfe hat gerade in früherer Zeit manchem Berufsjäger bei seiner gefährlichen Arbeit geholfen. Der ausschließlich auf die Nachsuche von krankem Schalenwild spezialisierte Jagdhund ist sehr wendig und ausdauernd, kann gut klettern und steigen. Der schneidige, mit Spurlaut suchende Schweißhund wird auch gern in Schwarzwildrevieren geführt, wobei seine Wendigkeit von Vorteil ist. Kann als Totverbeller oder -verweiser ausgebildet werden. Bayerische Gebirgsschweißhundwelpen werden ausschließlich an Jäger abgegeben. Die Zucht beruht auf scharfer Zuchtauslese und harten Prüfungsbedingungen. Der Bayerische Gebirgsschweißhund ist pflegeleicht.

▶ **Bayerischer Gebirgsschweißhund**
Schulterhöhe Rüden 47–52 cm, Hündinnen 44–48 cm
Gewicht ca. 18–28 kg
Farbe hirschrot bis rotgelb, selten dunkel gestichelt, Fang und Behang dunkel bis schwarz
Land Deutschland
FCI-Nr. 217

50–59 cm

▶ **Border Collie**
Schulterhöhe
Rüden 53 cm, Hündinnen etwas weniger
Farbe vielfältig, niemals vorherrschend weiß
Land Großbritannien
FCI-Nr. 297

Border Collie

Seine Heimat ist die Grenzregion zwischen England und Schottland, die „Borders". Seine Arbeitsweise in der geduckten Haltung, die Schafe mit den Augen fixierend und dirigierend, ist einmalig und erinnert stark an das Jagdverhalten der Wölfe. Der Schritt vom Hütehund zum Schafkiller ist deshalb auch nicht weit, sodass die Hunde in den Schafzuchtgebieten streng unter Kontrolle gehalten werden. Der Border Collie arbeitet mit dem Kommando des Schäfers auf Pfiff oder Ruf über kilometerweite Entfernungen ebenso gut wie am Pferch oder in der Koppel, wo selbstständiges Handeln des Hundes gefragt ist, wenn der Schäfer mit den Schafen beschäftigt ist. Hüteverhalten, Arbeitstrieb und Unterordnungsbereitschaft sind dem Border Collie angeboren. Er hat viel Temperament, und seine Intelligenz ist sprichwörtlich. Er kennt keinen Müßiggang. Der Border Collie ist trotz seiner Leichtführigkeit und des geringen Pflegeaufwands ein anspruchsvoller Hund, der sich nützlich machen will, sei es bei der Herde, auf dem Bauernhof, als Bergrettungshund, Katastrophenhund, Fährtenhund, beim Turnierhundsport oder Agility. Heute wird er als der Superhund für Agility und Obedience regelrecht zum Sportgerät degradiert. Doch selbst Hochleistungssport ist kein ausreichender Ausgleich. Wer den Arbeitseifer nicht befriedigen kann, findet keine Freude am Border Collie. Umso schlimmer, dass er derzeit schon als Modehund vermarktet wird und viele Welpen in unkundiger Hand zu Problemhunden werden.

50–59 cm

Deutsche Bracke

Bracken sind ein uralter Jagdhundschlag aus der Zeit, in der es noch keine Spezialisten gab und das Land nicht völlig durchkultiviert war wie heute. Die Bracken schwärmen aus, stöbern das Wild auf und treiben es langsam in einem großen Bogen dem Jäger zu. Es gab zahllose regionale Schläge, die Aufgabe war jedoch die gleiche.

Von den früher zahlreichen Brackenrassen ist in Deutschland nur die Westfälische Bracke erhalten geblieben. Ihr wichtigster Lokalschlag war die Sauerländer Holzbracke. Durch Verschmelzung dieses Schlages mit örtlichen Steinbracken entstand ein Einheitstyp, der seit 1900 offiziell als „Deutsche Bracke" bezeichnet, manchmal auch **Olper Bracke** genannt wird. Der hübsche Hund ist anhänglich, feinfühlig und wesensfest: im Hause ruhig und kinderlieb; passionierter, ausdauernder Spürhund für die Arbeit vor und nach dem Schuss (Waldgebrauchshund). Er zeichnet sich durch feinste Nase, eisernen Spurwillen, unbedingte Spursicherheit, lockeren Spurlaut und guten Orientierungssinn aus. Die jagdliche Verwendung liegt in folgenden Bereichen: „Laute Jagd" (spurlautes Stöbern) auf Hase, Fuchs und Kaninchen in niederwildarmen Waldrevieren, feinnasiger Saufinder bei Drück- und Treibjagden, Nachsuche auf Schalenwild (Schweißarbeit), Verlorenbringen von Hasen, Kaninchen und kleinerem Haarwild. Die Deutsche Bracke eignet sich besser als andere Laufhunde auch als Begleithund; Zuchtziel ist jedoch der Jagdgebrauchshund. In den Niederlanden ist die Rasse als **Steenbracke** bekannt.

Deutsche Bracke
Schulterhöhe 40–53 cm
Farbe rot bis gelb mit schwarzem Sattel; Fang, Halsring, Brust, Läufe und Rutenspitze weiß
Land Deutschland
FCI-Nr. 299

50–59 cm

Stabijhoun

Stabijhoun
Schulterhöhe Rüden 46–53 cm, ideal 53 cm, Hündinnen 44–53 cm, ideal 46 cm
Farbe schwarz, braun oder orange mit weißen Abzeichen, gestichelt oder geschimmelt
Land Niederlande
FCI-Nr. 222

Vermutlich waren die Vorfahren des friesischen Vorstehhundes spanielartige Stöberhunde, die die Spanier mitbrachten. Von alters her jagte man zu Fuß mit den Stabijs, die oft vorstanden und sehr gut apportierten. Ende des vorigen Jahrhunderts wurden sie von ausländischen Rassen verdrängt. Zum Glück konnte sich der Stabij auf andere Weise nützlich machen und überleben. Er diente auf den Bauernhöfen als Rattenfänger und fing auf den Feldern Maulwürfe. In schlechten Zeiten fuhren Arbeitslose mit einem kleinen Stabij auf dem Rad über die Dörfer und verdienten sich mit Maulwurffangen einen kargen Lebensunterhalt. Das führte zur Erhaltung des kleineren Typs, große Welpen wurden ersäuft.

1942 endlich besannen sich niederländische Kynologen des friesischen Stabij, nahmen die letzten reinrassig erscheinenden Hunde ins Zuchtbuch auf und begannen den systematischen Zuchtaufbau. Der Stabij ist ein anhänglicher, sehr führerbezogener Hund, der ausgezeichnet Ratten, Mäuse und Maulwürfe fängt. Bei konsequenter, frühzeitig beginnender Ausbildung treten seine guten Jagdhundeigenschaften wieder zutage. Er apportiert ausgezeichnet, ist sehr wasserfreudig, bekannt für sein „weiches Maul" und steht vor. Der auch in seiner Heimat seltene Stabijhoun ist ein angenehmer Haus- und Familienhund.
Das schlichte, nicht zu üppige Langhaar ist pflegeleicht.

50–59 cm

Deutscher Wachtelhund

Zu den ältesten Jagdhundschlägen gehört der Stöberhund, der ursprünglich bei der Jagd mit Greifvögeln das Flugwild aufstöbern musste. Seine Vorfahren waren Bracken, er selbst ist die Vorstufe zum Vorstehhund. Der Deutsche Wachtelhund ist vergleichbar mit den englischen jagenden Spaniels und wird in angelsächsischen Ländern als **German Spaniel** bezeichnet. Der Wachtelhund ist besonders geeignet für Waldreviere. Er besitzt eine feine Nase, ausgeprägten Spurwillen, sicheren Spurlaut, Wild- und Raubzeugschärfe, große Wasserfreude, Bringfreude und Finderwillen. In der Praxis zeichnet sich der Deutsche Wachtelhund beim Aufstöbern von Haarwild sowie Finden, spurlauten Jagen und Nachsuchen an Schalenwild aus. Hervorragendes leistet der Wachtel bei der Wasserarbeit, wo er weit und ausdauernd stöbert, sucht und bringt. Der angenehme Jagdgefährte gehört nur in Jägerhand, wo sein Arbeitseifer genutzt wird. Für Gelegenheitsjäger, die nur am Wochenende mit dem Hund arbeiten können, eignet sich der passionierte Hund sicher nicht. Das schlichte Langhaar bedarf regelmäßiger Pflege.

Deutscher Wachtelhund
Schulterhöhe Rüden 48–54 cm, Hündinnen 45–52 cm
Gewicht 18–25 kg
Farbe einfarbig dunkelbraun mit oder ohne weiße Abzeichen und Brand, fuchs- oder hirschrot, braunschimmel, braune Platten oder Mantel auf weißem Grund, Tiger mit weißer gesprenkelter oder getupfter Grundfarbe, Dreifarbige (Braunschimmel, Schecken und Tiger mit gelbem oder rotem Brand)
Land Deutschland
FCI-Nr. 104

50–59 cm

SCHWEDISCHER LAPPHUND

▸ **Schwedischer Lapphund**
Schulterhöhe ideal
Rüden 48 cm,
Hündinnen 43 cm,
jeweils ± 3 cm
Farbe schwarz, braun
FCI-Nr. 135

▸ **Suomenlapinkoira**
Schulterhöhe Rüden
46–52 cm, Hündinnen
40–46 cm
Farbe alle erlaubt
Land Finnland
FCI-Nr. 189

▸ **Lapinporokoira**
Schulterhöhe Rüden
49–55 cm, Hündinnen
43–49 cm
Farbe schwarz mit hellen Abzeichen
Land Finnland
FCI-Nr. 284

Lapphunde

Mit den Lappen (Samen) besiedelten auch deren Hunde vor Urzeiten das Tundragebiet nördlich des Polarkreises in Skandinavien. In den letzten Jahren retteten Rasseanerkennung und Reinzucht die Lapphunde vor dem Aussterben. Sie sind ausdauernde, robuste, witterungsunempfindliche, genügsame Tiere, die Schwerstarbeit beim Treiben und Hüten der riesigen, wildlebenden Rentierherden leisten. Als Begleit- und Familienhunde immer beliebter, brauchen die urigen Arbeitshunde eine Aufgabe und Beschäftigung. Sie sind freundlich, liebenswürdig im Umgang mit Kindern, ausdauernd, klug, lerneifrig, arbeitsfreudig und wachsam, jedoch nicht aggressiv. Das lange harsche Haar des schwedischen und finnischen Lapphundes ist relativ pflegeleicht. Keine dieser aparten Rassen wird in Deutschland gezüchtet.

▸ **Schwedischer Lapphund**
Ursprünglich ein Jagd- und Schutzhund, wurde der **Lappenspitz** erst später zum Rentierhütehund. Temperamentvoll, bellfreudig, einsatzfreudig und fügsam.

▸ **Suomenlapinkoira**
Der Finnische Lapphund ist intelligent, gelassen, mutig und lernt gern. Neben seiner Aufgabe als Rentierhütehund guter Hof- und Wachhund.

▸ **Lapinporokoira**
Finnischer bzw. **Lappländischer Rentierhütehund**, hauptsächlich in schneereichen Gebieten. Unermüdlicher, arbeitseifriger, bellfreudiger Hund.

50—59 cm

SUOMENLAPINKOIRA

LAPINPOROKOIRA

50–59 cm

SABUESO ESPAÑOL

▸ **Sabueso Español**
Schulterhöhe
Rüden 52–57 cm,
Hündinnen 48–53 cm
Farbe rotweiß
Land Spanien
FCI-Nr. 204

▸ **Hellenikos Ichnilatis**
Schulterhöhe
Rüden 47–55 cm,
Hündinnen 45–53 cm,
jeweils ± 2 cm
Gewicht 17–20 kg
Farbe schwarz-loh mit kleinen weißen Abzeichen
Land Griechenland
FCI-Nr. 214

Südeuropäische Laufhunde

▸ **Sabueso Español**
Seltene, uralte Bracke aus Nordspanien, die ursprünglich zur Hasen-, heute mehr zur Fuchs- und Wildschweinjagd verwendet wird. Bestens angepasst an Klima und Bodenverhältnisse. Der Hund besitzt eine hervorragende Nase, Kraft und Ausdauer. Kein Haus- und Familienhund, da die Beziehung zum Menschen züchterisch nie gefördert wurde.

▸ **Hellenikos Ichnilatis**
Die Herkunft der **Griechischen Bracke** ist bis in die Antike zurückzuverfolgen. Sie ist den Klima- und Jagdverhältnissen ihrer Heimat bestens angepasst. Kräftiger, lebhafter, robuster, ausdauernder Hund mit hervorragender Nase. Selbstbewusste Persönlichkeit und kaum geeignet als Familienhund. In Griechenland häufig anzutreffen, aber wegen Kreuzungen mit Segugio und Juralaufhund als Reinform vom Aussterben bedroht.

HELLENIKOS ICHNILATIS

50–59 cm

SEGUGIO ITALIANO

▶ **Segugio Italiano**
Uralte, auf ägyptische Bracken, die später mit den Phöniziern nach Italien gelangten, zurückgehende Laufhundrasse, die als Vorfahr der meisten europäischen Bracken gilt. Auch in schwierigem Terrain schneller, ausdauernd jagender Hund, allein oder in der Meute, mit wohlklingendem Geläut. Rauhaar (Pelo forte) und Kurzhaar (Pelo raso).
Alle drei Rassen sind außerhalb ihrer Heimat weitgehend unbekannt.

SEGUGIO ITALIANO RAUHAAR

▶ **Segugio Italiano**
Schulterhöhe/Gewicht
Rauhaar:
Rüden 52–60 cm, 20–28 kg; Hündinnen 50–58 cm, 18–26 kg; Kurzhaar:
Rüden 52–58 cm, Hündinnen 48–56 cm, 18–28 kg
Farbe rotbraun oder schwarzrot
Land Italien
FCI-Nr. Rauhaar 198, Kurzhaar 337

50–59 cm

ANGLO-FRANÇAIS DE PETITE VÉNERIE

Westeuropäische Laufhunde

▸ **Anglo-français de petite vénerie**
Schulterhöhe
48–56 cm
Gewicht 16–20 kg
Farbe schwarz-weiß, orange-weiß oder dreifarbig
Land Frankreich
FCI-Nr. 325

▸ **Beagle Harrier**
Schulterhöhe
43–48 cm
Farbe rot-weiß mit schwarzem Mantel, grau, geflammt
Land Frankreich
FCI-Nr. 290

▸ **Harrier**
Schulterhöhe
46–53 cm, ideal 48 cm
Farbe alle Houndfarben
Land Großbritannien
FCI-Nr. 295

▸ **Anglo-français de petite vénerie**
Er wurde um 1930 aus dem Poitevin und dem Harrier sowie einigen anderen französischen Laufhunden wie Porcelaine und Bleu de Gascogne herausgezüchtet. Ausdauernder, schneller, couragierter, intelligenter Hund mit vorzüglicher Nase und wohlklingender Stimme. Jagt einzeln oder in der Meute in jedem Terrain Hase, Wildschwein, Reh und Fuchs. Außerhalb Frankreichs praktisch unbekannt.

▸ **Beagle Harrier**
Kreuzung zwischen Beagle und Harrier, mit etwas Poitevin-Blut veredelt. Harmonischer, substanzvoller, gut gebauter Laufhund, kraftvoll und schnell. Ausdauernder Jagdhund mit melodischer Stimme bei der Verfolgung von Reh, Wildschwein und Fuchs. Die Hasenjagd geht gewöhnlich mit 10 Hunden über eine Stunde.

▸ **Harrier**
Die erste Harriermeute datiert 1260. Früher taten sich die weniger wohlhabenden Menschen mit ihren schweren Southern Harriern zusammen und gingen zu Fuß auf Hasenjagd. Heute jagt man mit dem schnellen Studbook Harrier zu Pferd Hase und Fuchs. In Großbritannien gibt es noch Meuten mit 40 bis 60 Hunden. Der Studbook Harrier (Zuchtbuch-Harrier) ist fast immer dreifarbig. Schneller, passionierter, kraftvoller ausdauernder Laufhund.

▸ **West Country Harrier**
Im Süden Englands sehr beliebt. Er ist dem modernen Harrier ähnlich, aber viel älter und erinnert an die großen französischen weißen Hunde des Königs. Leider sind sie kaum noch ohne Foxhoundblut anzutreffen. Freundliche, sehr aktive Jagdhunde für die Fuchsjagd zu Pferde. Auch **Somerset Harrier** genannt.

BEAGLE HARRIER

50–59 cm

HARRIER

WEST COUNTRY HARRIER

KERRY BEAGLE

▸ **Kerry Beagle**
In Irland beliebt als reiner Sportjagdhund auf Hasen. Der Jäger folgt den Hunden zu Fuß und ruft sie ab, sobald ein Hase gestellt wurde, damit diesem nichts passiert. Es werden auch Schleppjagden abgehalten. Neben dem Wolfshund die älteste irische Rasse, die in alten irischen Texten als Gadhar bezeichnet wird und deren Abstammung bis in die Keltenzeit zurückreicht. Ab dem Mittelalter wurden Jagdhunde vom Kontinent eingekreuzt, die diesen außerordentlich leistungsfähigen Jagdhund hervorbrachten. In der Hungersnot von 1847 kamen viele Hunde um. Der Name Beagle kommt von „beag" = klein, und der Beagle ist ein kleiner Hund, jedoch wurde der größere Kerry Beagle zur Hirschjagd eingesetzt. Kerry-Meuten haben eine eigene Art zu jagen. Die Hunde sind erstaunlich schnell, und der Jäger muss schon gut zu Fuß sein. Ihr Geläut ist meilenweit zu hören.

▸ **West Country Harrier**
Schulterhöhe
wie Harrier
Farbe weiß-zitronengelb
Land Großbritannien
FCI nicht anerkannt

▸ **Kerry Beagle**
Schulterhöhe
Rüden 50–60 cm,
Hündinnen kleiner
Farbe alle Houndfarben, häufig schwarzbraun
Land Irland, national anerkannt
FCI nicht anerkannt

Hetzjagden
In Großbritannien sind die Meutehunde durch das Verbot der Hetzjagd in ihrer Existenz bedroht.

50–59 cm

BRIQUET GRIFFON VENDEEN

Mittelgroße Französische Laufhunde

▸ **Briquet Griffon Vendeen**
Schulterhöhe
Rüden 50–55 cm,
Hündinnen 48–53 cm,
± 1 cm
Farbe falbfarben, hasenfarben, weiß und orange, weiß und grau, weiß und hasenfarben, weiß und schwarz, dreifarbig aus genannten Farbnuancen
FCI-Nr. 19

▸ **Griffon Bleu de Gascogne**
Schulterhöhe
Rüden 50–57 cm,
Hündinnen 48–55 cm
Farbe schwarz-weiß getüpfelt mit schwarzen Platten und lohfarbenen Abzeichen an Kopf, Gliedmaßen und Rute
FCI-Nr. 32

▸ **Briquet Griffon Vendeen**
Bei den Griffon Vendeen sind als einziger Laufhundrasse alle vier Größen erhalten geblieben. Er stammt aus der südlich der Bretagne gelegenen Landschaft Vendee und geht auf die weißen Königshunde zurück. Schneller, nicht allzu ausdauernder Laufhund mit ausgezeichneter Nase. Robust in undurchdringlichem Dickicht bei der Verfolgung von Fuchs, Reh und Wildschwein. Fröhlich, temperamentvoll, gutmütig, eigenwillig. Außerhalb Frankreichs ist diese Rasse praktisch unbekannt.

▸ **Griffon Bleu de Gascogne**
Sehr seltene, rauhaarige Form des Petit Bleu de Gascogne, die ebenfalls zur Hasenjagd gebraucht wird. Außerhalb Frankreichs ist diese Rasse praktisch unbekannt.

▸ **Petit Bleu de Gascogne**
Kleinere Form des → *Grand Bleu de Gascogne*, die noch nicht ganz auf Größe durchgezüchtet ist. In den 60er Jahren schien die Rasse ausgestorben, wurde dann aber wieder rekonstruiert. Der Hund besitzt eine feine Nase und einen herrlich lockeren Kehllaut, der wie ein langgezogenes Bellen geheult wird. Liebenswürdiger Charakter, mäßiges Temperament. Vorzüglicher Hasenjäger, der aber auch auf Reh geeignet ist.
Diese passionierten, außerhalb Frankreichs nahezu unbekannten jagenden Hunde sind nicht als Familienhunde zu empfehlen.

50–59 cm

GRIFFON BLEU DE GASCOGNE

PETIT BLEU DE GASCOGNE

Petit Bleu de Gascogne
Schulterhöhe
Rüden 52–58 cm,
Hündinnen 50–56 cm
Farbe schwarz-weiß getüpfelt mit schwarzen Platten und lohfarbenen Abzeichen an Kopf, Gliedmaßen und Rute
FCI-Nr. 31

Petit Gascon-Saintongeois
Schulterhöhe 60 cm
FCI-Nr. 21
Die Rasse ist eine kleinere Variante des →
Grand Gascon-Saintongeois.

50–59 cm

DUNKER

Skandinavische Laufhunde

Dunker
Schulterhöhe
Rüden 50–55 cm, ideal 53 cm; Hündinnen 47–53 cm, ideal 50 cm
Farbe blue merle mit Brand oder dreifarbig mit weißen Abzeichen
Land Norwegen
FCI-Nr. 203

Hygenhund
Schulterhöhe
Rüden 50–58 cm, ideal 54 cm; Hündinnen 47–55 cm, ideal 51 cm
Farbe rotbraun oder gelbrot (auch schwarz schattiert), mit oder ohne weiße Abzeichen. Weiß mit rotbraunen oder gelbroten Platten oder Schimmelung oder mit black and tan Abzeichen.
Land Norwegen
FCI-Nr. 266

Im Gegensatz zu den uralten Spitztypen gewannen die Laufhunde erst im letzten Jahrhundert in Skandinavien an Bedeutung, als der Adel die Brackenjagd pflegte. Sie gehen alle auf Kreuzungen russischer, französischer und deutscher Bracken mit dem englischen Foxhound zurück. Heute werden die Bracken zur Schneehasen- oder Fuchsjagd verwendet, wo sie mit herrlichem Geläut die Hasen oder den Fuchs auf die Jäger zutreiben. Der Körperbau ist dem Jagdgebiet – Gebirge oder Walddickicht – angepasst. Sie sind alle ausdauernde, kräftige Hunde mit hervorragender Nase, die oft im tiefen Schnee jagen. Man jagt zu Fuß mit ein oder zwei Hunden. Die Hunde leben ausschließlich in Jägerhand und werden wegen des ausgeprägten Jagdtriebs nicht als Haus- und Familienhunde empfohlen, obwohl sie einen freundlichen, liebenswerten Charakter besitzen.

▶ **Dunker**
Benannt nach dem Züchter Dunker. Charakteristisch ist der Merlefaktor, der eine Grauscheckung des Fells und blaue Augen verursacht. Der Dunker ist ein ruhiger, ausgeglichener, bedächtiger, zuverlässiger Jagdhund.

▶ **Hygenhund**
Züchter Hygen kreuzte Bracken mit Beagles und schuf den kompakten Spürhund mit wohlklingender Stimme.

▶ **Haldenstövare**
Eleganter, lebhafter Laufhund mit starkem Foxhoundanteil, erst in den 50er Jahren anerkannt. Tritt in den letzten Jahren dank mühevollem Zuchtaufbau wieder in Erscheinung.

50–59 cm

HYGENHUND

HALDENSTÖVARE

Haldenstövare
Schulterhöhe
Rüden 52–60 cm, ideal 56 cm; Hündinnen 50–58 cm, ideal 54 cm
Farbe weiß mit schwarzen Platten, braunen Abzeichen an Kopf, Läufen und manchmal zwischen den schwarzen Platten und dem Weiß. Schwarz darf nicht vorherrschen.
Land Norwegen
FCI-Nr. 267

50–59 cm

FINNENBRACKE

▸ **Finnenbracke**
Schulterhöhe
Rüden 55–61 cm, Hündinnen 52–58 cm
Farbe dreifarbig mit kleinen weißen Abzeichen
Land Finnland
FCI-Nr. 51

▸ **Gotlandstövare**
Schulterhöhe
Rüden 48–56, ideal 52 cm; Hündinnen 44–52 cm, ideal 48 cm
Farbe goldbraun mit weißen Abzeichen
Land Schweden
FCI nicht anerkannt

▸ **Gotlandstövare**
Diese Bracke stammt ursprünglich aus der Mischung aus Deutschland importierter Bracken mit schwedischen Laufhunden und war der Jagdhund der Bauern auf Fuchs, Hase und Kaninchen. Schon 1920 wurde ein Standard erarbeitet. Jedoch ging die Rasse später in der Smaland- und Hamiltonbracke auf. Doch immer wieder traten goldbraune Hunde auf, die als Fehlfarben galten. 1990 begann ein Rückzüchtungsprogramm der ursprünglichen goldbraunen Hunde.

▸ **Hamiltonstövare**
Schwedens beliebtester Laufhund, benannt nach seinem Schöpfer Graf Hamilton. Dank seines freundlichen, anhänglichen und lebhaften Wesens ist er auch außerhalb Skandinaviens als Begleithund anzutreffen.

▸ **Schillerstövare**
Per Schiller züchtete im Südwesten Schwedens den hervorragenden Hasen- und Fuchsjäger, der sich durch Vitalität und Schnelligkeit auszeichnet.

▸ **Finnenbracke**
Die **Suomenajokoira** entstanden aus einheimischen Jagdhunden, schwedischen und europäischen Bracken. Beliebteste Bracke in Skandinavien, da hübsch, passioniert, ruhig, ausdauernd und freundlich.

GOTLANDSTÖVARE

50–59 cm

HAMILTONSTÖVARE

SCHILLERSTÖVARE

▶ **Hamiltonstövare**
Schulterhöhe
Rüden 53–61 cm, ideal 57 cm; Hündinnen 49–57 cm, ideal 53 cm
Farbe dreifarbig mit kleinen weißen Abzeichen
Land Schweden
FCI-Nr. 132

▶ **Schillerstövare**
Schulterhöhe
Rüden 53–61 cm, ideal 57 cm; Hündinnen 49–57 cm, ideal 53 cm
Farbe braun mit schwarzem Mantel
Land Schweden
FCI-Nr. 131

50–59 cm

JURA (BRUNO)

▸ **Schweizer Laufhunde**
Schulterhöhe
Rüden 49–59 cm,
Hündinnen 47–57 cm
Gewicht 16–21 kg
Farbe Schwyzer weiß
mit roten Platten,
Berner dreifarbig
weiß-schwarz-braun,
Luzerner grau-weiß
gesprenkelt mit
schwarzen Platten und
braunen Abzeichen,
Jura oder Bruno brauner Brand mit
schwarzem Sattel und
braunen Abzeichen
Land Schweiz
FCI-Nr. 59

Schweizer Laufhunde

In der Schweiz gab es seit Jahrhunderten eine Vielzahl schöner Bracken, die zum Teil auf die französischen Meutehunde zurückzuführen waren und diese Zucht durch regen Austausch ohne Zweifel auch beeinflussten. Mit dem Untergang der Feudalherrschaft wurde die Jagd zu einem allgemeinen Volksrecht. Die einst überhöhten Wildbestände wurden rigoros gezähntet. Dabei leistete der **Chien Courant Suisse**, der damals in der Schweiz die dominierende Jagdhunderasse war, beste Dienste. Irrtümlicherweise geriet er in den Verruf, für den Niedergang des Rehwildes mit verantwortlich zu sein. Die Einführung des Reviersystems mit den stark verkleinerten Jagdflächen verminderte ebenfalls den Einsatz der weitjagenden Hunde. Die Laufhunde sind eher selten und werden in einigen Kantonen nur für die Hasenjagd verwendet. Da möglicherweise Hasenjagdverbote erlassen werden könnten, drohen den Laufhunden neue Gefahren – zumal sie als Haushunde kaum gefördert werden.

BERNER

50–59 cm

LUZERNER

SCHWYZER

Der Laufhund ist ein sehr feinnasiger Wildfinder, der mit großer Sicherheit die Fährte hält und spurlaut, selbst in unzugänglichem, felsigem Gelände, lang und ausdauernd jagt. Die Rassekennzeichen gelten für alle Schweizer Laufhunde. Sie unterscheiden sich nur durch die Farbe.

JURA (ST. HUBERT)

50–59 cm

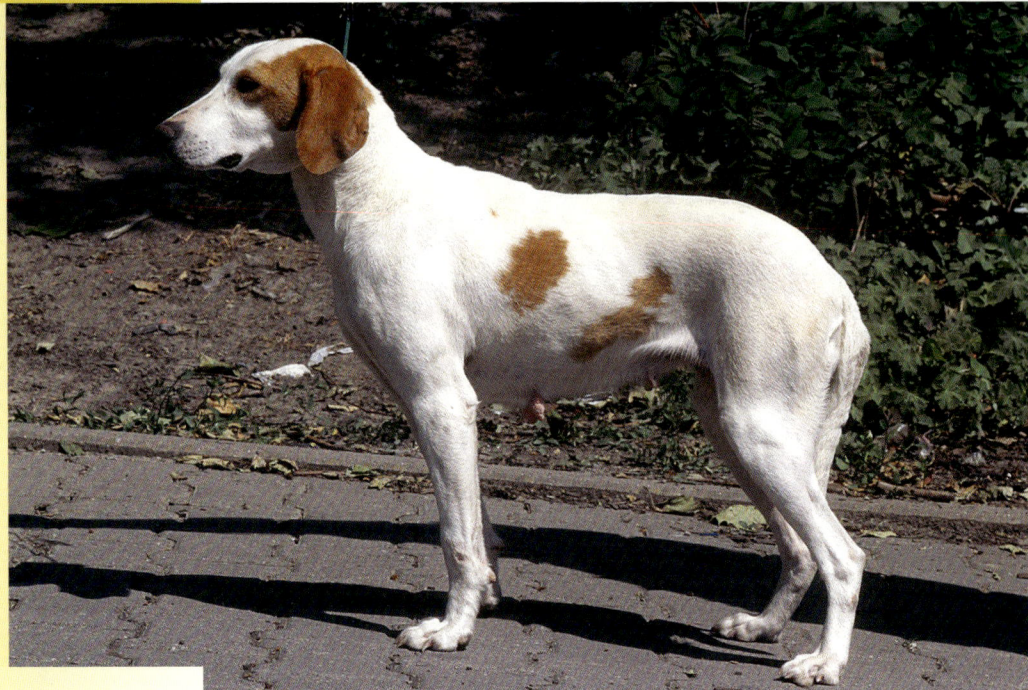

ISTRISCHE KURZHAARIGE BRACKE

- **Istrische Kurzhaarige Bracke**
  Schulterhöhe
  44–56 cm, ideal Rüden 50 cm, Hündinnen 48 cm
  Gewicht 14–20 kg
  Farbe weiß mit hellbraunen Flecken
  Land Kroatien
  FCI-Nr. 151

- **Istrische Rauhaarige Bracke**
  Schulterhöhe
  46–56 cm, ideal Rüden 52 cm, Hündinnen 50 cm
  Gewicht 16–24 kg
  Farbe weiß mit rotbraunen Flecken
  Land Kroatien
  FCI-Nr. 152

Balkan-Bracken

Die Balkan-Bracken kommen nur in ihrer Heimat vor, und selbst dort meist regional. Die Nachfahren der alten Keltenbracken sind dem unzugänglichen, schwierigen Gelände bestens angepasst und konnten sich in der Abgeschiedenheit des Balkanlandes weitgehend in ihrer ursprünglichen Form erhalten, jedoch droht manchen die Gefahr auszusterben, weil züchterisches Interesse an der Reinzucht fehlt. Heute noch hat der Gebrauchswert Vorrang, Zucht nach Standard und Schönheit wird kaum betrieben. Die Balkan-Bracken jagen meist einzeln Hase, Fuchs sowie Wildschwein und anderes großes Jagdwild. Die Bracken besitzen hervorragenden Geruchssinn, mit dem sie das Wild aufspüren und dem Jäger zutreiben. Schon die Römer nutzten die Hunde, um das Wild in Netzen oder Gruben zu fangen.

▶ **Istrische Kurzhaarige Bracke**
Im Grab Tutmosis III. 1500 v. Chr. fand man das Bild eines weißen Hundes, der wie eine Istrische Kurzhaarbracke aussieht. Erste schriftliche Überlieferungen stammen aus dem Jahre 1337. 1719 malte Tizian einen solchen Hund. Populärste Balkan-Bracke, da hervorragender Hasenjäger, sehr gut auf Schweiß und bestens geeignet für schwieriges, steiniges, dorniges Karstgelände. Sehr hohe, wohlklingende Stimme. Temperamentvolles, gehorsames Wesen. Edle Erscheinung. Das Fell ist kurz und dünn. Langer schmaler Kopf, schlank gebaut, mit dünner, leicht erhoben getragener Rute. Auch **Istarski Kratkodlaki Gonic Barak**.

50–59 cm

ISTRISCHE RAUHAARIGE BRACKE ▸

▸ **Istrische Rauhaarige Bracke**
Älteste schriftliche Überlieferungen zu dieser Rasse stammen von 1719. Sie ist ein recht beliebter Jagdhund im Raum des ehemaligen Jugoslawien. Mit ihrer vollen, mittelhohen bis tiefen Stimme ist sie vorzüglich für Hasen- und Fuchsjagd geeignet, ebenso gut auf Schweiß. Die **Istarski Ostrodlaki Gonic** wird hauptsächlich im Norden des Landes gezüchtet, da sie nicht sehr kälteempfindlich ist. Das raue Haarkleid ist weiß mit braunen Flecken. Der lange Kopf mit den dichten Augenbrauen führt zu einem ernsten Gesichtsausdruck. Er ist ebenso charakteristisch für diese Rasse wie der kräftige Körper mit den starken Knochen und die kräftige, leicht erhoben getragene Rute.

▸ **Jugoslawische Dreifarbige Bracke**
In Serbien weit verbreitete Rasse. Kräftiger, ausdauernder, guter Jagdhund. Impulsives und lebhaftes Wesen. Kurzes Fell. Auch **Jugoslavenski Trobojni Gonic**.

Jugoslawische Dreifarbige Bracke
Schulterhöhe 45–55 cm
Gewicht 22–27 kg
Farbe braun mit weißen und schwarzen Abzeichen
Land Jugoslawien
FCI-Nr. 229

DREIFARBIGE BRACKE

50–59 cm

POSAVKI GONIC

Balkan-Bracken

- **Jugoslawische Gebirgsbracke**
Schulterhöhe 45–55 cm
Gewicht 22–27 kg
Land Jugoslawien
FCI-Nr. 279

- **Posavki Gonic**
Schulterhöhe
46–58 cm, ideal
Rüden 50 cm,
Hündinnen 48 cm
Gewicht 16–24 kg
Farbe weizenfarbig mit weißen Abzeichen
Land Kroatien
FCI-Nr. 154

- **Jugoslawische Gebirgsbracke**
Seltener, der Brandlbracke nahezu identischer Laufhund. Auch **Planinski Gonic, Koroski Zigee**.

- **Posavki Gonic**
Erste schriftliche Hinweise auf die Rasse 1719. Der Name geht auf den Sava-Fluss zurück. Der Posavki Gonic kam auch häufig in Pannonien vor. Beliebte Jagdhundrasse mit zweithöchsten Eintragungsziffern. Hohe, klare Stimme. Temperamentvolles, angenehmes Wesen. Rüden kräftig. Auch **Posavatz Laufhund**.

- **Serbski Gonic**
Serbische Bracke. Typische Balkanbracke, die in Serbien weit verbreitet und als Jagdhund sehr beliebt ist. Sehr guter Jagd- und Spürhund mit variabler Stimme. Lebhafter, impulsiver, kräftiger mittelgroßer Hund mit kurzem, dichtem Fell. Kopf lang und kräftig.

- **Bosnischer Rauhaariger Laufhund**
Eine der ältesten Rassen des Balkans, über die schon Xenophon berichtete (393–385 v. Chr.), früher Keltenbracke genannt. Sie wird kaum noch gezüchtet. Guter, ausdauernder Jagdhund mit mittelhoher bis tiefer Stimme. Er ist impulsiv und mutig. Kräftiger Hund mit rauem Fell, langem und mäßig breitem Kopf. Dichte Augenbrauen. Trotz seines fröhlichen Wesens hat er dadurch einen ernsten Gesichtsausdruck. Auch **Bosanski Ostrodlaki Gonic Barak**.

50–59 cm

SERBSKI GONIC
BOSNISCHER RAUHAARIGER LAUFHUND

▸ **Serbski Gonic**
Schulterhöhe
Rüden 46–54 cm,
Hündinnen 44–52 cm
Gewicht um 20 kg
Farbe fuchsfarben mit
schwarzem Sattel
Land Jugoslawien
FCI-Nr. 150

▸ **Bosnischer
Rauhaariger Laufhund**
Schulterhöhe
Rüden 46–56 cm, ideal
52 cm, Hündinnen
etwas weniger
Gewicht Rüden 16–24
kg, ideal 20 kg, Hün-
dinnen entsprechend
weniger
Farbe gelb oder grau mit
weiß an Brust und Bauch
Land Bosnien
FCI-Nr. 155

50–59 cm

NORWEGISCHER ELCHHUND GRAU

▶ **Norwegischer Elchhund grau**
Schulterhöhe
Rüden 52 cm,
Hündinnen 40 cm
Farbe verschiedene Grautöne
Land Norwegen
FCI-Nr. 242

▶ **Norwegischer Elchhund schwarz**
Schulterhöhe
Rüden 47 cm,
Hündinnen 44 cm
Farbe schwarz; kleine weiße Abzeichen an Brust, Vordergliedmaßen und Pfoten erlaubt
Land Norwegen
FCI-Nr. 268

Elchhunde

In den undurchdringlichen Wäldern Skandinaviens verfolgen die Elchhunde den Elch lautlos und stellen ihn. Erst dann „rufen" sie durch anhaltendes Gebell den Jäger herbei. Die Hunde besitzen alle eine große Jagdpassion, sind robust und unerschrocken. Sie sind menschenfreundlich, lieb zu Kindern, fröhlich und wachsam. Als selbstständige, selbstbewusste Hunde lassen sie sich zwar erziehen, werden aber nie absolut gehorsam. Sie brauchen viel Beschäftigung und Bewegung. Besonders bei nicht ausgelasteten Hunden bereitet der Jagdtrieb Probleme. Als Familienhund nur bedingt zu empfehlen. Das dichte, wetterbeständige Fell ist pflegeleicht.

▶ **Norwegischer Elchhund grau**
Der **Norsk Elghund grå** ist Norwegens Nationalhund und der als Familienhund am weitesten verbreitete Elchhund.

NORWEGISCHER ELCHHUND SCHWARZ

▶ **Norwegischer Elchhund schwarz**
Der **Norsk Elghund sort** ist leichter, beweglicher und lebhafter als der Graue. Besonders geeignet für die Jagd auf Bären und Elche. Jagt ruhig und leise und führt den Jäger an das Wild heran, ohne es aufzutreiben. Dem Bären gegenüber schneidig. Weniger selbstständig als der Graue, da er enger mit dem Jäger zusammenarbeitet. Deshalb auch für Nichtjäger ein angenehmer Hausgenosse, wachsam, aber ausgesprochen menschenfreundlich.

50–59 cm

JÄMTHUND

HÄLLEFORSHUND

WEISSER SCHWEDISCHER ELCHHUND

▶ **Jämthund**
Der schwedische Elchhund ist der größte nordische Jagdhund. Ein furchtloser, energischer, aber auch ruhiger und überlegter, selbstständiger Jäger.

▶ **Hälleforshund**
In den 30er Jahren züchtete Jägermeister Radberg im Ort Hällefors in Mittelschweden rotbraune Jagdhunde, die berühmt für ihre Leistungen bei der Elchjagd waren. Später wurden Finnenspitz und russischer Laika eingekreuzt. Diese kräftigen, ausdauernden Jagdspitze sind der Region ideal angepasst und werden seit kurzem offiziell nach Standard gezüchtet. Noch werden Hunde ohne Abstammungsnachweis in das Zuchtprogramm integriert.

▶ **Weißer Schwedischer Elchhund**
In den letzten Jahren wird eine weiße Variante des Jämthundes züchterisch erfasst. Auch sie wird für die Jagd auf Bären und Elche eingesetzt.

▶ **Jämthund**
Schulterhöhe Rüden 58–63 cm, Hündinnen 53–58 cm
Farbe dunkel- oder hellgrau
Land Schweden
FCI-Nr. 42

▶ **Hälleforshund**
Schulterhöhe Rüden 57–63 cm, Hündinnen 54–60 cm
Farbe goldrot
Land Schweden
FCI nicht anerkannt

▶ **Weißer Schwedischer Elchhund**
Schulterhöhe Rüden 56 cm, Hündinnen 53 cm
Farbe weiß
Land Schweden
FCI nicht anerkannt

50–59 cm

▸ **Katalanischer Schäferhund**
Schulterhöhe Rüden 47–55 cm, Hündinnen 45–53 cm
Farbe braun, sandfarben, grau und schwarz mit hellen Abzeichen
Land Spanien
FCI-Nr. 87

Katalanischer Schäferhund

Der Katalanische Schäferhund (**Gos d'Atura Catala** oder **Perro de Pastor Catalan**) ist ein naher Verwandter des französischen → *Pyrenäenschäferhundes à poil long*. Er stammt aus der nordspanischen Provinz Katalonien, die von der Küste um Barcelona bis zu den Pyrenäen reicht. Der Gos d'Atura ist der alte Hütehund der Bergbauern, für die nicht Schönheit, sondern der robuste, ausdauernde, genügsame Arbeitshund zählt. Deshalb gibt es regional noch recht unterschiedliche Typen. Um die reine Rasse zu fördern, findet jährlich in den Bergen ein Schäferhundetreffen mit Geldpreisen für die besten Hunde statt. Damit weckt man das Interesse der Bauern am traditionellen Hütehund und verhindert eine Bastardisierung, die durch die zunehmende Erschließung der Pyrenäen für Touristen und deren Hunde droht. Gos d'Atura sind lebhafte, lauffreudige Hunde, die beschäftigt werden wollen. Sportlichen Menschen sind sie unermüdliche Begleiter beim Joggen, Radfahren oder Wandern. Wie alle Hütehunde sind sie gelehrig und umgänglich. Einem Gos d'Atura wird es nie langweilig. Er ist immer auf Achse und sehr wachsam. Fremden gegenüber ist er misstrauisch. Er liebt den Aufenthalt im Freien und erträgt Hitze ebenso gut wie Kälte. Er braucht aber auch engen Familienanschluss. Das Haarkleid ist harsch, es genügt einmal im Monat gründliches Bürsten bzw. wenn er sich schmutzig gemacht hat.

50–59 cm

Cao da Serra de Aires

Der Cao da Serra de Aires (**Portugiesischer Schäferhund**) ist der typische Hütehund Portugals. Er stammt aus der Region südlich des Tejo bis hin zur Algarve, wo er Ziegen und Schafe, ja sogar Schweine und Stiere hütet. Über seine Herkunft weiß man nichts, vermutlich wanderte er mit den Schafherden auf die iberische Halbinsel ein und ist verwandt mit den anderen zotthaarigen Hütehunden Europas. Als Rasse wird er stammbuchmäßig noch nicht allzu lange gezüchtet, doch in Portugal zeichnet sich eine wachsende Beliebtheit dieser aparten Hunde ab, die allmählich auch in Mitteleuropa Fuß fassen. Der Cao da Serra de Aires ist ein ursprünglicher, unverfälschter Hütehund, voller Arbeitseifer, Temperament und Ausdauer. Er ist sehr wachsam und Fremden gegenüber eher unnahbar, in seiner Familie aber lustig und liebevoll. Er ist sehr gelehrig und lernt gern, braucht aber eine konsequente Führung und einen Herrn, den er als Rudelführer anerkennen kann. Er will beschäftigt werden und eignet sich bestens für Turnierhundsport, Agility und Gehorsamsprüfungen. Ein robuster, anspruchsloser, anpassungsfähiger Familienhund, den die Schönheitszucht noch nicht erfasst hat. Das ziegenhaarartige Fell braucht regelmäßige Pflege, um nicht zu verfilzen.

▸ **Cao da Serra de Aires**
Schulterhöhe Rüden 45–55 cm, Hündinnen 42–52 cm
Gewicht 12–18 kg
Farbe gelb, braun, grau, lohfarbe, wolfsgrau, schwarzmarkenfarbig
Land Portugal
FCI-Nr. 93

50–59 cm

Hannoverscher Schweißhund

Hannoverscher Schweißhund
Schulterhöhe
Rüden 50–55 cm,
Hündinnen 48–53 cm,
jeweils ± 2 cm
Gewicht
Rüden 30–40 kg,
Hündinnen 25–35 kg
Farbe hell- bis dunkelhirschrot, gestromt, mit oder ohne Maske
Land Deutschland
FCI-Nr. 213

Er geht zurück auf die alten Keltenbracken, die schon um 500 v. Chr. zum Aufspüren des Wildes benutzt wurden. Der Hannoversche Schweißhund ging aus den späteren Leithunden hervor, die bereits große Ähnlichkeit mit ihm hatten. Man verwendete Leithunde zum Ausarbeiten der Fährten starker Hirsche und Keiler, um sie in ihrem Einstand zu bestätigen und sie dann auf Pferden mit der Hundemeute zu hetzen. Mit dem Aufkommen der Feuerwaffen änderten sich die Jagdmethoden, und man brauchte einen Hund zur Nachsuche auf angeschweißtes (angeschossenes) Wild. Die heutigen Aufgaben des Hannoverschen Schweißhundes sind vorwiegend Nachsuche auf krankgeschossenes oder im Straßenverkehr angefahrenes Hochwild. Daneben ist auch der Einsatz vor dem Schuss, durch Vorsuche am Riemen, möglich.
Um gute Leistungen vollbringen zu können, muss der Hund möglichst viele Nachsuchen absolvieren und kann nicht nur gelegentlich eingesetzt werden. Deshalb wurden Schweißhundstationen eingerichtet, die größere Gebiete betreuen. Die Zucht des Hannoverschen Schweißhundes unterliegt strengster Auslese, da höchste Anforderungen an seine Leistungsfähigkeit gestellt werden. Er wird nur nach Bedarf gezüchtet und ausschließlich in Jägerhand abgegeben.

Schweiß
In der Jägersprache bedeutet das Blut. Ein verletztes Tier hinterlässt eine Blutspur = Schweißfährte, der die Hunde folgen.

Bull Terrier

Der Bull Terrier entstammt der Kreuzung alter Terrierschläge mit dem ausgestorbenen weißen Terrier und der Bulldogge, um einen starken, wendigen Hund für Tierkämpfe, bei denen um sehr viel Geld gewettet wurde, zu züchten. Nach dem Verbot der Tierkämpfe Mitte des 19. Jh. machte ein Mr. Hinks die Rasse mit seinen schneeweißen Bull Terriern mit längerem Kopf und eleganterem Äußeren salonfähig und zum Schauhund. Züchterische Übertreibungen blieben nicht aus, z.B. der eiförmige Kopf mit den kleinen Schlitzaugen. Der Bull Terrier ist von Hause aus ausgesprochen menschenfreundlich und in der Familie zuverlässig und duldsam mit Kindern. Der selbstbewusste, unempfindliche, dennoch empfindsame Hund braucht eine konsequente Erziehung und stellt durch sein ausgeprägtes Dominanzverhalten selbst manchen erfahrenen Halter vor gewisse Probleme. Der von Natur aus furchtlose, harte Hund, der selten angreift, verteidigt ihm anvertrautes bis zum bitteren Ende. Dennoch ist er ein sensibler und liebebedürftiger Geselle. Gleichgeschlechtlichen Artgenossen gegenüber ist der Bull Terrier in der Regel unduldsam. Bei schneeweißen Bull Terriern kommt Taubheit vor. Das kurze glatte Fell ist pflegeleicht. Leider fiel der Bull Terrier in Deutschland dem Gesetz zur Bekämpfung gefährlicher Hunde zum Opfer und darf weder gezüchtet noch eingeführt werden.
Der **Miniatur Bull Terrier** ist sein naturgetreues Ebenbild mit all seinen guten Wesenszügen, dabei ist er leichtführiger, jedoch auch bellfreudiger. Der feurige, robuste Zwerg ist pflegeleicht.

50—59 cm

▶ **Bull Terrier**
Schulterhöhe ohne Angabe, etwa 55 cm, Miniatur Bull Terrier ca. 33,5 cm
Gewicht ohne Angabe, etwa 30 kg
Farbe alle außer blau und leberfarben
Land Großbritannien
FCI-Nr. 11

MINIATUR BULL TERRIER

50–59 cm

Chow Chow

Chow Chow
Schulterhöhe
Rüden 48–56 cm,
Hündinnen 46–51 cm
Farbe einfarbig
schwarz, rot, blau,
rehfarben, creme
Land China (Großbritannien)
FCI-Nr. 205

Der seltene **Kurzhaarige Chow Chow** kommt den ursprünglichen, in den Anfängen der Zucht aus China importierten Hunden näher und erfreut sich wachsender Beliebtheit.

Vor vielen hundert Jahren brachten die Mongolen Jagd-, Schutz- und Kriegshunde nach China. Uralte Terrakottafiguren und Bilder aus der Zeit der Han-Dynastie (206–220 n. Chr.) belegen den schweren Spitztyp. Vor ca. 100 Jahren kamen die ersten Exemplare der **Kanton-Hunde** nach England und später auf den Kontinent. In Deutschland ist der Chow seit den 20er Jahren bekannt. Namensdeutungen sind „lecker lecker", wie die Seefahrer alle Kuriositäten und Raritäten aus dem Osten nannten, sowie Chao-Chao, gleichbedeutend mit „alles sehen, sehr wachsam, sehr klug, sehr geschickt", was die geschätzten Eigenschaften des Jagdhundes beschreibt. Der „Tschau Tschau" besitzt ein ausgeprägtes Selbstbewusstsein, ist eigenwillig und freiheitsliebend, Dritten gegenüber reserviert bis ablehnend, wachsam, aber kein Kläffer. Seinen Menschen ist er zugetan, aber nie unterwürfig. Dieser dominante Hund folgt nur dem, der es versteht, ihm ein liebevoller, umsichtiger und eindeutiger Rudelführer zu sein. Daher die Bezeichnung „Einmannhund". Der Chow Chow gehört nicht zu den ausgesprochen lauffreudigen Rassen, liebt jedoch Spaziergänge, kann aber wegen seines ausgeprägten Jagdtriebes nur in wildfreiem Gebiet abgeleint werden. Wegen der steilen Hinterhand, die den erwünschten Stelzengang ergibt, nicht für hundesportliche Aktivitäten geeignet. Das dichte Haarkleid wird wöchentlich gründlich gebürstet. Beim Kauf unbedingt auf vernünftige, gesunde Zucht achten, insbesondere zu tief liegende, kleine Augen mit eingerolltem Augenlid (tränende Augen) meiden.

Bearded Collie

Der Bearded Collie ist der alte Hütehund des schottischen Hochlands. Heute findet man den „bärtigen Collie" (sprich „bierded Collie") kaum noch bei seiner ursprünglichen Arbeit. Hauptsächlich trieb er die Schafe von den Bergen zu Tal, das eigentliche Hüten liegt ihm weniger. Seit nach dem Kriege Mrs. Willison mühsam einige Exemplare zur Weiterzucht und Erhaltung der Rasse in ganz Großbritannien zusammensuchte und sie damit vor dem Aussterben bewahrte, entwickelte sich die Rasse fast schon zum Modehund. Aus dem rustikalen derb-zottigen Hütehund wurde eine frisierte Schönheit. Zu reiches Haarkleid macht ihn für die Arbeit im schottischen Hochland allerdings untauglich. Die Beliebtheit des **Beardie** liegt in seinem entzückenden Wesen. Er ist fröhlich, temperamentvoll, freundlich, ein idealer Familienhund. Ein Kamerad in allen Lebenslagen. Als Wach- und Schutzhund bewährt er sich nur selten. Sein lebhaftes, manchmal etwas lautes Temperament bedarf liebevoller, aber sehr konsequenter Erziehung. Dabei ist Fingerspitzengefühl angesagt, denn der Beardie ist ausgesprochen feinfühlig und geht auf jede Gemütsregung seiner Menschen ein. Gelegentlich geräuschempfindlich. Der Bearded Collie kostet Zeit, denn die Fellpflege ist sehr aufwändig, und er braucht viel Auslauf und Beschäftigung. Kein Hund für bequeme Menschen oder penible Hausfrauen.
Im kleinen Bild Welpen in allen Farben: v.l. fawn, schwarz, braun, blau.

50–59 cm

▶ **Bearded Collie**
Schulterhöhe Rüden 53–56 cm, Hündinnen 51–53 cm
Farbe schiefergrau, fawn, schwarz, blau, alle Töne von grau, braun oder sandfarbe mit oder ohne weiße Abzeichen
Land Großbritannien
FCI-Nr. 271

50–59 cm

Old English Sheepdog

Old English Sheepdog
Schulterhöhe mindestens 56 cm, Hündinnen etwas weniger
Farbe alle Schattierungen von grau, blau oder blue merle mit oder ohne weiße Abzeichen
Land Großbritannien
FCI-Nr. 16

Bobtailwolle eignet sich sehr gut zum Verspinnen und ergibt herrlich warme, mohairähnliche Stricksachen.

Der **Bobtail** („Stummelschwanz") oder **Altenglische Schäferhund** gehört zu den zotthaarigen Hirtenhunden. Mit Ausrottung des Wolfs wurde der mächtige, schützende Hirtenhund zum Viehtreiber umfunktioniert. Als der Eisenbahnbetrieb die langen, anstrengenden Viehtriebe aus den abgelegenen Viehzuchtgebieten bis zu den Londoner Märkten übernahm, hatte die Zeit der Rassehundezucht begonnen, sodass der Old English Sheepdog vor dem Aussterben bewahrt wurde. Schauzüchter schufen aus dem struppigen, zotteligen Hirtenhund eine frisierte Hundeschönheit, die in aller Welt zum Werbeobjekt und Modehund avancierte. Leider passt die Frisiererei so gar nicht zum nach wie vor kraftvollen, robusten, selbstbewussten Hund. Er braucht eine konsequente Erziehung ebenso wie Liebe, Verständnis und unbedingt engen Familienanschluss. Er ist ein fröhlicher Clown, liebevoller Beschützer der Kinder, wachsam ohne überaggressiv zu sein, lebhaft und sehr intelligent, dabei gelegentlich recht eigensinnig. Der Bobtail darf aufgrund seiner starken Persönlichkeit und des enormen Pflegeaufwands keinesfalls unbedacht angeschafft werden. Haushunde brauchen etwa vier Stunden Pflegezeit in der Woche, bei schlechtem Wetter und Ausstellungshunde deutlich mehr! Welpen mit von Geburt an verkürzter Rute kommen äußerst selten vor, sodass den „Bobtail" heute eine wunderschöne lange Rute mit weißer Spitze ziert.
Kein Hund für bequeme Menschen und Sauberkeitsfanatiker.

50–59 cm

Appenzeller Sennenhund

Ihn trifft man heute noch bei der Arbeit im Appenzeller Land an. Der hervorragende Viehtreiber kneift ungehorsame Rinder in die Fesseln und weicht blitzschnell ausschlagenden Hufen aus. Er holt die Kühe zum Melken ein und unterscheidet genau zwischen „seinen" und fremden, die er stehen lässt oder vertreibt. Der temperamentvolle Hund wurde Mitte des 19. Jh. erstmals beschrieben. Da Gebrauchstüchtigkeit zählte, blieb ihm das Schicksal der Schauschönheit erspart. Als Arbeitshund stellt der unverwüstliche Blässi Ansprüche. Seine handliche Größe, das kurze Haar, Beweglichkeit und aufmerksames Wesen mit ausgeprägtem Selbstbewusstsein erlauben eine vielseitige Ausbildung. Er ist wachsam, Fremden gegenüber misstrauisch und besitzt angeborenen Schutztrieb. Der pflegeleichte Hund bellt allerdings sehr viel.

▶ **Berger des Alpes**
Berger de Savoie, alter Viehhüterhund der Alpenregion, der 1947 entdeckt, heute als Rasse kultiviert wird. Typischer, robuster, sehr selbstbewusster Bauernhund, der eine klare Führung braucht. In der Familie liebenswürdig, geduldig mit Kindern. Wachsam mit gutem Beschützerinstinkt. Pflegeleicht.

▶ **Appenzeller Sennenhund**
Schulterhöhe
Rüden 52–56 cm
± 2cm, Hündinnen 50–54 cm ± 2 cm
Farbe schwarz oder havannabraun mit symmetrischen rostbraunen und weißen Abzeichen
Land Schweiz
FCI-Nr. 46

▶ **Berger des Alpes**
Schulterhöhe
47 bis 55 cm
Gewicht 20 bis 30 kg
Farbe schwarz-loh und Harlekin mit Loh; weiße Abzeichen erlaubt
Land Frankreich
FCI nicht anerkannt

50–59 cm

Kleiner Münsterländer

▶ **Kleiner Münsterländer**
Schulterhöhe
Rüden 52–56 cm,
Hündinnen 50–54 cm,
jeweils ± 2 cm
Farbe weißbraun mit
Platten oder Mantel,
Schimmel
Land Deutschland
FCI-Nr. 102

Der Kleine Münsterländer ist der kleinste deutsche Vorstehhund und kommt seinen Vorfahren, den mittelalterlichen Vogelhunden, noch am nächsten. Edmund Löns, Bruder des Heidedichters Hermann Löns, entdeckte die verschollen geglaubte Rasse. Der damalige Heidewachtel war nicht nur Jagdgefährte, sondern ebenso Haus-, Hof- und Familienhund der Münsterländer Bauern, die seine Wachsamkeit, sein fröhliches, lebhaftes, anhängliches Wesen und die Zuverlässigkeit im Umgang mit Kindern und Haustieren schätzten. Der im Allgemeinen leichtführige, schnell lernende Hund lässt sich gut ausbilden und führen. Er muss allerdings konsequent und liebevoll abgerichtet werden. Hübsches Aussehen, handliche Größe und gute Eigenschaften als Familienhund machen ihn bei Freizeitjägern besonders beliebt. Bei ausreichender Arbeit lebt er sich sogar in einer Stadt-Etagenwohnung ein. Doch er ist und bleibt ein Jagdhund von großer Jagdpassion mit ausgeprägter Bringfreude, angeborener Vorstehanlage und Raubzeugschärfe. Auch die Schweißarbeit lernt der Hund rasch. Seiner Herkunft entsprechend liebt er die Wasserarbeit. Dieser passionierte Jagdhund darf keinesfalls als reiner Begleithund verkümmern. Nur wer bereit ist, die Veranlagungen des Hundes zu fördern und zu nutzen, sollte an die Anschaffung dieses hübschen Hundes denken. Eine Fernsehserie machte den sympathischen Hund populär, sodass er leider schon „vermarktet" wird. Das schlichte Langhaar bedarf regelmäßiger Pflege.

50–59 cm

Cao de Agua Portugues

An der Küste Portugals, südlich von Lissabon und an der Algarve, war der Hund als Helfer der Fischer so hoch geschätzt, dass er beim Teilen des Fangs als volle Person mit einbezogen wurde. Der kluge, robuste, kräftige Wasserhund und hervorragende Schwimmer half Netze und Boote einholen, tauchte nach entkommenen Fischen und apportierte alles aus dem Wasser, was hineingefallen war und nicht hinein gehörte, einschließlich Schiffbrüchiger. Auf hoher See diente er als Bote zwischen den Schiffen. Kurz: Er war bis vor wenigen Jahren der unentbehrliche Helfer der seefahrenden Portugiesen. Mit ihnen bereiste er die ganze Welt, einschließlich Nordamerika. Deshalb ist die Annahme, dass von ihm alle zotthaarigen Wasserhunde, Pudel und einige Retriever abstammen, nicht unbedingt abwegig. Inzwischen löste die Technik den treuen Vierbeiner ab, doch man ließ ihn nicht aussterben. Der Cao de Agua ist dank seiner hohen Intelligenz und seines umgänglichen Wesens ein beliebter Haus- und Familienhund, der sich leicht erziehen lässt, einen fröhlichen, kinderfreundlichen Charakter besitzt und durchaus wachsam ist, ohne aggressiv zu sein. Der Cao de Agua wurde schon von den Fischern so geschoren: für bessere Bewegungsfreiheit kurz behaarte Hinterläufe, zum Schutz gegen das kalte Wasser das lange Brusthaar. Es gibt zwei Haarformen: das seltenere gelockte Fell und das gewellte. Zunehmend beliebter Familienhund.

Cao de Agua Portugues
Schulterhöhe Rüden 50–57 cm, ideal 54 cm; Hündinnen 43–52 cm, ideal 46 cm
Gewicht Rüden 19–25 kg, Hündinnen 16–22 kg
Farbe schwarz, weiß oder braun, mit oder ohne weiße Abzeichen
Land Portugal
FCI-Nr. 37

50–59 cm

Australian Shepherd

▶ **Australian Shepherd**
Schulterhöhe
Rüden 50–57,5 cm,
Hündinnen 45–52,5 cm
Farbe blue und red merle, schwarz oder rot mit oder ohne weiße und kupferfarbene Abzeichen
Land USA
FCI-Nr. 342 (vorläufig anerkannt)

▶ **English Shepherd**
Schulterhöhe
45–60 cm
Gewicht 18–40 kg
Farbe schwarz-gelb, tricolour, zobelweiß, schwarz-weiß, schokoladenfarben und rot
Land USA
FCI nicht anerkannt

Einwandernde Schafzüchter aus England, Irland, Schottland, Frankreich und Spanien nahmen ihre Hütehunde mit in die USA. Mit australischen Schafen kamen dort gezüchtete Hunde mit starkem Collie- und Dingoeinschlag hinzu. Auf den Viehmärkten, Treffpunkten der Schafzüchter, wurden gute Hunde ausgetauscht. So entwickelte sich ein langhaariger, kräftiger, ausdauernder Schäferhund. Westernreiter brachten den **Australischen Schäferhund** nach Europa. Er ist in Reiterkreisen beliebt, weil er problemlos neben dem Pferd läuft und nicht zum Wildern oder Streunen neigt und hat sich einen festen Platz als Familien- und Sporthund erobert. Der Aussie ist temperamentvoll, ausdauernd, menschenfreundlich, dabei wachsam und durchaus verteidigungsbereit, geduldig und brav mit Kindern und umgänglich mit Haustieren. Der leicht zu erziehende Hund lernt schnell. Braucht unbedingt Bewegung und Beschäftigung.

▶ **English Shepherd**
Er ging mit Auswanderern nach Amerika, wo er sich als Farm Collie bewährte. Inzwischen beliebter Familienhund. Ein Hund für alle Fälle, ruhig, ausgeglichen, sehr intelligent und führig.

PODENGO PORTUGUES MEDIO

50–59 cm

Mittelgroße Laufhunde des Mittelmeerraumes

Die zu den Laufhunden zählenden windhundartigen Jagdhunde wurden schon auf altägyptischen, später zahlreichen griechischen und römischen Darstellungen festgehalten. Sie verbreiteten sich vermutlich aus dem ägyptisch-phönizischen Raum über die Inseln und Küstenregionen des Mittelmeers. Diese Bracken jagen einzeln oder in kleinen Gruppen spurlaut und gebrauchen dabei ihre Nase. Sie sind genügsame, ausdauernde, widerstandsfähige Kaninchenjäger, die dem Klima und dem rauen Gelände optimal angepasst sind. Alle Laufhunde sind im Hause ruhig und umgänglich, zuweilen zärtlich, sie lassen sich bis zu einem gewissen Grade auch erziehen. Aber freigelassen vergessen sie bei der geringsten Wildspur alle Disziplin – ab geht die wilde Hatz. Da sie viel Bewegung brauchen, gestaltet sich die Haltung in unseren Breiten schwierig.

▶ **Podengo Portugues medio**
In seiner Heimat sehr beliebt und häufig vorkommend. Jagt einzeln oder in Meuten Kaninchen. Außerdem als Wachhund geschätzt. Der sehr lebhafte, intelligente, genügsame und robuste Hund ist außerhalb Portugals noch weitgehend unbekannt. Es gibt zwei Haararten: Kurz- und rauhaarig.
Dieser liebenswürdige, freundliche, temperamentvolle Hund von handlicher Größe, dabei robust und pflegeleicht, wird in den letzten Jahren gelegentlich als Familienhund auch außerhalb Portugals gehalten.

▶ **Podengo Portugues medio**
Schulterhöhe 40–55 cm
Gewicht 16–20 kg
Farbe gelb, falb (von hell bis sehr dunkel), schwarz (verdünnt oder verwaschen), einfarbig mit oder ohne weiße Abzeichen, weiß mit Abzeichen in den genannten Farben
Land Portugal
FCI-Nr. 94

50–59 cm

PHARAONENHUND

Mittelgroße Laufhunde des Mittelmeerraumes

▸ **Podenco Andaluz**
Schulterhöhe Grande
Rüden 54–64 cm, Hündinnen 53–61 cm,
Mediana 43–53 bzw. 42–52 cm, Chica 35–42 bzw. 32–41 cm
Gewicht Grande 27 kg ± 6 kg, Mediana 16 kg ± 6 kg, Chica 8 kg ± 3 kg
Farbe zimtfarben mit weiß oder weiß mit zimtfarbenen Abzeichen
Land Spanien, national anerkannt
FCI nicht anerkannt

▸ **Pharaonenhund**
Schulterhöhe
Rüden 56 cm ideal, Hündinnen 53 cm ideal
Farbe sattes braun mit oder ohne Abzeichen
Land Malta (Großbritannien)
FCI-Nr. 248

▸ **Podenco Andaluz**
Das spanische Gegenstück zum portugiesischen Podengo. Extrem harter und ausdauernder Kaninchenjäger. Rustikaler, gut gebauter Hund. Sehr intelligent, immer aufmerksam. Seinem Herrn gegenüber sehr freundlich, ergeben und treu. Passionierter Jagdhund mit vorzüglicher Nase. Drei Größen: Talla Grande, Talla Mediana, Talla Chica; drei Felltypen: Rauhaar, seidig langhaarig, kurzhaarig.

▸ **Pharaonenhund**
Kam vermutlich vor 2.000 Jahren mit den Phöniziern auf die Inseln und züchtete rein weiter. Er fand bisher als Einziger seinen Weg als Familien- und Begleithund in alle Welt. Ein faszinierender Hund mit eigenwilligem Temperament. Sehr lebhaft, bisweilen bellfreudig, wachsam. Anhänglich zu seinen Menschen, reserviert gegenüber Fremden. Er ist sehr reinlich und pflegeleicht. Auch **Kelb Tal Fenek.**

▸ **Cirneco dell'Etna**
Auf Sizilien heimisch, wo er insbesondere an den rauen Lavahängen des Ätna Kaninchen jagt. Der temperamentvolle, doch freundlich-anhängliche Hund ist sehr selten.

▸ **Kretikos Lagonikos**
4.000 Jahre alter Jagdhund der Minoer. Hervorragender Hasenjäger auf Kreta, der in den Farben einfarbig weiß, falb, rötlich, schwarz mit oder ohne kleine

50–59 cm

CIRNECO DELL'ETNA

weiße Abzeichen, zweifarbig braungestromt mit Brand, schwarz-weiß, falbweiß oder dreifarbig vorkommt. Die Rasse ist nur in Griechenland national anerkannt.

▸ **Podengo Galego**
Kürzlich in Spanien anerkannt; dem Podengo Portugues ähnlicher, etwas kleinerer Kaninchenjäger aus Galizien, Nordspanien.

▸ **Cirneco dell'Etna**
Schulterhöhe Rüden 46–50 cm, max. 52 cm, Hündinnen 43–46 cm, max. 50 cm
Gewicht Rüden 10–12 kg, Hündinnen 8–10 kg
Farbe einfarbig falb, mehr oder weniger intensiv, isabell, sable mit oder ohne kleine weiße Abzeichen; einfarbig weiß oder weißorange gefleckt wird toleriert
Land Italien
FCI-Nr. 199

▸ **Kretikos Lagonikos**
Schulterhöhe Rüden 52–60 cm, Hündinnen 50–58 cm
Gewicht 15–20 kg
Land Griechenland (Kreta), national anerkannt
FCI nicht anerkannt

KRETIKOS LAGONIKOS

50–59 cm

Barbet

Barbet
Schulterhöhe 45–58 cm
Gewicht 25 kg
Farbe schwarz, grau, braun, (schmutzig-)weiß, cremefarben, einfarbig oder gefleckt
Land Frankreich
FCI-Nr. 105

Im 17. Jh. hießen alle zotthaarigen, bärtigen Hunde Barbet. Erst viel später trennte man den Pudel und den Griffon als eigene Rassen heraus. Da solche Hunde schon sehr früh dokumentiert wurden, gilt der französische Wasserhund als Vorfahre aller europäischer Wasserhunde, einschließlich des Pudels. Er zählt zu den Vorstehhunden und eignet sich hervorragend für die Wasserarbeit. Er sucht ruhig und bedächtig unter der Flinte und apportiert mit Leidenschaft insbesondere aus dem Wasser. Vitaler, freundlicher, sensibler, leichtführiger Naturbursche für den Jagdgebrauch und angenehmer Haus- und Familienhund. Das dichte, wollige, strähnige Fell bietet Schutz vor Kälte und Verletzungen, verfilzt aber leicht und sollte gelegentlich geschoren werden. Zur Wiederbelebung der beinahe ausgestorbenen Rasse wurden Pudel eingekreuzt, sodass es unterschiedliche Typen gibt. Zu starker Pudeleinschlag gilt als untypisch.

50–59 cm

Irish Water Spaniel

Eigentlich mehr zu den Retrievern gehörend als zu den Spaniels, ist der Irish Water Spaniel ein typischer Vertreter der alten Wasserhunde, wie sie in den Küstenregionen Europas zu finden sind. Der English Water Spaniel ist inzwischen ausgestorben bzw. im Curly Coated Retriever aufgegangen. Seit 1850 wird der Irish Water Spaniel, auf verschiedene Lokalschläge irischer Wasserhunde zurückgehend, systematisch gezüchtet. Wegweisend war der Rüde „Boatswain" eines Mr. McCarthy, der jedoch nie preisgab, woher der Hund stammte. Der ausdauernde, harte, witterungsunempfindliche Jagdhund mit dem wasserabweisenden Fell eignet sich besonders für sumpfiges, morastiges Gelände. Er stöbert, drückt das Federwild aus der Deckung und apportiert nach dem Schuss, selbst aus eisigem Meerwasser. Sein Metier ist zweifellos die Jagd auf Wasservögel. Er besitzt zudem eine hervorragende Nase. Man sagt, er vereine die Intelligenz des Pudels und die gute Nase des Setters mit der Jagdpassion des Spaniels. Der Irish Water Spaniel ist leichtführig und gehorsam. Der kluge, anhängliche Hund ist ein angenehmer Hausgenosse, der allerdings ausgedehnte Spaziergänge und Bewegung braucht.

Das etwas fettige, offen gelockte Haar bedarf der Pflege. Der Hund wird nie gebadet, die beste Fellpflege ist regelmäßiges Schwimmen in sauberem Wasser.

Der Irish Water Spaniel wird häufig als Begleithund ohne Jagdgebrauch gehalten, ist in Deutschland jedoch sehr selten.

▶ **Irish Water Spaniel**
Schulterhöhe Rüden 53–59 cm, Hündinnen 51–56 cm
Farbe braun
Land Irland
FCI-Nr. 124

50–59 cm

Epagneul du Pont-Audemer
Schulterhöhe 52–58 cm
Farbe kastanienbraun mit grau
Land Frankreich
FCI-Nr. 114

Epagneul du Pont-Audemer

Als Clown unter den französischen Vorstehhunden bezeichnen ihn seine Freunde. Der aus der Region um die nordfranzösische Stadt Pont-Audemer stammende Jagdhund ist neben dem Barbet der zweite Wasserspezialist Frankreichs, der seine Wasserpassion vom Irish Water Spaniel ebenso geerbt hat wie das krause Haar und den Lockenschopf auf dem Kopf. Der leichtführige Hund ist den Bedürfnissen seiner Heimat bestens angepasst. Die wasserreiche, küstennahe Region ist ein idealer Rastplatz für ziehende Vögel. Es gibt zahlreiche Seen und Teiche, Hecken und Sümpfe. Der Epagneul du Pont-Audemer stöbert in Dornengestrüpp, sucht die Sümpfe selbstständig nach Enten, Gänsen und Schnepfen ab. In buschigem Gelände jagt man mit ihm Fasan, Rebhuhn, Hase und Kaninchen. Härte, Ausdauer, Unempfindlichkeit gegen Nässe und Kälte, festes Vorstehen sowie sicheres Apportieren der z.T. schweren Vögel aus dem Wasser sind die Vorzüge des Pont-Audemer. Er ist ein begeisterter und hervorragender Schwimmer. Der Wasserspezialist eignet sich daher auch weniger zur reinen Feldarbeit, da er im Vergleich mit dem Französischen Kurzhaar keine weite Suche und wenig Durchsteheigenschaft zeigt. In Frankreich wird dieser interessante Hund hauptsächlich von Berufsjägern geführt, die einen schneidigen, harten, unermüdlichen Vorstehhund mit großer Wasserpassion schätzen. Er gilt als freundlicher, anpassungsfähiger, fröhlicher Hausgenosse mit besonderer Liebe zu Kindern. Er ist ein guter Familien- und Jagdhund.

50–59 cm

Xoloitzcuintle

Der „Scholo-ietz-kwintli" oder **Mexikanische Nackthund** ist ein nahezu haarloser Hund, den schon die alten Tolteken und Azteken in Mexiko schätzten. Sie züchteten ihn als Opfergabe, Kranke wärmten sich an ihm, und er wurde als köstliche Delikatesse verzehrt. Es ist ein eleganter Hund, von dem auch eine behaarte Variante existiert. Haarlose Hunde haben eine erhöhte Körpertemperatur und ihr Gebiss ist nicht vollständig. Fellpflege entfällt gänzlich, gelegentlich lieben sie eine warme Dusche. Die feine, handschuhlederartige, angenehm anzufühlende Haut ist allerdings leicht verletzlich, Risse und Wunden heilen aber rasch ab. Im Winter ist die Haut hellgrau oder rosé-farben, mit den ersten Sonnenstrahlen, die die Hunde genießen, färbt sie sich dunkelbraun bis schwarz. Sie sind ideale Wohnungshunde und unserer zentralbeheizten Zeit recht gut angepasst. Xolos lieben ausgedehnte Spaziergange, und solange sie in Bewegung sind, stören sie sich nicht an Wind, Regen oder einigen Minusgraden. Sie sind ausgesprochen lebhaft, sportlich und ausdauernd, mit bemerkenswertem Sprungvermögen. Fröhlich und intelligent, liebevoll zu ihren Menschen, lassen sie sich leicht erziehen. Xolos sind wachsam und durchaus verteidigungsbereit, zu Fremden gleichgültig bis freundlich, nicht aggressiv oder scheu. Diese interessante Hunderasse fasst nur ganz allmählich in Europa Fuß.
Für Tierhaarallergiker, die Hunde lieben, ist der praktisch unbehaarte Xoloitzcuintle sicher eine mögliche Alternative.

▶ **Xoloitzcuintle**
Schulterhöhe Standard 35–58 cm, Miniatur bis max. 35 cm
Farben schwarz, anthrazit, schiefer, rötlich-grau, leberfarben, bronze, rosé oder schokoladenfarbig, goldgelb, gefleckt erlaubt
Land Mexiko
FCI-Nr. 234

50–59 cm

Siberian Husky

Siberian Husky
Schulterhöhe
Rüden 53–60 cm,
Hündinnen 51–56 cm
Gewicht
Rüden 20–27 kg,
Hündinnen 16–22 kg
Farbe rein weiß bis rot und schwarz mit allen Zwischenstufen, typische weiße Kopfmaske
Land USA
FCI-Nr. 270

Alaskan Husky
Keine Rasse, sondern Zweckmischung von Huskys, schnellen Jagd-, Wind- und Hütehunden für den Schlittenrennsport.

Seit Jahrhunderten unentbehrlicher Helfer nomadisierender Rentierzüchter, aber auch sesshafter Fischer und Jäger der Region zwischen Lena, Beringmeer und Ochotskischem Meer in der Sowjetunion. 1909 brachte ein russischer Pelzhändler diese Hunde erstmalig nach Alaska, wo es schon Schlittenhundrennen gab. Zunächst verspottet, erwiesen sich die kleinen Huskies als außerordentlich schnell und fanden rasch Liebhaber. Eine Huskystafette rettete die Stadt Nome vor einer Diphtherie-Epidemie durch den waghalsigen Transport von Serum über 674 Meilen. Das „längste Schlittenhundrennen der Welt" ist heute sportlicher Höhepunkt für Musher (Hundeschlittenfahrer) aus aller Welt. Der Siberian Husky gewann seit den 70er Jahren in Europa stark an Beliebtheit, Schlittenhundrennen entwickelten sich inzwischen zu einem ernsthaften Sport. Der Hund mit den faszinierenden blauen Augen (sie dürfen auch braun sein) ist allerdings kein idealer Haus- und Familienhund. Sein starker Jagdtrieb und seine Unabhängigkeit lassen ihn kein bequemer Begleiter sein. Das Grundstück, auf dem der Husky frei laufen darf, muss absolut ausbruchsicher sein, jedoch sind die Fähigkeiten, Zäune zu überwinden, grandios! Ein Husky gehorcht selten zuverlässig, obwohl er sehr schnell lernt. Zu seiner Familie ist er zärtlich und freundlich zu Fremden. Als Wachhund eignet sich der Husky kaum. Radfahren, Joggen, Wagen- und Schlittenrennen, Breitensport, alles macht der Husky mit Freude mit. Sozial verträglich, pflegeleicht und anspruchslos.

50–59 cm

Eurasier

Jüngste, offiziel anerkannte deutsche Hunderasse. Julius Wipfel aus Weinheim/Bergstraße züchtete als Nachfolger für seinen Mischlingshund 1960 den ersten Wurf „Wolf Chows", eine Kreuzung zwischen Wolfsspitz und Chow Chow, um einen umgänglichen, gesunden und natürlichen Haushund zu schaffen. Später wurde der Samojede eingekreuzt, der Eleganz, freundliches Wesen und Robustheit einbringen sollte. 1973 wurde die Rasse in Eurasier umbenannt und offiziell anerkannt.
Der Eurasier ist ein angenehmer, ruhiger Haushund mit ausgeprägtem Sozialverhalten und einer guten Portion Eigensinn. Bei konsequenter Erziehung auch ein Hund für Anfänger. Jeder Eurasier lernt gerne sein Leben lang. Erwachsen ist er ein selbstbewusster Begleiter, der eine sinnvolle Aufgabe und regelmäßige Bewegung schätzt. Besonderes Merkmal ist seine Anhänglichkeit. Sehr feinfühlig, spürt er die Stimmungen seines Menschen. Er ist wachsam und verteidigungsbereit ohne übertriebene Schärfe. Gelegentlich bricht der Jagdeifer des Samojeden in ihm durch und erfordert entsprechende erzieherische Maßnahmen. Eurasierhündinnen gelten als besonders liebevolle Babysitter.
Das dichte Haar ist relativ pflegeleicht, nur während des Fellwechsels intensive Pflege. Ausgefallene Haare sind leicht mit einem feuchten Tuch oder einem Striegel bzw. einer Bürste zu entfernen.
Seitens der Zuchtvereine erfolgt strenge Zuchtkontrolle, um gesunde Hunde zu gewährleisten und eine Vermarktung zu vermeiden.

▶ **Eurasier**
Schulterhöhe
Rüden 52–60 cm,
Hündinnen 48–56 cm
Gewicht
Rüden 22–30 kg,
Hündinnen 18–26 kg
Farbe alle außer weiß, weiß gescheckt oder leberfarbig
Land Deutschland
FCI-Nr. 291

50–59 cm

Wolfsspitz
Schulterhöhe
49 ± 6 cm
Farbe silbergrau mit schwarzen Haarspitzen, schwarzer Fang
Land Deutschland
FCI-Nr. 97

Wolfsspitz

Der Holländische Schifferspitz oder Keeshond und der Wolfsspitz sind identisch. Im 18. Jh. erkor ein Anführer niederländischer Patrioten namens Kees den Wolfsspitz zum Maskottchen im Kampf für das Volk gegen das Haus Oranje. Der Spitz war der Hund des Volkes, den adligen Herrn begleiteten Wind- und Jagdhunde. Der Keeshond bewachte Bauernhöfe und in Holland die Kähne der Binnenschiffer. Heute ist der Wolfsspitz weltweit als **Keeshond** bekannt. Den Namen Wolfsspitz trägt er nach der wolfsgrauen Färbung. Er hat nicht mehr mit dem Wolf zu tun als jeder andere Haushund. Die stolze Persönlichkeit des Wolfsspitzes erregt Aufmerksamkeit und Achtung. Seine Grenzen überschreitet niemand unbeschadet. Er ist ein unbestechlicher Wächter mit angeborenem Schutztrieb. Ab und an findet man ausgebildete Schutzhunde unter den Wolfsspitzen. Allerdings ist er wenig unterordnungsbereit und erfordert in dieser Disziplin sehr viel Geduld, Einfühlungsvermögen und Konsequenz von seinem Herrn. Dabei ist er intelligent und lernt schnell, er tut aber alle Dinge lieber nach eigenem Ermessen als auf sinnlosen Befehl hin. Der robuste Spitz liebt den Aufenthalt im Freien, viel Bewegung und Beschäftigung. Wegen geringer Neigung zum Wildern heute als Wach-, Haus- und Familienhund geschätzt und von der Jägerschaft insbesondere für die Haltung in wildreichen Gebieten empfohlen. Als ausgesprochen revierbewusster Hund nicht unbedingt freundlich im Umgang mit Artgenossen! Die Fellpflege ist beim Junghund aufwendig, der erwachsene Hund wird regelmäßig gebürstet.

50–59 cm

Samojede

Schon in Reiseberichten des 18. Jahrhunderts wird von dickfelligen Hunden in Nordrussland berichtet. Benannt wurden sie später nach dem Volksstamm der Samojeden, die langhaarige weiße, aber auch andersfarbige Spitze zum Hüten der Rentiere, als Jagd- und Schlittenhunde hielten. Scott brachte die ersten Samojeden nach England, wo man sich auf die Zucht des lächelnden weißen Spitzes spezialisierte. Der **Samoiedskaia Sabaka** ist intelligent, aufmerksam, voller Tatendrang und dem Menschen herzlich zugetan. Er ist auch zu fremden Menschen freundlich und deshalb kein Wach- oder Schutzhund. Der ehemalige Arbeitshund will beschäftigt werden und braucht viel Bewegung. Er ist robust, witterungsunempfindlich und liebt den Aufenthalt im Freien. Der Samojede ist von allen Schlittenhunden der verbreitetste Haus- und Familienhund. Doch der selbstbewusste, eigensinnige Hund braucht von klein an eine konsequente Erziehung, die ihm deutlich einen untergeordneten Platz in der Familie zuweist. Er wird aber trotzdem nie unterwürfigen Gehorsam zeigen. Unausgelastet neigt er zum Kläffen, und seine Jagdpassion sowie seine selbstständige Natur lassen ihn gerne eigene Wege gehen! Das herrliche weiße Haarkleid braucht besonders beim Junghund intensive Pflege, das erwachsene Haar hingegen wird einmal wöchentlich gebürstet. Nasse und schmutzige Hunde müssen sofort trockengerieben werden, dann bleibt das Fell in guter Verfassung. Samojeden können auch bei Schlittenhundrennen eingesetzt werden, sind ausdauernd, aber nicht so schnell wie Huskies oder so stark wie Malamuten.

▶ **Samojede**
Schulterhöhe
Rüden 57 cm,
Hündinnen 53 cm
± 3 cm
Farbe reinweiß, weiß und bisquit, sahnegelb
Land Russland
FCI-Nr. 212

50–59 cm

RUSSISCH-EUROPÄISCHER LAIKA

Russische Jagdlaiki

▸ **Russisch-Europäischer Laika**
Schulterhöhe
Rüden 52–58 cm,
Hündinnen 50–56 cm
Farbe schwarz, grau,
weiß gescheckt
Land Russland
FCI-Nr. 304

▸ **Westsibirischer Laika**
Schulterhöhe
Rüden 54–60 cm,
Hündinnen 52–58 cm
Farbe weiß, pfeffer-
salz, rot oder grau in
allen Schattierungen,
schwarz, einfarbig oder
gescheckt
Land Russland
FCI-Nr. 306

Der Name Laika kommt vom russi-schen lajatj = bellen. Laiki haben nichts mit Schlittenhunden gemein-sam, sondern sind reine Jagdhunde mit typischer Jagdweise, wie wir sie auch beim Karelischen Bärenhund oder Finnenspitz finden. Die Laika-rassen arbeiten lautlos, sie stöbern das Wild selbstständig auf und verfolgen die Spur. Erst wenn sie Bär, Elch, Rot- oder Schwarzwild gestellt haben, bel-len sie laut und anhaltend, um den Jäger herbeizurufen. Diese Arbeit er-fordert ausdauernde, robuste, mutige Hunde, die sich stundenlang auch im hohen Schnee fortbewegen können, ohne zu ermüden. Angeblich sollen Wölfe eingekreuzt worden sein, wor-über sich aber die Gelehrten streiten. Tatsächlich sind Laiki in Verhalten und Aussehen sehr ursprüngliche Hunde, die ihr Jagdrevier mit dem Wolf teilen. Von den verschiedenen russischen Lai-karassen sind drei von der FCI aner-kannt. Man trifft sie hin und wieder in Westeuropa an, obwohl sie sicherlich nie als Haus- und Familienhund in Frage kommen werden. Laiki sind aus-gesprochen robust, anspruchslos und pflegeleicht.

▸ **Russisch-Europäischer Laika**
Noch junger, aus verschiedenen Laika-rassen im Raume Moskau und Lenin-grad mit Spezialisierung auf die schwarzweiße Fellfarbe gezüchteter Jagdhund. **Russko-Evropeiskaia Laika.**

▸ **Westsibirischer Laika**
Häufigste Laikarasse, die auch im Ausland Freunde fand. Sie wurde aus uralten Laikaschlägen aus dem Nord-ural und Westsibirien herausgezüch-tet. Vielseitig einsetzbarer Jagdhund, der gelegentlich nur auf eine Wildart anspricht. **Zapadno-Sibirskaia Laika.**

50–59 cm

WESTSIBIRISCHER LAIKA

▸ **Ostsibirischer Laika**
Am wenigsten bekannte Laikarasse, die aus Hunden der ostsibirischen Waldzone und der Amur-Region herausgezüchtet wurde. **Vostotchno Sibirskaia Laika.**

OSTSIBIRISCHER LAIKA

▸ **Ostsibirischer Laika**
Schulterhöhe
Rüden 55–63 cm,
Hündinnen 53–61 cm
Farbe pfeffer-salz, weiß, grau, schwarz, rot oder braun in verschiedenen Schattierungen
Land Russland
FCI-Nr. 305

50–59 cm

KANAAN HUND

Hunde vom Urtyp

Kanaan Hund
Schulterhöhe
50–60 cm
Gewicht 18–25 kg
Farbe alle außer grau, gestromt, black and tan und dreifarbig
Land Israel
FCI-Nr. 273

Thai Ridgeback
Schulterhöhe
Rüden 61–66 cm,
Hündinnen 56–61 cm
Farbe einfarbig kastanienrot, schwarz, silber, blau
Land Thailand (Japan)
FCI Nr. 388

▶ **Kanaan Hund**
Der aus wild lebenden Pariahunden herausgezüchtete Nationalhund Israels ist unempfindlich gegen Hitze, Kälte, Ungeziefer und Infektionskrankheiten, überaus wachsam und mit scharfen Sinnen ausgestattet. Bevorzugter Wachhund von Militäranlagen. Wie seit Jahrtausenden ziehen die Beduinen wild geborene Welpen zum Schutz ihrer Herden gegen Wüstenwölfe und Diebe auf. Lernfreudiger, verteidigungsbereiter Familienhund, der frühe Sozialisierung, konsequente Erziehung, Auslauf und Beschäftigung braucht. Pflegeleicht.

▶ **Thai Ridgeback**
Alte Jagdhundrasse zum Stöbern auf alles jagdbare Wild, insbesondere wilde Schweine. Selbstständig jagende Hunde, die heute nur noch im Nordosten des Landes in Reinform zu finden sind. Inzwischen werden sie als „Nationalhund" Thailands auch von Schauzüchtern gepflegt und in alle Welt exportiert. Lebhafte, graziöse Tiere mit enormem Sprungvermögen. Wachsam, aber kein Schutztrieb. Wenig menschenbezogen. Typisch der Ridge auf dem Rücken (ein Streifen Haare, die in entgegengesetzter Richtung wachsen).

▶ **Korea Jindo Dog**
Ehemaliger Jagd-, heute beliebter Wach- und Familienhund in Korea. Er stammt von der Insel Jin im Südosten Koreas und wird dort **Jin-Do-Gae** genannt, Hund von der Jin-Insel. Ein Hund vom Urtyp, zeigt er ausgeprägtes Wildhundverhalten mit guten Haushundeigenschaften. Angenehmer, ruhiger, verspielter, aber eigenwilliger Hausgenosse, sehr revierbewusst, daher exzellenter Wachhund. Sehr selbstständiger Hund mit enormem Sprungvermögen. In Europa nur vereinzelt vertreten.

50–59 cm

THAI RIDGEBACK

KOREA JINDO DOG

BALI-BERGHUND

▶ **Korea Jindo Dog**
Schulterhöhe
Rüden 49,5–53,5 cm,
Hündinnen 47–51 cm
Gewicht
Rüden 16–21 kg,
Hündinnen 14–18 kg
Farbe weiß, falbfarben,
grau, schwarz und tan,
gestromt
Land Korea
FCI Nr. 334

▶ **Bali-Berghund**
Schulterhöhe ca. 50 cm
Land Indonesien,
national anerkannt
FCI nicht anerkannt

▶ **Bali-Berghund**
Pariahund aus der Bergregion Balis, der als Abfallvertilger eine wichtige Rolle spielt. Er lebt eng in menschlicher Gemeinschaft, ohne von ihr versorgt zu werden. Allem Fremden gegenüber ausgesprochen misstrauischer, in seiner Familie freundlicher, kinderlieber Hausgenosse. Intelligent, sehr selbstständig, wachsam ohne Schutztrieb, niemals bissig. Einzelhund, der sich nicht mit Artgenossen verträgt. Der Bali-Berghund braucht konsequente, geduldige Erziehung.

50–59 cm

DINGO

Dingo
Schulterhöhe 52–56 cm, Hündinnen kleiner
Gewicht 13,5–19 kg
Farbe alle Creme- und Rottöne
Land Australien, national anerkannt
FCI nicht anerkannt

Hahoawu
Schulterhöhe mittelgroß
Gewicht 11–14 kg
Farbe sand bis rotbraun
Land Afrika
FCI nicht anerkannt

▸ **Dingo**
Vermutlich gelangten primitive Hunde mit den ersten Siedlern nach Australien und verwilderten. Die Aborigines fingen wild geborene Welpen ein und hielten sie im Lager. Intelligenter, dem Klima und Gelände bestens angepasster Hund, der trotz massiver Verfolgung durch den Menschen nicht ausgerottet werden konnte. Er darf nicht als Haus- und Familienhund gehalten werden. Gefürchteter Schafsmörder, der angeblich nicht nur zum Eigenbedarf tötet. Sein Bestand ist durch die Vermischung mit eingeführten Hunderassen bedroht.

▸ **Hahoawu**
Jiri Rotter, der häufig Afrika bereiste, brachte diese Hunde aus Togo mit. In der Sprache des Ewe-Volkes heißt Hund Awu, sodass er die Hunde Hahoawu – Hunde des Hahoflusses nannte. Die Tiere erwiesen sich als äußerst angenehme Stadt- und Wohnungshunde, wachsam, aber nicht bellfreudig, sehr reinlich und auffallend weitsichtig. Die Rasse wird in der Schweiz, der Slowakei und in der Tschechischen Republik gezüchtet.

HAHOAWU

50–59 cm

Karelischer Bärenhund

Der Karelische Bärenhund (**Karjalankarhukoira**) trägt seinen Namen nach einem finnischen Volksstamm und seiner Tätigkeit. Er wurde vornehmlich zur Bärenjagd verwendet. Aber auch bei der Jagd auf Elch, Hirsch, Luchs, Wolf und Wildschwein bewährt sich der stumme Jäger. Er verfolgt seine Beute schweigend und selbstständig. Hat er das Wild gestellt, ruft er durch anhaltendes Gebell die Jäger heran. Der Karelische Bärenhund ist mit seinem schwarzen Fell, den leuchtend weißen Abzeichen und seinen sprechenden Augen ein sehr schöner Hund, aber man darf sich über die Schwierigkeiten, die seine Haltung mit sich bringt, nicht hinwegtäuschen lassen. Als selbstständiger Jäger liegt ihm Unterordnung überhaupt nicht. Er passt sich höchstens seinem Rudelführer an, was eine konsequente Erziehung schon beim Welpen voraussetzt. Trotzdem wird er immer ein freiheitsliebender Hausgenosse bleiben, der gerne auf eigene Faust loszieht und wildert. In seiner Familie freundlich und liebenswürdig, ist er Fremden gegenüber eher zurückhaltend. Kein Wach- und Schutzhund. Aggressiv und rauflustig gegenüber fremden Hunden. Alles in allem ist es schwierig, diesem Hund eine rassengerechte Haltung zu bieten und seinem Tatendrang gerecht zu werden, denn aufgrund seiner Wesensart kann man ihn nur mit viel Mühe den verschiedenen Ausbildungsmöglichkeiten zuführen, auch wenn er körperlich in der Lage ist, hervorragende Leistungen zu erbringen. Tatsächlich kann man ihn, vergleichbar etwa dem Wachtel- und Schweißhund, zum Stöbern und zur Nachsuche führen, da ihm diese Arbeit von Hause aus sehr liegt.

▶ **Karelischer Bärenhund**
Schulterhöhe Rüden 57 cm ± 3 cm, Hündinnen 52 cm ± 3 cm
Farbe schwarz, vorzugsweise mit leichtem Braunschimmer, mit klaren weißen Abzeichen
Land Finnland
FCI-Nr. 48

50–59 cm

Grönlandhund
Schulterhöhe
Rüden mind. 60 cm, Hündinnen mind. 55 cm
Farbe alle Farben außer Albinos
Land Grönland (Dänemark)
FCI-Nr. 274

Grönlandhund

Der Grönlandhund ist der einzige FCI-anerkannte Eskimohund. Die Schlittenhunde der Eskimos sehen sich alle ähnlich, doch kann man sie kaum als Rassen bezeichnen. Die Zucht ist den Hunden selbst überlassen, für die Arbeit werden nur die gesündesten, genügsamsten und stärksten Tiere herangezogen. Wer dem nicht genügt, stirbt. Als reine „Arbeitsmittel" zeigen diese Hunde keine enge Bindung an den Menschen, sie müssen für jeden arbeiten, der sie braucht. Den harten Kampf ums Dasein, den die Eskimos in ihrer unwirtlichen Heimat führen, teilen die Hunde. Sie ziehen Schlitten und helfen bei der Bären- und Robbenjagd. Die Fürsorge, die ihnen der Mensch zuteilwerden lässt, beschränkt sich auf das Notwendigste, um die Arbeitskraft der Hunde zu erhalten. Als Haus- und Familienhunde in unserem Sinne eignen sie sich kaum. Allgemein sind sie zum Menschen freundlich und besitzen keinen Wach- und Schutztrieb. Dafür ist ihr Jagdtrieb umso ausgeprägter. Die Erziehung ist sehr schwierig, man braucht viel Geduld und Konsequenz, um dem Hund das Notwendigste beizubringen. Geprägt vom ständigen Kampf ums Überleben, haben sich diese Hunde viele Wolfseigenschaften bewahrt. Sie besitzen ein starkes Rangordnungsempfinden und fechten ihren Rang immer wieder heftig aus, auch mit ihrem Besitzer, der ständig seine Rolle als Rudelführer behaupten muss. Nur wenn ihn der Hund akzeptiert, ist er zu führen. Daher nur ein Hund für Kenner, die ihm auslastende Arbeit bieten. Bei Schlittenhundrennen gelegentlich anzutreffen.
In der Schweiz ziehen von einer Expedition mitgebrachte Hunde Touristen auf dem Schlitten.

50–59 cm

Elo®

Elo	
Schulterhöhe	48–60 cm, Klein-Elo 35–45 cm
Land	Deutschland
FCI	nicht anerkannt

1987 begann Bobtailzüchter Szobries mit der Verwirklichung eines Wunschziels „praktischer" Familienhund: Ruhiges bis mittleres Temperament, der stundenweise allein bleibt und mit zur Arbeit genommen werden kann; etwas längeres Fell, das sich leicht absaugen lässt, nicht verfilzt und daher pflegeleicht ist; mittlere Größe; wenig krankheitsanfällige Stehohren; Ringelrute, die keine Blumenvase vom Tisch fegt; geringe Bellfreudigkeit, um Nachbarn nicht zu belästigen; geringe Neigung zum Wildern für erholsame Spaziergänge in freier Natur; Lern- und Spielfreudigkeit ohne zu nerven; wachsam aber nicht aggressiv; verträglich mit Artgenossen, kein Stress beim Spaziergang; verträglich mit anderen Haustieren, und vor allen Dingen zuverlässige Gutmütigkeit im Umgang mit Kindern. Ausgangsrassen waren Bobtail, Chow Chow und Eurasier. Der Name ist geschützt, und nur wer unter den Regularien der Elo-Zucht- und Forschungsgemeinschaft geboren wurde, darf sich Elo nennen. Das hochgesteckte Zuchtziel wird durch Tests, beginnend im Welpenalter, überprüft. Natürlich entspricht nicht jeder Elo dem Ideal, vorrangig ist aber das Verhalten gegenüber Kindern. Bezüglich des Aussehens ist man eher kompromissbereit. Die später begonnene Zucht des Klein-Elo baute auf Pekingese, Kleinspitz und Elo auf. Er soll den Wunsch nach einem kleinen, leisen Wohnungshund erfüllen. Die Zucht eines kurzhaarigen Elos mit Dalmatiner wurde begonnen.

50–59 cm

Cao de Castro Laboreiro
Schulterhöhe Rüden 55–60 cm, Hündinnen 52–57 cm
Gewicht ca. 23–34 kg
Farbe wolfsfarben
Land Portugal
FCI-Nr. 170

Majorero Canario
Schulterhöhe Rüden 56 cm, Hündinnen 54 cm
Gewicht 30–45 kg, Hündinnen 25–35 kg
Farbe heller oder dunkler gestromt, schwarze Maske, weiße Abzeichen erlaubt
Land Spanien, national anerkannt
FCI nicht anerkannt

Cao de Castro Laboreiro

Sehr alter, bodenständiger Hirtenhund aus den Bergen Nordportugals, wo er heute noch die Herden vor Wölfen beschützt. Die Portugiesen sind stolz auf diese ihrer Meinung nach einmalige Rasse. Ein Pastor aus dem Gebirgsdorf Castro Laboreiro nahm sich der Erhaltung der Rasse an. Heute ist sie Wahrzeichen ihrer Heimat. Der Castro Laboreiro gilt als schwieriger Hund. Er ist ruhig und gelassen, gut auszubilden, aber seine angeborene Schärfe gilt als unberechenbar – nicht gegenüber seiner Familie, der er treu ergeben ist, sondern in gewissen, ihm bedrohlich erscheinenden Situationen. Er gehört deshalb nur in die Hände hundeerfahrener Menschen. Erstklassiger, immer aufmerksamer Beschützer, der sich nur bedingt als Familienhund eignet.

Majorero Canario
Dem Laboreiro ähnlicher, kleinerer und leichterer Hof- und Wachhund der Inseln Fuerteventura und Gran Canaria. 1979 begann ein Reinzüchtungsprogramm.

MAJORERO CANARIO

50–59 cm

Pudel

Pudelartige Hunde sind schon seit der Antike bekannt und bilden die Ausgangsrasse für viele Jagd- und Hütehunde. Die Pudel sind vielseitig einsetzbare Hunde und erfreuen sich nicht umsonst weltweit größter Beliebtheit. Als Familien- und Begleithund erlebte der Pudel in Deutschland um 1900 seinen Einzug in die Rassehundezucht. Beliebt war damals der heute wieder auflebende Schnürenpudel, dessen wolliges Haar wie beim Puli lange Schnüre bildet. Endlos ist die Liste prominenter Pudelliebhaber, angefangen von Karl dem Großen über Madame Pompadour, Beethoven, der eine Elegie auf den Tod seines Pudels schrieb, über Helmut Schön, Gracia Patricia, Maria Callas bis Anneliese Rothenberger und viele andere mehr. Pudel gibt es in vier Größen (siehe Seite 80), verschiedenen Farben und Schuren. Der Große ist ein leicht erziehbarer, gelehriger Begleithund, er bewährte sich im Krieg beim Einsatz als Sanitäts- und Meldehund, zeigt häufig noch Jagdhundveranlagung, wildert jedoch sehr selten und beschützt seine Familie und deren Eigentum. Dabei sind Pudel nicht bissig oder aggressiv, sondern aufgeschlossen, umgänglich und unkompliziert mit Kindern. Der Standard ist für alle Pudelgrößen gleich, von den verschiedenen Schuren wird keine bevorzugt. Der Pudel wird etwa alle 4 Wochen geschoren. Er verliert keine Haare und sollte täglich gekämmt werden.

▶ **Pudel**
Schulterhöhe
60 cm ± 2 cm
Farbe schwarz, weiß, kastanienbraun, silber und aprikosenfarben
Land Frankreich
FCI-Nr. 172

SCHNÜRENPUDEL

50–59 cm

PERRO DOGO MALLORQUIN

Iberische Doggen

Perro Dogo Mallorquin
Schulterhöhe
Rüden 55–58 cm,
Hündinnen 52–55 cm
Gewicht
Rüden 35–38 kg,
Hündinnen 30–34 kg
Farbe schwarz, gelb,
rot, gestromt mit bis
zu 30% weiß; schwarze
Maske erlaubt
Land Spanien/Balearen
FCI-Nr. 249

Alano
Schulterhöhe Rüden
58–63 cm, Hündinnen
55–60 cm
Gewicht 35–45 kg
Farbe gestromt, rot,
falb, schwarz gestromt,
grau, weiß mit den
anderen Farben
gefleckt
Land Spanien
FCI nicht anerkannt

Sie stammen von antiken Kampfhunden und mittelalterlichen Saupackern und Bärenbeißern ab, die wehrhaftes Wild verfolgten und stellten, bis die Jäger zum Töten kamen. Der Gebrauch von Gewehren löste diese Jagdweise ab, und der unerschrockene Hund wurde zum Schutz- und Viehtreiberhund. Die Spanier bekämpften mit solchen Hunden bei der Eroberung Südamerikas die Inkas. In jüngerer Zeit wurden sie auf den Inseln, in deren Abgeschiedenheit sie sich erhalten konnten, wiederentdeckt und als Rassen national anerkannt. Heute bewachen sie Höfe und Anwesen. Die unbestechlichen Wach- und Schutzhunde, die im Ernstfall bedingungslos verteidigten, aber bei frühzeitiger Gewöhnung an den Umgang mit Menschen und Umwelt in friedlicher Situation nicht unnötig aggressiv sind, sind drahtig, wendig, robust, ausdauernd, witterungsunempfindlich, intelligent, gelehrig, aber nicht leichtführig und ihrem Herrn treu ergeben, jedoch allem Fremden gegenüber argwöhnisch. Sie brauchen eine freundlich-konsequente Erziehung. In ihrer Heimat meist kupiert.

▸ **Perro Dogo Mallorquin**
Die **Mallorca Dogge** diente als Wachhund der Küstensiedlungen und Häfen gegen Piraten. Als die Rasse 1964 anerkannt wurde, gab es keine reinrassigen Exemplare mehr. Der heutige Hund ist eine Rückzüchtung mit Hilfe von Ca de Bestiar, Bulldogge und Staffordshire Terrier. Der **Ca de Bou** ist lebhaft und voller Energie.

▸ **Dogo Canario**
Als Wach- und Schutzhund bei der Eroberung der Inseln durch die Spanier

50–59 cm

DOGO CANARIO

auf die Kanaren gekommen. In jüngerer Vergangenheit mit American Staffordshire und Bull Terrier gekreuzt, jedoch seit einigen Jahren Bestrebungen, den ursprünglichen Typ zu erhalten. Früher Perro de Presa Canario.

▸ **Alano**
Der legendäre **Alaunt** (Spanische Dogge) ist in zahlreichen alten kynologischen Werken zu finden und gilt als Stammvater aller südeuropäischen und südamerikanischen Doggenartigen. 1963 wurde das letzte Paar auf einer Ausstellung gesehen. Die Rasse galt als ausgestorben. 1980 begann die Rückzüchtung. Man strebt einen lebhaften, beweglichen, gesunden Hund an, der nicht unnötig aggressiv ist und sich in unser Umfeld als Begleithund einfügt.

▸ **Perro de Toro**
Bordeaux-Doggen-ähnlicher Hund, der häufig auf alten Darstellungen zu sehen ist. Die **Spanische Bulldogge** befindet sich in Rückzüchtung.

ALANO

▸ **Dogo Canario**
Schulterhöhe
Rüden 61–65 cm,
Hündinnen 57–62 cm
Gewicht
Rüden 45–57 kg,
Hündinnen 40–50 kg
Farbe löwengelb oder schwarz, einfarbig oder gestromt, mit oder ohne weiße Abzeichen
Land Spanien, national anerkannt
FCI-Nr. 346 (vorläufig anerkannt)

▸ **Perro de Toro**
Schulterhöhe
50–60 cm
Gewicht 42–55 kg
Land Spanien
FCI nicht anerkannt

50–59 cm

CAO FILA DE SÃO MIGUEL

▸ **Cao Fila de São Miguel**
Schulterhöhe Rüden
50–60 cm, Hündinnen
48–58 cm
Farbe falb, grau, gelb,
stets gestromt mit oder
ohne weiße Abzeichen
Land Portugal
FCI Nr. 340

▸ **Cao de Fila da Terceira**
Schulterhöhe ca. 55 cm
Farben falb und gelb
mit heller Maske
Land Portugal
FCI nicht anerkannt

▸ **Cao Fila de São Miguel**
Spanische Seefahrer machten auf den Azoren letzten Halt vor der Überquerung des Atlantiks und hatten Doggen zum Schutz und zur Jagd an Bord. Einige blieben auf den Inseln bzw. kreuzten sich mit Inselhunden. In der Abgeschiedenheit der westlichsten Inselgruppe Europas entwickelten sich einheitliche Hundetypen. Schutz vor wilden Tieren war unnötig, Jagdwild gab es nicht. So funktionierte man sie zu Wach- und Viehtreibhunden um. Heute bewachen sie die über die Insel verteilten Melkanlagen und treiben das Vieh. In Portugal beliebter Wachhund, der auch zur Wildschweinjagd eingesetzt wird. Der zuverlässige Beschützer ist Fremden gegenüber in friedlicher Situation neutral, bei Bedrohung jedoch blitzschnell verteidigungsbereit. Man bemüht sich, den selbstbewussten Hund in Richtung Begleithund zu selektieren, um modernen Ansprüchen der Hundehaltung entgegen zu kommen.

▸ **Cao de Fila da Terceira**
Nach Scheitern des staatlich finanzierten Reinzuchtprogramms auf der Azoreninsel Terceira wurde die alte Rasse 1970 für ausgestorben erklärt. Tatsächlich gab es noch einige Hunde. Kürz-

CAO DE FILA DA TERCEIRA

PERDIGUEIRO PORTUGUES

50–59 cm

lich wurde privat ein Rückzüchtungsprogramm ins Leben gerufen. Die **Terceira-Dogge (Rabo torto)** ist dem Hund von São Miguel ähnlich, rassetypisch ist eine oft angeboren verkürzte und verknotete Rute.

▸ **Perdigueiro Portugues**
Der Portugiesische Pointer gilt als der Vorvater des englischen Pointers und daher vieler europäischer Vorstehhundrassen. Ursprünglich zur Beizjagd genutzt, stöberte er Rebhühner auf, die von den Falken im Fluge geschlagen wurden (Rebhuhn = perdigueiro). Aus den Vogelhunden entwickelten sich die Vorstehhunde. Der Perdigueiro ist in Portugal ein außerordentlich beliebter Jagdhund, denn er ist dem Jäger treu ergeben, ruhig, Fremden gegenüber zurückhaltend und sehr intelligent. Der besonders leichtführige Hund ist ein passionierter Alleskönner. Er steht vor und apportiert Federwild ebenso wie Kaninchen. Natürlich hat er sich dem Klima und den rauen Bodenverhältnissen angepasst und ist deshalb in Portugal den anderen Vorstehhundrassen weit überlegen, insbesondere Setter und Pointer. Man kann seine Arbeitsweise ohnehin eher mit der des deutschen kurzhaarigen Vorstehhundes vergleichen. Die Perdigueiros werden in Portugal fast ausschließlich in Jägerhand gehalten und mit Ahnentafel gezüchtet. Der sehr aktive Zuchtverein veranstaltet Feldprüfungen und Clubwettbewerbe. Gelegentlich sieht man den edlen, kraftvollen Hund auch auf Ausstellungen. Außerhalb Portugals ist dieser attraktive Jagdhund unbekannt.

▸ **Perdigueiro Galego**
Dem portugiesischen Pointer sehr ähnlich ist der bodenständige, nordspanische, galizische Pointer, der erst kürzlich als Rasse anerkannt wurde.

▸ **Perdigueiro Portugues**
Schulterhöhe
50–56 cm
Gewicht 23,5 kg
Farbe gelbrot in verschiedenen Tönen, mit oder ohne kleine weiße Abzeichen
Land Portugal
FCI-Nr. 187

▸ **Perdigueiro Galego**
Schulterhöhe Rüden 55–60 cm, Hündinnen 50–55 cm
Farbe einfarbig kastanienbraun, gelb oder schwarz; kastanienfarbig, orange, zimt oder schwarz gesprenkelt oder einfarbig mit weißen Abzeichen, auch mit Brand
Land Spanien, national anerkannt
FCI nicht anerkannt

50–59 cm

ARIEGEOIS

- **Ariegeois**
Schulterhöhe
Rüden 52–58,
Hündinnen 50–56 cm
Farbe weiß mit klaren schwarzen Flecken und blass-lohfarbenen Abzeichen
Land Frankreich
FCI-Nr. 20

- **Porcelaine**
Schulterhöhe
Rüden 55–58 cm,
Hündinnen 53–56 cm
Farbe weiß mit rundlichen orangefarbenen Flecken
Land Frankreich
FCI-Nr. 30

Mittelgroße französische Laufhunde

Diese selbstständig jagenden Hunde sind keine Familienbegleithunde und außerhalb Frankreichs unbekannt.

- **Ariegeois**

Entstanden aus Kreuzungen des Briquet mit dem Gascon Saintongeois. Der elegante Laufhund ist den schwierigen Jagdbedingungen in der heißen, trockenen Landschaft Ariège in der östlichen Pyrenäenregion Frankreichs bestens angepasst. Vorzüglicher Laufhund für die Hasenjagd, spursicher mit wohltönender Stimme. Sehr seltener Hund.

- **Porcelaine**

Nachkomme der mittelalterlichen weißen Königshunde. Der Name bezieht sich auf das feine, porzellanfarbige, fast weiße Fell. Meist wird mit 4–6 Hunden das Wild aufgestöbert. Sie verfolgen es spurlaut und treiben dem schußbereiten Jäger Hasen oder Rehe zu bzw. stellen das Wildschwein. Leichtführiger Jagdhund, der sich auf der Schweißfährte auszeichnet und im Ausnahmefall apportiert. Eleganter, anschmiegsamer Hund mit großem Bewegungsdrang.

- **Chien d'Artois**

Sehr seltener, zurückgezüchteter Laufhund, der in kleineren Meuten zur Hasenjagd verwendet wird. Er stammt aus der nordfranzösischen Region Artois. Früher nannte man ihn **Briquet**, was etwa „kleine Bracke" bedeutet.

50–59 cm

PORCELAINE

CHIEN D'ARTOIS

Chien d'Artois
Schulterhöhe 53–58 cm ±1 cm
Gewicht 28–30 kg
Farbe tricolor dunkelfauve bis hin zu hasen- oder dachsfarben, mit Mantel oder großen Flecken, Kopf fauvefarben, manchmal berußt
Land Frankreich
FCI-Nr. 28

50–59 cm

▸ **Dalmatiner**
Schulterhöhe
Rüden 58–59 cm
± 2 cm, Hündinnen 56–
57 cm ± 2 cm
Gewicht
Rüden ca. 27 kg,
Hündinnen ca. 24 kg
Farbe weiß mit runden, klar abgegrenzten und gleichmäßig verteilten schwarzen oder braunen Tupfen
Land Kroatien
FCI-Nr. 153

Dalmatiner

Über seine Herkunft ist wenig bekannt. Schon die Ägypter kannten getupfte Hunde diesen Typs. Auch im Mittelalter wurden weiße Hunde mit dunklen Tupfen dargestellt. Später bezeichnete man ihn als Bracke, aber wo er herkam, wie und was er jagte, ist unbekannt. Selbst im ehemaligen Jugoslawien weiß man nur von Hunden, die 1930 aus England importiert wurden. Vielmehr wird er immer wieder als Kutschenhund bezeichnet und erreichte seine Blüte in Viktorianischer Zeit. Er lebte in den Ställen und begleitete die Kutschen, wobei er meist unter der Hinterachse lief. Als das Auto die Kutsche ablöste, hatte der dekorative Hund längst seine Zukunft als Familienhund gefunden. Der **Dalmatinac** ist sehr lebhaft, temperamentvoll, fröhlich und gelehrig. Er ist der ganzen Familie freundlich zugetan und besonders den Kindern ein unermüdlicher Spielgefährte. Er ist nicht aggressiv, aber im Notfall durchaus verteidigungsbereit. Der schlanke, bewegliche Hund braucht viel Bewegung und ist ein herrlicher Begleiter für sportliche Menschen. Der intelligente Hund braucht eine konsequente Erziehung, denn er verleugnet sein Jagdhundeerbe nicht. Kein Hund für bequeme Menschen. Ansonsten unkomplizierter Familienhund, der engen Familienanschluss braucht und pflegeleicht ist. Dalmatinerwelpen werden weiß geboren, die Tüpfelung kommt erst nach einigen Tagen allmählich durch. Da gelegentlich Taubheit vorkommt, beim Kauf eines Dalmatinerwelpen die Bescheinigung über eine audiometrische Untersuchung vorlegen lassen.

50–59 cm

Labrador Retriever

Der ehemalige St. Johns Hund stammt aus dem Süden Neufundlands und ist kleiner und kurzhaariger als der bärenhafte Neufundländer. Mit ihm gemeinsam hat er die große Wasserliebe und angeborene Apportierfreude, was ihn zum wichtigen Helfer der Fischer machte. Er holte Netze ein und fing entschlüpfte Fische. Die Kabeljaufischer brachten die Hunde Anfang des 19. Jh. in die Hafenstadt Poole und rühmten ihre Fähigkeit, Wasservögel zu apportieren. Der Earl of Malmesbury kaufte sie den Fischern ab und nannte sie nach ihrer Heimat an der kanadischen Küste Labradors. Sie waren bald in ganz Großbritannien als hervorragende Apporteure berühmt, sowohl aus dem Wasser als auch an Land. Ihre Vielseitigkeit ist bemerkenswert: erstklassiger Jagdhund für die Arbeit nach dem Schuss, Rauschgiftspürhund, Minensuchhund beim Militär, Rettungshund, Lawinenhund, Blindenführhund und Familienhund. Er ist anhänglich, verschmust und fröhlich, kein Streuner, wildert nicht, ist wachsam, aber nie aggressiv und kein ausgesprochener Schutzhund, liebenswürdig und geduldig im Umgang mit Kindern. Kein Raufer. Der Hund besitzt gute Nerven, ein ausgeglichenes Wesen, ist mit gebotener Konsequenz zu erziehen und durchaus ein Hund für Anfänger, der engen Familienanschluss, Bewegung und eine Aufgabe braucht. Sein pflegeleichtes Fell verliert viele Haare. Der begeisterte Schwimmer geht Sommer wie Winter an keinem Gewässer vorüber, ohne ein Bad zu nehmen. Leider befindet er sich auf dem besten Wege, als Modehund vermarktet zu werden!

Labrador Retriever
Schulterhöhe Rüden 56–57 cm, Hündinnen 53–56 cm
Gewicht Rüden 35–38 kg, Hündinnen 30–33 kg
Farben schwarz, gelb und schokoladenbraun
Land Großbritannien
FCI-Nr. 122

60–69 cm

▸ **Golden Retriever**
Schulterhöhe
Rüden 56–61 cm,
Hündinnen 51–56 cm
Farbe gold oder cremefarben, nie rot
Land Großbritannien
FCI-Nr. 111

Golden Retriever

Im ausgehenden 19. Jh. züchtete Lord Tweedmouth in Schottland aus einem gelben Labrador Retriever, Irish Setter und dem heute ausgestorbenen Tweed Water Spaniel einen blonden langhaarigen Retriever, der später als Golden Retriever bekannt wurde. Der zuverlässige Apportierhund mit weichem Maul ist heute in erster Linie ein geschätzter Familienhund, der aber auch jagdlich geführt werden kann. Der ruhige, gelassene, trotzdem aufmerksame und nie langweilige Hund ist intelligent und lernfreudig. Außer zur jagdlichen Ausbildung eignet er sich als Blindenführhund, für Gehorsamsausbildungen, Turnierhundsport usw. Der Golden Retriever ist ein ausgesprochener Kinderfreund, geduldig und niemals aggressiv. Er ist kein Schutzhund, aber im Ernstfall durchaus verteidigungsbereit. Das mittellange, schlichte Haar muss regelmäßig gebürstet werden. Der leicht und mit Liebe zu erziehende Golden Retriever bereitet auch dem unerfahrenen Hundehalter kaum Schwierigkeiten. Da er nicht zu den jagenden Hunden gehört, sondern auf Befehl geschossenes Federwild oder Hase apportiert, neigt er nicht zum Wildern oder Streunen. Ein schöner Sport, speziell für Retriever entwickelt, ist die sogenannte „Dummyarbeit", das Apportieren von künstlichen „Hasen". Leider hat der Golden sich zum Modehund – mit allen negativen Folgen wie unkontrollierter Massenzucht – entwickelt. Deshalb beim Welpenkauf unbedingt große Sorgfalt walten lassen, um Enttäuschungen bezüglich des erwünschten Charakters und der Gesundheit zu vermeiden.

60–69 cm

Flat Coated Retriever

Der Flat Coated Retriever **(Glatthaariger Retriever)** hat sich am wenigsten verändert, seit Mr. Shirley ausgangs des 19. Jh. diesen eleganten Apportierhund zu züchten begann. Vermutlich waren Neufundländer, Labrador Retriever, Setter und Collie, Letzterer für Intelligenz, Führigkeit und glattes Haar, an der Zucht beteiligt. Er war damals der beliebteste Retriever. Heute ist er selbst in seiner Heimat selten geworden und gehört in Europa zu den Raritäten unter den Retrievern. Der Flat Coated ist zu Wasser und zu Lande ein hervorragender Apportierer und besitzt eine ausgezeichnete Nase. Man sagt, er eigne sich wegen seines feinen Haarkleides für die Arbeit in offenem Gelände oder Rübenfeld besser als im dornigen Gestrüpp. Er ist leichtführig, etwas sensibel und braucht ständigen Kontakt zu seiner Familie. Er ist glücklich, wenn er seinem Herrn eine Freude machen kann. Von Natur aus freundlich, ist er kein ausgesprochener Schutzhund, aber wachsam und durchaus verteidigungsbereit. Besonders im Umgang mit Kindern ist der große Schwarze zärtlich und geduldig. Der temperamentvolle Hund braucht viel Beschäftigung und Auslauf und ist dann ein angenehmer, ruhiger Hausgenosse. Der lernfreudige Retriever eignet sich bestens für alle hier angebotenen Möglichkeiten der Hundeausbildung, ausgenommen Schutzhund. Man kennt ihn als Blindenführhund, Katastrophenhund, Begleithund, aber auch in Jägerhand. Das glatte Fell ist pflegeleicht. Ein Hund, der auch Anfängern in der Hundehaltung Freude macht.

▶ **Flat Coated Retriever**
Schulterhöhe
Rüden 58–61 cm,
Hündinnen 56–59 cm
Gewicht Rüden 25–35,
Hündinnen 25–34 kg
Farbe schwarz und leberbraun
Land Großbritannien
FCI-Nr. 121

60–69 cm

Collie
Schulterhöhe
Rüden 56–61 cm,
Hündinnen 51–56 cm
**(USA-Standard:
Schulterhöhe** Rüden
60-65 cm, Hündinnen
55–60 cm
Gewicht Rüden ca. 30–
37 kg, Hündinnen ca.
25–32 kg)
Farbe zobel-weiß, tricolour, blue merle (zobel-merle und weiß mit farbigem Kopf nur nach amerikanischem Standard erlaubt)
Land Großbritannien
FCI-Nr. Langhaar 156

Collie Langhaar

Der langhaarige Collie (**Langhaariger Schottischer Schäferhund, Collie Rough**) kam mit den Schafen nach Schottland. Queen Victorias Liebe zum Schottischen Schäferhund und neu aufgekommene Schönheitswettbewerbe spornten die Züchter an, immer elegantere, farbenprächtigere Collies zu schaffen. Der geborene Arbeitshund (→ *Border Collie*) musste sich in feinen Salons langweilen. Kein Wunder, dass er zuweilen als hysterisch galt. Im Kriegsdienst allerdings bewährte sich der Collie als Sanitäts- und Meldehund. In den 20er Jahren und später aufgrund der Lassiefilme in den 60er Jahren war er zeitweise Modehund mit allen negativen Konsequenzen. Der Collie ist ein anpassungsfähiger, anhänglicher, ganz auf seine Familie bezogener, unterordnungsbereiter Hund von großer Intelligenz. Leider wird er häufig als Dekorationsstück betrachtet und seine Fähigkeiten verkümmern. Dabei kann man mit ihm so viel machen: Rettungshund, Turnierhundsport, Agility, Fährtenhund, Hütehund. Der bis ins hohe Alter verspielte Collie ist wachsam und im Ernstfall verteidigungsbereit. Das korrekte Haarkleid ist schmutzabweisend und relativ pflegeleicht. Problemloser Anfängerhund, besitzt ein intaktes Sozialverhalten und ist gut zu mehreren zu halten.
Sogenannte „amerikanische" Collies gibt es nicht. Es gibt in den USA, wie bei vielen Rassen, einen eigenen Standard, der sich nicht wesentlich unterscheidet. Manche Züchter bevorzugen Importe zur Blutauffrischung. Sie sind laut FCI-Reglement nach englischem Standard zu beurteilen.

60–69 cm

Kurzhaar Collie

Der **Kurzhaarige Schottische Schäferhund** oder **Smooth Collie** ist ein alter britischer Arbeitshund, den schon Bewick 1790 als **Cur-Dog** zeigt. Früher bevorzugte man diese kurzhaarigen Hunde als Hof- und Viehtreibhunde. Zwar kamen zu Beginn der Rassehundezucht auch Kurzhaar Collies in den Showring, aber im Gegensatz zum Langhaar blieb er in erster Linie Arbeitshund. Er hat sich deshalb nur wenig verändert. Die drahtige Gestalt, Selbstbewusstsein und eine gute Portion Mut, um es auch mit einem Stier aufzunehmen, unterscheiden ihn vom reinen Hütehund und sind heute noch vorhanden. Im Schatten des langhaarigen Vetters drohte er in Vergessenheit zu geraten. Heute erfreut sich der anspruchslose, elegante Hund mit viel Temperament, großer Intelligenz und Arbeitsfreude wachsender Beliebtheit. Der Kurzhaar Collie ist pflegeleicht. Er braucht sinnvolle Beschäftigung und ist mit liebevoller Konsequenz gut zu erziehen und seiner Familie ein treuer Kamerad, unbestechlicher Wächter und Beschützer.

Welsh Sheepdog
Ursprüngliche Collieform, die sich in Wales erhalten konnte. Arbeitet nicht wie der Border Collie in geduckter Haltung. Sehr führiger, intelligenter, arbeitsfreudiger Hund.

▶ **Kurzhaar Collie**
Schulterhöhe
Rüden 56–61 cm,
Hündinnen 51-56 cm
Gewicht
Rüden 20,5–29,5 kg,
Hündinnen 18–25 kg
Farben siehe Langhaar Collie
Land Großbritannien
FCI-Nr. 296

▶ **Welsh Sheepdog**
Haar Lang- und Kurzhaar
Farben alle typischen Colliefarben
Land Großbritannien
FCI nicht anerkannt

60–69 cm

Airedale Terrier

Airedale Terrier
Schulterhöhe Rüden 58–61 cm, Hündinnen 56–59 cm
Farbe lohfarbe mit schwarzem oder grizzlefarbenem Sattel, Nacken und Rutenoberseite
Land Großbritannien
FCI-Nr. 7

Der „König der Terrier" stammt aus dem Tal der Aire in Mittelengland. Vermutlich entstand er aus der Kreuzung von Otterhounds mit scharfen Terriern, um einen wasserfreudigen, raubzeugscharfen Jagdhund auf Otter, Wasserratte, Marder, Iltis, aber auch auf Wasservögel zu erzielen. Die neu entstandene Rasse nannte sich zeitweise auch Bingley Terrier. Dank der vielen Kreuzungen – auch der Collie soll wegen seines umgänglichen Wesens mitgewirkt haben – und konsequenter Auslese entwickelte sich der Airedale Terrier zu einem überaus intelligenten, robusten, vielseitig einsetzbaren Hund. Er erlangte weltweite Berühmtheit als Sanitäts- und Meldehund in beiden Weltkriegen, was ihm den Namen „Kriegshund" einbrachte. Es gibt eigentlich nichts, wozu man den Airedale Terrier nicht verwenden könnte: Blindenführhund, Schutzhund, Rettungshund, Lawinenhund, Jagdhund und Familienhund. Er ist temperamentvoll, aber nicht nervös, lernfreudig und gut erziehbar, gutmütig mit Kindern, wachsam am Haus und zeigt Schutztrieb, wenn gefordert. Der Airedale ist ein Clown, der mit seinem Menschen durch dick und dünn geht. Er braucht Bewegung und Beschäftigung. Ein Vorteil für viele: Er verliert keine Haare, dafür muss er täglich gebürstet und gekämmt sowie in regelmäßigen Abständen getrimmt werden.
Der Airedale Terrier gehört in Deutschland zu den anerkannten Diensthunderassen, sodass die Schutzhundarbeit im Zuchtverein für Terrier angeboten wird.

60–69 cm

Bergamasker Hirtenhund

Der Bergamasker **(Cane da Pastore Bergamasco)** stammt aus Norditalien, wo ihn die Bauern schon seit Jahrhunderten züchten. Die „Alpenhunde" wurden in Cane da Pastore Bergamasco umbenannt, da ein Züchter aus Bergamo als einziger seine Hunde eintragen ließ. Der Schäferhund von Bergamo ist ein robuster, widerstandsfähiger, wetterharter und genügsamer Hund. Tagsüber hütet und treibt er die Herden, nachts bewacht er sie. Sein Zottelfell schützt ihn vor der Witterung und im Kampf. In der Einsamkeit der Berge entwickelte der Bergamasker eine enge Verbundenheit mit dem Hirten. Als Familienhund braucht der Bergamasker eine konsequente Erziehung, denn er ist auf der einen Seite eine eigensinnige, temperamentvolle Persönlichkeit, stolz und alles andere als unterwürfig, auf der anderen Seite aber sehr sensibel und braucht engen Kontakt mit seinen Menschen. Der intelligente Hund ist überaus wachsam und besitzt angeborenen Schutztrieb. Besonders in der Jugend ist er allem Fremden gegenüber misstrauisch, als erwachsener Hund strahlt er Ruhe und Sicherheit aus. Von der Schnauze bis zur Schulter wird das Haar gekämmt, am übrigen Körper verfilzt das Fell und wird in ca. 2 cm dicke breite Zotteln gezupft, aber nie gekämmt. Der Hund wird nicht gebadet, sondern nur abgeduscht. Er bringt naturgemäß viel Schmutz ins Haus. Deshalb gewinnt er nur einen kleinen Liebhaberkreis. Wer nicht ausstellen will, kann den Bergamasker ausbürsten und die aparte Rasse ohne großen Pflegeaufwand genießen.

▶ **Bergamasker Hirtenhund**
Schulterhöhe 60 ± 2 cm
Gewicht Rüden 32–38 kg, Hündinnen 26–32 kg
Farbe grau, grauschwarz gefleckt, schwarz, hellgrau mit Anflug von rötlichbraun oder isabell
Land Italien
FCI-Nr. 194

60–69 cm

KURZHAAR

Holländischer Schäferhund

Holländischer Schäferhund
Schulterhöhe Rüden 57–62 cm, Hündinnen 55–60 cm
Gewicht Rüden ca. 28 kg, Hündinnen ca. 23 kg
Farbe dunkelbraun oder grau mit heller Stromung
Land Niederlande
FCI-Nr. 223

Die **Hollandse Herdershonde** sind dem belgischen und deutschen Schäferhund eng verwandte Schäferhunde, die nie große Popularität erlangten und stets in kleinem Rahmen gezüchtet wurden. Sie stehen selbst in ihrer Heimat im Schatten der weltberühmten deutschen oder farbenprächtigeren belgischen Schäferhunde. Dafür konnte sich hier ein Hund erhalten, der noch sehr viel mehr den ursprünglichen Hütehundtyp verkörpert. Er ist in Charakter und Gebäude weniger extrem als sein deutscher Vetter, was viele Menschen schätzen, die sich dem noch nicht vermarkteten Hund zuwenden wollen. Am häufigsten ist der Kurzhaar zu finden, ihm folgt der Rauhaar, sehr selten wird der Langhaar gezüchtet, der mir im Wesen sensibler erscheint als Kurz- und Rauhaar. Das Augenmerk der holländischen Züchter gilt in erster Linie dem zuverlässigen Haus- und Familienhund. Jedoch findet er auch als Blindenführhund, Zoll- und Polizeihund Verwendung. Der Holländische Schäferhund ist ein Einmannhund, der engen Führerkontakt braucht. Er ist unbestechlich, Fremden gegenüber misstrauisch, aber seiner Familie treu ergeben und gutmütig gegenüber Kindern. Sein natürlicher Schutztrieb macht ihn zum geschätzten Wächter von Haus und Hof. Er arbeitet freudig, braucht eine konsequente Erziehung und erfreut auch Anfänger in der Hundehaltung. Bewegungsfreudiger, pflegeleichter Hund, der sich sehr gut für Turnierhundsport und Agility eignet.

60–69 cm

RAUHAAR

LANGHAAR

GROENENDAEL

Belgische Schäferhunde

- **Belgischer Schäferhund**
  Schulterhöhe
  Rüden 62 cm, −2/+4 cm; Hündinnen 58 cm, −2/+4 cm
  Land Belgien
  FCI-Nr. 15

60–69 cm

In Belgien entwickelte sich Ende des 19. Jh. ein mittelgroßer, wendiger, ausdauernder, genügsamer, wachsamer Schäferhund **(Chien de Berger Belge)** mit Schutztrieb, der stark führerbezogen war und dennoch selbstständig arbeiten konnte, wenn es die Situation erforderte. 1891 nahm sich Prof. Reul der einheimischen Schäferhunde an und förderte die Reinzucht. Es dauerte eine Weile, bis man sich auf die Farben und Haararten einigte, die heute gezüchtet werden:
Groenendael: schwarz, langhaarig, entwickelte sich um das Dörfchen Groenendael. **Tervueren:** langhaarig, rotbraun mit schwarzen Haarspitzen und schwarzer Maske. **Malinois (Mechelaer):** Kurzhaar, Falbfarben mit schwarzer Wolkung und schwarzer Maske; er stammt aus der Gegend um Malines.
Lakenois (Laeken): rauhaarig, Farbe wie Malinois, benannt nach einer Rauhaarschäferhundzucht im Park von Schloss Laeken.
Belgische Schäferhunde sind sehr gute Familienhunde und unermüdliche Freizeitgefährten. Sie sind intelligent, arbeitsfreudig, leichtführig, kinderfreundlich, wachsam und für vielerlei Ausbildung geeignet. Sie brauchen viel Bewegung und Beschäftigung und zeigen hervorragende Leistungen vom Agilitysport bis hin zu Rettungshunden. Der Malinois ist der bevorzugte Sporthund für Schutzhundfreunde und wird immer häufiger bei Polizei und Zoll eingesetzt. Hunde aus gezielter Schutzhundzucht sind jedoch als reine Familienhunde nicht zu empfeh-

60–69 cm

TERVUEREN

MALINOIS

len. Die sehr sensiblen Belgier müssen einfühlsam, mit liebevoller Konsequenz und ohne Härte erzogen werden, sie sind daher für den unerfahrenen Hundehalter nur bedingt empfehlenswert. Der Laeken ist ausgeglichener und ruhiger als seine sehr temperamentvollen, immer agilen Vettern. Dabei ist er sicher nicht weniger begabt, aber leider nur sehr selten anzutreffen. Die Langhaarigen bedürfen regelmäßiger Pflege.

LAKENOIS

60–69 cm

Aidi

Aidi
Schulterhöhe 52–62 cm
Gewicht 25–35 kg
Farbe alle Farben erlaubt
Land Marokko
FCI-Nr. 247

Der **Atlas Berghund** oder **Chien de l'Atlas** stammt vermutlich von großen asiatischen Hirtenhunden ab. Es handelt sich nicht um einen Hütehund, sondern einen reinen Wach- und Schutzhund. Reinrassige Hunde sind nur selten anzutreffen. Besucht man jedoch die abgelegenen Dörfer oder Zeltlager der Beduinen im Atlasgebirge, treten noch immer grimmige, gefährlich anmutende Hunde dem Fremden entgegen. Man tut gut daran, die Hunde zu respektieren, denn es ist ihre Aufgabe, kompromisslos zu verteidigen. Sie sind deshalb alles andere als freundlich und umgänglich. Der Aidi ist kräftig, muskulös, intelligent und aufmerksam. Das dichte Haar schützt den Hund wie ein Panzer vor extremer Hitze, Kälte und Sonnenbestrahlung, ebenso wie im Kampf. Der Aidi ist ein zuverlässiger Beschützer von Haus und Hof vor Dieben und der Herden vor Schakalen und Raubkatzen. Dieser noch rein für seine Aufgabe und nicht als Schau- oder Begleithund gezüchtete Berghund ist kein bequemer Hausgenosse, sondern bedarf einer verständnisvollen, konsequenten Erziehung vom Welpenalter an, ebenso wie einer frühzeitigen Gewöhnung an die moderne Umwelt. Aus der Tradition heraus sicherlich eine erhaltenswerte Rasse, aber kaum geeignet als Haus- und Familienhund. In seiner Heimat häufig kupierte Ohren.

60–69 cm

Drentse Patrijshond

Drentse Patrijshond
Schulterhöhe 55–63 cm
Farbe weiß mit braunen, orange-gelben Flecken
Land Niederlande
FCI-Nr. 224

Der Rebhuhnhund aus der Provinz Drenthe **(Drent'scher Hühnerhund)** stammt vermutlich von spanischen und französischen Stöberhunden ab. Höchstwahrscheinlich war ein Drentser Patrijshond an der Schaffung des modernen Kleinen Münsterländers beteiligt, mit dem er große Ähnlichkeit hat. Drentse Patrijshunde waren eigentlich mehr die Hofhunde der Heidebauern, die natürlich auch mit diesen Hunden jagten, aber sie waren keine reinen Jagdgebrauchshunde. Gelegentlich wurde ein Hund vor den Karren gespannt. Das Hofhundleben zeigt sich heute noch im Charakter des Drentse Patrijs, der alle guten Eigenschaften eines Haus- und Familienhundes besitzt und zudem ein guter Vorstehhund ist. Er ist anhänglich und liebenswert, kinderlieb, bewacht den Hof zuverlässig und streunt nicht. Der leichtführige Hund lässt sich gut abrichten. Er steht vor und apportiert Federwild ebenso zuverlässig wie Kaninchen und Hase. Auch bei der Verlorensuche bewährt sich dieser vielseitige Hund.

Überdies ist er außerordentlich wasserfreudig. Er ist langsamer als die deutschen Vorstehhunde, arbeitet aber sehr gründlich und genau, auch in dicht bewachsenem Gelände. Bei der Suche nach Wild hält er stets Führerkontakt. In offenem Feld muss er lernen, sich weiter vom Führer zu entfernen. Diese Eigenschaft kommt ihm als Begleithund zugute, da er sich trotz Jagdpassion ungern selbstständig macht.

60–69 cm

- **Deutscher Schäferhund**
Schulterhöhe
Rüden 60–65 cm,
Hündinnen 55–60 cm
Gewicht
Rüden 30–40 kg,
Hündinnen 22–32 kg
Farbe schwarz,
schwarzbraun in verschiedenen Tönen,
wolfsgrau
Land Deutschland
FCI-Nr. 166

Deutscher Schäferhund

Ende des 19. Jh. wurde nur der stockhaarige, wolfsähnliche Typ aus den deutschen Schäferhundschlägen rein gezüchtet, weil er dem Zeitgeschmack entsprach und der stockhaarige Hund mit funktionellem Gebäude am leistungsfähigsten erschien. Die zielstrebige Zucht mit thüringischen und württembergischen Schäferhunden schuf den Deutschen Schäferhund. Von Anbeginn an stand der Diensthund für Polizei und Militär im Vordergrund der Zuchtbemühungen. In beiden Weltkriegen erwarben sich Deutsche Schäferhunde an der Front hohe Achtung bei den Soldaten aller Nationen. Der Deutsche Schäferhund, im Ausland auch **Alsatian** genannt, stürmte in aller Welt die Ranglisten der beliebtesten Hunderassen. Wie jede andere „Moderasse" hat auch er unter der Vermarktung zu leiden. Doch Hunde aus verantwortungsbewussten Zuchten sind nach wie vor hervorragende Diensthunde, zuverlässige Sport- und Familienhunde. Der Deutsche Schäferhund braucht engen Kontakt zu seiner Bezugsperson, viel Bewegung und Beschäftigung. Jeder Schäferhundbesitzer findet für sich und den vielseitig einsetzbaren, arbeitsfreudigen und leichtführigen Hund die passende Beschäftigung: Turnierhundsport, Agility, Katastrophenhund, Lawinenhund, Schutzhund, Herdengebrauchshund usw. Keinesfalls darf der Schäferhund sich selbst überlassen als „Alarmanlage" missbraucht werden. Denn Haltungs- und Erziehungsfehler wirken sich bei dem geborenen Arbeitshund immer negativ aus.

60–69 cm

Weißer Schweizer Schäferhund

Der **Berger Blanc Suisse** war ursprünglich eine Farbvariante des Deutschen Schäferhundes, auf deren Zucht sich in den USA einige Züchter spezialisiert hatten. Weiße Exemplare waren schon zu Beginn der Reinzüchtung des Deutschen Schäferhundes Ende des 19. Jahrhunderts bekannt, bei den Schäfern aber nie beliebt. Tatsächlich ist die Erbanlage für weißes Fell (keine Albinos!) noch immer vorhanden, sodass gelegentlich aus normalfarbenen Eltern unerwünschte weiße Welpen fallen. In den USA bekommen diese Hunde Ahnentafeln des AKC, sind lt. Standard jedoch fehlfarben und haben keine Chancen auf Ausstellungen gegenüber farbigen Hunden. Weiße Schäferhunde aus reiner Farbzucht werden meist von Familienhund-Liebhaberzüchtern abseits der großen Wettbewerbe um Schönheit und Leistung gezüchtet, was sicherlich Typ und Charakter beeinflusste. Die ersten weißen Schäferhunde tauchten in der Schweiz auf, wo sie im Gegensatz zu Deutschland im Stammbuch registriert wurden. Leider war der Deutsche Schäferhund Verein nicht bereit, die Farbe wieder in den Standard aufzunehmen, dennoch wurden die Hunde in einigen Ländern registriert und offiziell gezüchtet. Schließlich erreichte die Schweizerische Kynologische Gesellschaft (SKG) die Anerkennung durch die FCI, wobei im Standard jeglicher Hinweis auf den Deutschen Schäferhund unterbleiben musste. Im Wesen entspricht er dem Deutschen Schäferhund, ist jedoch etwas sensibler. Auch im Gebäude hat er die ursprüngliche Form behalten. Er erfreut sich recht großer Beliebtheit.

▸ **Weißer Schweizer Schäferhund**
Schulterhöhe
Rüden 60–66 cm,
Hündinnen 55–61 cm
Gewicht
Rüden 30–40 kg,
Hündinnen 25–35 kg
Land Schweiz
FCI 347, vorläufig anerkannt

60–69 cm

Altdeutsche Hütehunde
Land Deutschland
FCI nicht anerkannt

Altdeutsche Hütehunde

TIGER

Mit Beginn der Rassehundezucht widmete man sich leider nur einer gezielten Vermischung verschiedener einheimischer Hütehundschläge und schuf den Deutschen Schäferhund. Dabei gerieten die alten Schläge vollkommen in Vergessenheit. Nicht so in der ehemaligen DDR, wo neben der Schafzucht auch die Hundezucht in staatlicher Hand lag. Mit Aufgabe der staatlichen Subventionierung der Schafzucht schwanden mit den Herden auch die Hunde, und es ist einigen engagierten Schäfern zu verdanken, dass die alten Schläge nicht ganz verschwunden sind. 1989 wurde die Arbeitsgemeinschaft zur Zucht Altdeutscher Hütehunde (AAH) gegründet, die es sich zur Aufgabe gemacht hat, Zucht und Haltung der zum Teil vom Aussterben bedrohten Hütehundschläge zu fördern und deren Wesen, Gesundheit und Leistungsfähigkeit zu bewahren. Es wird ein Zuchtbuch auf wissenschaftlicher Basis geführt. Für die Zucht waren und sind die Gebrauchseigenschaften und nicht Schönheit oder Rassestandard von Bedeutung. Bei der Zuchttauglichkeitsprüfung werden Wesen, Hütetrieb und Griff geprüft. Es haben sich im Laufe der Zeit dem Klima und dem Umfeld, aber auch dem persönlichen Geschmack der Schäfer entsprechende Typen entwickelt, die in Größe, Körperbau, Fellstruktur und Temperament

SCHWARZER ALTDEUTSCHER

STUMPER

60–69 cm

SCHAFPUDEL

stark variieren. So gibt es den kompakt gebauten, kleinen wendigen Hund mit lebhaftem Temperament und den eher ruhigen großen Vetreter. Einige Typen eignen sich auch als Familienhunde, wenn sie ihrem Arbeitseifer und ihrer Intelligenz entsprechend beschäftigt werden. Die AHH vermittelt geeignete Welpen an geeignete Menschen, sodass wir Altdeutsche Hütehunde (nicht zu verwechseln mit dem oft als „altdeutsch" bezeichneten langhaarigen Deutschen Schäferhund) heute als Rettungshund, Behindertenbegleithund und Sporthund bei Agility und Turnierhundsport finden.

Man unterscheidet folgende Schläge: **Schafpudel**: zotthaarig. **Fuchs**: mittelgroß, langstockhaarig, fuchsrot, lokale Bezeichnung **Harzer** und **Siegerländer Fuchs**, **Westerwälder Fuchs** oder **Kuhhund**. **Gelbbacke**: mittelgroß, langstockhaarig, schwarz-markenfarbig.

STROBEL

60–69 cm

FUCHS

WESTERWÄLDER

GELBBACKE

Schwarzer Altdeutscher: einfarbig schwarz, meist langstockhaarig, unterschiedliches Aussehen. **Tiger:** alle Schläge mit Merlefaktor (einen Schlag nur nach einer Fellfarbe, die bei allen Hunden vorkommen kann, zu bezeichnen, erscheint allerdings wenig sinnvoll). **Strobel:** meist schwarz mit dichtem Rauhaar. **Stumper:** alle Schläge mit angeborener Stummelrute oder rutenlos geboren (auch dieses Merkmal kommt bei allen Hunden vor und scheint als separater Schlag nicht sinnvoll). Wichtig ist jedenfalls, dieses alte Kulturgut zu erhalten.

60–69 cm

CHODSKY PES

Wiederentdeckte Schäferhunde

Heute noch findet man alte Hüte- und Hofhundschläge, die als anerkannte Rassen vor dem Aussterben bewahrt werden sollen.

▸ **Chodsky Pes**
Anfang der 80er Jahre im ehemals isolierten Grenzbereich Böhmens gen Westen wiederentdeckter Wach- und Schutzhund mittelalterlicher Grenzwächter, der Choden. Temperamentvoller, gelehriger, arbeitsfreudiger, wachsamer, aber nicht aggressiver Hund, robust und pflegeleicht.

▸ **Can de Palleiro**
Dem Deutschen Schäferhund ähnlicher Hüte-, Viehtreib- und Wachhund im nordwestlichen Raum Spaniens, insbesondere Galiziens.

▸ **Euskal Artzain Txakurra**
Baskischer Schäferhund vom Typ des Harzer Fuchses, der aber auch mit Rindern, Pferden und Ziegen arbeitet. Es gibt zwei Schläge, den im ganzen Baskenland verbreiteten **Iletsua** und den im Naturpark Gorbeia lebenden **Gorbeiakoa**, die sich jedoch nicht wesentlich unterscheiden.

Chodsky Pes
Schulterhöhe Rüden 51–56 cm, Hündinnen 48–53 cm
Gewicht 16–25 kg
Farbe schwarz-braun
Land Tschechische Republik, national anerkannt
FCI nicht anerkannt

CAN DE PALLEIRO

TXAKURRA

60–69 cm

EPAGNEUL FRANÇAIS

Langhaarige französische Vorstehhunde

▶ **Epagneul Français**
Schulterhöhe
Rüden 55–61 cm,
Hündinnen 54–59 cm;
± 2 cm
Farbe weiß und braun gescheckt
Land Frankreich
FCI-Nr. 175

▶ **Epagneul Picard**
Schulterhöhe
Rüden und Hündinnen
55–61 cm ± 2 cm
Farbe Grundfarbe dunkelbraun mit grauen Platten und lohfarbenen Abzeichen, auch Grauschimmel erlaubt, zu viel Weiß wird nicht gern gesehen
Land Frankreich
FCI-Nr. 108

Langhaarige „Vogelhunde" waren schon im Mittelalter bekannt. Von ihnen stammen die Setter, Spaniels, langhaarigen deutschen und französischen Vorstehhunde ab. Sie sind reine Jagdgebrauchshunde und finden allmählich auch außerhalb Frankreichs einen größeren Freundeskreis.

▶ **Epagneul Français**
Ältester und ursprünglichster Französisch Langhaar. Er ist der berühmte „sich legende Hund" des Mittelalters, der für die Netzjagd verwendet wurde. Nach der Revolution 1790 verschwanden viele Rassen, die in der Gunst des Adels gestanden hatten. Erst gegen 1850 lebte das Interesse an einheimischen Rassen auf, und die letzten Exemplare wurden der Reinzucht zugeführt. Ruhiger, ausgeglichener Allround-Jagdgebrauchshund, der sich besonders in schwierigem Gelände, Dickicht ebenso wie Sumpf, hervorragend bewährt. Er besitzt ausgezeichnete Wasserqualitäten, hervorragende Nase, ausdauernde Jagdpassion, ausgeprägte Apportierfreude und sucht ruhig und sicher. Der sehr führerbezogene, intelligente und leichtführige Hund hält immer Kontakt zum Führer.

▶ **Epagneul Picard**
Ebenfalls sehr alte Rasse aus der Landschaft Picardie. Ruhiger, kraftvoller Hund mit großer Jagdpassion, der sich in jedem Gelände bewährt. Seine Zuverlässigkeit auf Schweiß beim Nachsuchen, seine enorme Wasserpassion, die wirklich ruhige kurze Suche unter der Flinte, seine sprichwörtliche Führigkeit und die sehr feine Nase

60–69 cm

EPAGNEUL PICARD

EPAGNEUL BLEU DE PICARDIE

Epagneul Bleu de Picardie
Schulterhöhe
Rüden bis 62 cm, Hündinnen etwas weniger
Gewicht bis 28 kg
Farbe grauschwarz getüpfelt
Land Frankreich
FCI-Nr. 106

haben ihn schnell zu einem gefragten Allrounder gemacht. Ein sehr führerbezogener Hund, der sich bestens in die Familie einfügt.

▸ **Epagneul Bleu de Picardie**
Er entspricht weitgehend dem Picard. Leichtführiger, gelehriger, angenehmer Vorstehhund mit hervorragender Nase, festem Vorstehen und dem Jagdgebrauch entsprechender Schärfe.

60–69 cm

GRIFFON NIVERNAIS

Französische Griffons

Griffon Nivernais
Schulterhöhe
Rüden 55–60 cm,
Hündinnen 53–58 cm
Farbe wolfsgrau, blaugrau, saufarben, rehbraun mit Stichelung
FCI-Nr. 17

▸ **Griffon Nivernais**
Der in Frankreich auf Fuchs- und Wildschweinjagd beliebte Hund geht auf alte, inzwischen ausgestorbene Meutehunde zurück, die Chien Gris de Saint Louis. Der Wildschweinjäger par excellence zeichnet sich durch Ausdauer, Mut, Härte, Widerstandsfähigkeit und hervorragende Nase aus. Wegen seines guten Charakters und unkomplizierten Wesens ein Hund für noch unerfahrene Jäger. Der Nivernais (benannt nach der Stadt Nevers) wurde während der Revolution fast ausgerottet.

▸ **Grand Griffon Vendeen**
Die seltene Rasse geht auf die weißen Königshunde des Mittelalters und die Grauen St. Louis-Hunde sowie den ausgestorbenen Griffon de Bresse, Nachfahre der alten Keltenbracken (Segusier), zurück. Ursprünglich zur Wolfsjagd gezüchtet, eignet er sich heute noch hervorragend für Großwild. Intelligenter, robuster, eigenwilliger Hund, lebhaft und fröhlich, bei der Jagd außerordentlich schnell.

▸ **Griffon Fauve de Bretagne**
Ebenfalls ins Mittelalter zurückgehende Laufhundrasse. Ursprünglich ein Wolfsjäger, wird er heute zur Jagd auf Fuchs und Wildschwein eingesetzt. In Frankreich zunehmend beliebter Jagdhund, außerhalb praktisch nicht vorkommende Rasse.

Diese selbstständig jagenden, hoch passionierten Jagdhunde eignen sich nicht als Familienbegleithunde.

60–69 cm

GRAND GRIFFON VENDEEN

GRIFFON FAUVE DE BRETAGNE

▸ **Grand Griffon Vendeen**
Schulterhöhe
60–65 cm
Farbe rotbraun, hasenbraun, weiß-orange, weiß-grau, weiß-hasengrau gefleckt
Land Frankreich
FCI-Nr. 282

▸ **Griffon Fauve de Bretagne**
Schulterhöhe
48–56 cm
Farbe falbfarben
FCI-Nr. 66

60–69 cm

BRAQUE D'AUVERGNE

- **Braque d'Auvergne**
  Schulterhöhe
  Rüden 57–63 cm,
  Hündinnen 55–60 cm
  Farbe weiß mit schwarzen Platten, grau oder schwarz gewolkt mit schwarzen Platten
  FCI-Nr. 180

- **Braque Saint Germain**
  Schulterhöhe
  Rüden 56–62 cm,
  Hündinnen 54–59 cm
  Farbe weiß mit orangefarbenen Flecken
  FCI-Nr. 115

Kurzhaarige französische Vorstehhunde

Die Geschichte der französischen Vorstehhunde reicht bis ins 15. Jahrhundert zurück. Jeder Fürstenhof züchtete neben den Meutehunden und Bracken vortreffliche Vorstehhunde für die Jagd mit der Flinte oder dem Beizvogel. In der Französischen Revolution wurden die Jagdhunde ebenso vernichtet wie ihre verhassten adeligen Herren. Daher blieben von den vielen Schlägen nur wenige erhalten. Sie zeichnen sich aus durch feine Nasenleistung, firmes Vor- und Durchstehen, zuverlässiges Verlorenbringen, Ruhe auf der Schweißfährte. Sie sind passionierte Stöberer. Alle französischen Vorstehhunde sind für jagdliche Besitzer sehr angenehme Haus- und Familienhunde, gutartig, ausgesprochen leichtführig, intelligent und oft sensibel. Seit einigen Jahren wird die Zucht, Haltung und Ausbildung der kurzhaarigen französischen Vorstehhunde in Deutschland gefördert.

- **Braque d'Auvergne**
Im französischen Zentralmassiv, der Auvergne, entstand vor 300 Jahren dieser kräftige, der rauen Landschaft gewachsene Vorstehhund. Seine Herkunft liegt im Dunkeln, und es ist keine Einkreuzung fremder Rassen nachzuweisen. In Frankreich ausschließlich Jagdgebrauchshund auf Niederwild. Der intelligente Hund mit ausgezeichneter Nase ist anhänglich, leicht zu führen und besitzt die im Jagdschutzbetrieb erforderliche Schärfe.

60–69 cm

BRAQUE SAINT GERMAIN

▶ **Braque Saint Germain**
Auch **Braque Compiegne** genannt. Englische Pointer wurden von Förstern im Wald von Compiegne mit einheimischen kurzhaarigen Vorstehhunden gekreuzt. Nach St. Germain versetzt, nahmen sie ihre Hunde mit, wo sie bei den Jägern in Paris Aufsehen erregten und kurz Braque St. Germain genannt wurden. Sie ist ein Feldspezialist, auf kurzer Distanz auf Fasan und Rebhuhn etwas langsamer als der Pointer, mit guter Nase und angeborener Bringfreude. Rute unkupiert.

▶ **Braque du Bourbonnais**
Klassischer französischer Vorstehhund, der schon 1590 urkundlich erwähnt wird. Durch die Französische Revolution ging die Rasse verloren und wurde erst im vergangenen Jahrhundert wieder aufgebaut. Die Braque du Bourbonnais verfügt über einen hervorragenden Geruchssinn und gilt als ausgezeichneter Vorstehhund in jedem Gelände. Die kurze Stummelrute ist manchmal angeboren, sonst kupiert.

▶ **Braque de l'Ariège**
Alte, nahezu ausgestorbene Rasse vom Typ der „weißen Hunde des Königs". Neuzucht seit 1990. Kräftiger Hund, der sich weniger für die Arbeit in bergigem Gebiet eignet.

▶ **Braque Français**
Die Braque Français ist als der Stammvater aller heutigen kurzhaarigen Vorstehhunde anzusehen. Aus den schwereren, langsamen Vorstehhunden der Gascogne und Oysel hat man in den letzten 100 Jahren zwei Schläge herausgezüchtet. Dank seiner Größe und Jagdpassion wird der Français in allen

▶ **Braque de l'Ariège**
Schulterhöhe
Rüden 60–67 cm, Hündinnen 56–65cm
Farbe orange-falbfarben, braun, weiß, gescheckt mit orange-falbfarbener oder brauner Tüpfelung oder weiß mit entsprechender Tüpfelung
FCI Nr. 177

BRAQUE DE L'ARIÈGE

60–69 cm

BRAQUE FRANÇAIS TYP GASCOGNE

BRAQUE FRANÇAIS TYP PYRENÉES

BRAQUE DU BOURBONNAIS

▸ **Braque Francais**
Schulterhöhe
Type Gascogne (grand taille) Rüden 58–69 cm, Hündinnen 56–68 cm, ideal 61–63 cm;
Type Pyrenée (petite taille): Rüde 44–58 cm, Hündin 47–56 cm
Farbe weiß mit braunen Platten, weiß mit brauner Schimmelung ohne und mit Platten oder einfarbig braun
FCI-Nr. Type Gascogne 133, Type Pyrenées 134

▸ **Braque du Bourbonnais**
Schulterhöhe
Rüden 51–57 cm, Hündinnen 48–55 cm
Gewicht
Rüden 18–25 kg, Hündinnen 16–22 kg
Farbe grau-braun geschimmelt, stark bis mittelmäßig getüpfelt, orange geschimmelt, farbige Platten am Kopf zulässig
FCI-Nr. 179

Landstrichen Frankreichs geschätzt. Er hat einen sehr guten Charakter, ausgezeichneten Spürsinn, festes Vorstehen, Bringfreude und große Passion. Er wird sowohl vor als auch nach dem Schuss verwendet. Dabei ist er leichtführig und bereitet bei der Abrichtung keine Schwierigkeiten. Der Hund ist sehr führerbezogen und anpassungsfähig. Die Braque Français ist ausdauernd und witterungsunempfindlich und wird bei der Jagd in Feld, Wald, Wasser oder Sumpf eingesetzt.

60–69 cm

Magyar Vizsla

Schon mit der Völkerwanderung kamen Spürhunde ins Karpatenbecken, das heutige Ungarn, wie Knochenfunde beweisen. Später beeinflussten semmelgelbe türkische Jagdhunde die Rasse, und im 18. Jh. begann die den neuen Jagdmethoden angepasste Zucht. Pointer und Deutsch Kurzhaar wurden eingekreuzt. Der **Ungarisch Drahthaar** entstand durch die Einkreuzung des Deutsch Drahthaar und ist im Jagdgebrauch etwas robuster, während der **Ungarisch Kurzhaar** auch als Schauhund geführt wird. Der Vizsla ist ein sehr führerbezogener, gelehriger, leichtführiger Hund, der viel Liebe sucht und bei der Führung braucht. Bei der Niederwildjagd schneller, wendiger Sucher; fester, sicherer Apporteur; auf Schweiß ruhig und genau, neigt zum Totverbeller, Bringselverweis lernt er schnell. Er ist wasserfreudig und ein rücksichtsloser Raubzeugwürger. Hervorzuheben ist seine Ausdauer bei heißem und trockenem Wetter. Diese Vielseitigkeit, große Intelligenz und Anhänglichkeit machen ihn zum idealen Begleiter des Berufsjägers, mehr als die meisten anderen Vorstehhunderassen aber für den Freizeitjäger, der gleichzeitig einen angenehmen, gehorsamen Haus- und Familienhund schätzt. Der Vizsla eignet sich ebensogut für den Hundesport außerhalb des Jagdgebrauchs wie z.B. als Katastrophenhund. Zwei Haararten: Drahthaar (Drotszorü) und Kurzhaar (Rovidszorü, Bild oben).

▶ **Magyar Vizsla**
Schulterhöhe Rüden 58–61 cm, Hündinnen 52–57 cm; jeweils ± 4 cm
Gewicht 30 kg
Farbe dunkles Semmelgelb
Land Ungarn
FCI-Nr. Drahthaar 239, Kurzhaar 57

60–69 cm

English Foxhound

▶ **English Foxhound**
Schulterhöhe
58–64 cm
Farbe alle Laufhund-Farben
Land Großbritannien
FCI-Nr. 159

▶ **Welsh Hound**
Schulterhöhe
58–64 cm
Farbe alle Laufhund-Farben
Land Großbritannien
FCI nicht anerkannt

Schon im 6. Jh. wurden Parforcejagden mit Meuten abgehalten. Die Hunde verfolgen die Spur des Wildes mit der Nase, hetzen es müde und stellen es. Sehr früh wurden Zuchtbücher geführt, und die wohlhabenden Briten scheuten keine Kosten an Unterhalt und Personal für die aufwändige Haltung großer Meuten. Allerdings steht in England das Verbot der Hetzjagd auf lebende Tiere an, die in Deutschland schon seit langem verboten ist. Die Hunde folgen einer künstlichen Fährte, und heute sind Schleppjagden ein farbenfrohes Vergnügen für alle Hunde- und Pferdefreunde. Der Foxhound wird nur zu diesem Zweck gezüchtet und ist kein Ausstellungs- oder Familienhund, obwohl jagduntaugliche Hunde in Familien abgegeben werden, die sich auf den Umgang mit diesem freundlichen, anschmiegsamen Hund verstehen, ihm viel Auslauf und eine gute Erziehung angedeihen lassen und das Risiko der Haltung eines solchen Vollblutjagdhundes kennen.

▶ **Welsh Hound**
Dieser rauhaarige Laufhund jagt den Fuchs, der Jäger folgt zu Pferd oder zu Fuß. Er zeichnet sich dadurch aus, dass er sich durch die vielen Schafe nicht beirren lässt. Er besitzt eine hervorragende Nase und schönes Geläut.

▶ **Fell Hound**
Er ist schneller und leichter als der English Foxhound und jagt völlig selbstständig in den Bergen des Lake Districts und der Pennines Berge in Großbritannien.

WELSH HOUND

60–69 cm

RUSSISCHE BRACKE

Bracken des Ostens

Das riesige Gebiet der ehemaligen Sowjetunion ist bis heute für Hetzjagden mit Hunden geeignet. Während in den asiatischen Republiken die verschiedenen Windhundrassen beliebt sind, ist die Heimat der Bracken der europäische Teil Russlands. Die Blütezeit der Brackenjagd war im 18. und 19. Jh. Jeder Großgrundbesitzer und Jagdherr züchtete seine eigenen Meuten. An den fürstlichen Jagdfesten nahmen Hunderte von Bracken teil, die den Wolf aufstöberten und ins offene Gelände trieben, wo der Barsoi die Hatz aufnahm. Zu den bodenständigen Rassen wurden verschiedene englische und französische Laufhunde eingeführt und in die Zucht einbezogen. Die Reinzüchtung der heute anerkannten Bracken begann erst gegen Ende des 19. Jh. Alle russischen Bracken sind außerhalb ihrer Heimat praktisch unbekannt.

▸ **Russische Bracke**
Der **Russkaja Goncaja** soll von einer chinesischen Bracke, dem Buansu, abstammen, worauf schräge Augen, kurze dreieckige Ohren und das Geläut hindeuten. Erste Darstellungen dieser Hunde stammen aus dem 12. Jh. Die Bracken des Mittelalters stellten keine ausgewogene Hunderasse dar, sondern wurden jeweils nach dem Geschmack ihrer Züchter – Aristokraten und Großgrundbesitzer – gezüchtet. Kräftiger, selbstständiger und scharfer Hund mit hochentwickeltem Orientierungssinn und erstaunlicher Ausdauer. Die russische Bracke wird paarweise oder bei der Wolfsjagd in kleinen Meuten eingesetzt.

Russische Bracke
Schulterhöhe 68 cm
Farbe rot mit schwarzem oder grauem Sattel
FCI nicht anerkannt

60–69 cm

RUSSISCHE GESCHECKTE BRACKE

▸ **Russische gescheckte Bracke**
Schulterhöhe
Rüden 57–65 cm,
Hündinnen 54–62 cm
Farbe weiß mit
schwarzen oder grauen
Flecken und lohfarbenen Abzeichen
FCI nicht anerkannt

▸ **Lettische Bracke**
Schulterhöhe 48 cm
Farbe tiefschwarz mit
lohfarbenen Abzeichen
FCI nicht anerkannt

▸ **Russische Gescheckte Bracke**
Durch die Einkreuzung von Foxhounds erreichte man einen schnelleren Hund mit hellerer Fellfarbe, worin sich die gescheckte Bracke heute im wesentlichen von der Russischen Bracke unterscheidet. Die ursprüngliche Anglo-Russische Bracke wurde 1947 in Russische gescheckte Bracke umbenannt **(Russkaja Pegaja Goncaja)**.

▸ **Estländische Bracke**
Aus den ursprünglich hochläufigen Bracken züchtete man nach Verbot der Jagd mit großen Hunden durch Einkreuzung von Beagle und Luzerner

LETTISCHE BRACKE

60–69 cm

ESTLÄNDISCHE BRACKE

Laufhund eine kleinere Bracke. Der Beagle brachte kräftige Läufe für das raue Gelände, der Luzerner Laufhund frühe Arbeitsfähigkeit und melodisches Geläut. Der **Eesti Hagjas** ist beliebt wegen seiner guten Jagdeigenschaften und Leichtführigkeit. 1954 wurde die Rasse national anerkannt.

▶ **Litauische Bracke**
1977 anerkannte Bracke **(Lietuviu Skalikai)**, die aussieht wie eine mächtigere, größere Lettische Bracke. Beide Rassen stammen von den alten Laufhunden des Baltikums ab. Aus den letzten vorhandenen 78 Exemplaren wurde sie durch Einkreuzung von Beagle, Ogar Polski, russischer Bracke und Bluthund gezüchtet.

▶ **Lettische Bracke**
Die kleinste Baltische Bracke **(Latvijskaja Goncaja)** erinnert stark an die Smalandstövare, mit der sie wahrscheinlich verwandt ist. Sie stellt die Rückzüchtung der alten Kurlandbracke dar und wurde 1971 anerkannt. Kleiner, wendiger, leichtführiger Hund, der sich dicht am Jäger hält und hervorragend auf Schweiß geht. Sie wird auch gerne in der Stadt gehalten, da anspruchslos an Raum und Futter.

LITAUISCHE BRACKE

▶ **Estländische Bracke**
Schulterhöhe 45–52 cm
Farben weiß-schwarz mit loh, weiß-braun, weiß-schwarz
Land Estland, national anerkannt
FCI nicht anerkannt

▶ **Litauische Bracke**
Schulterhöhe 60 cm
Farbe schwarz mit loh
FCI nicht anerkannt

60–69 cm

▶ **Siebenbürger Bracke**
Schulterhöhe
55–65 cm (niederläufig 45–50 cm)
Gewicht 30–35 kg
Farben schwarz mit braunen und weißen Abzeichen; der Kleine ist hauptsächlich rotbraun
Land Ungarn
FCI-Nr. 241

▶ **Bulgarische Bracke**
Schulterhöhe
Rüden 54–58 cm,
Hündinnen 50–54 cm
Gewicht 18–25 kg
Farbe glänzend anthrazit schwarz mit Brand
Land Bulgarien, national anerkannt
FCI nicht anerkannt

Siebenbürger Bracke

Wegen seiner ausgezeichneten Nase wurde der aus österreichischen und polnischen Bracken herausgezüchtete **Pannonische Spürhund** im 19. Jh. besonders geschätzt. Damals war die Jagd mit Spürhunden am weitesten verbreitet. Jeder Adelshof rühmte sich seiner Spürhundkoppeln. Zu Beginn des 20. Jh. gab es nur noch wenige reinrassige Exemplare. Die niederläufige Form, die auf Fuchs und Hase jagte, scheint ganz ausgestorben zu sein. Die Siebenbürger Bracke **(Erdély Kopo** oder **Transsilvanischer Spürhund)** ist anspruchslos und leicht erziehbar. Sie wird gern auf Wildschwein angesetzt, ist ein leidenschaftlicher Spürhund, treibt und stellt, ist zur Nachsuche und zum Apportieren gut brauchbar. Spezifischer Spurlaut. Stark führergebunden. Kein ausgesprochen schneller, aber ausdauernder und gründlicher Spürhund.

▶ **Bulgarische Bracke**
Alter bodenständiger Brackenschlag, der erst zwischen 1978 und 1985 mit 350 Hunden erfasst wurde. Die **Gontsche** wird vornehmlich zur Saujagd verwendet und zeichnet sich aus durch sicheren Spurlaut, ausgeprägten Spurwillen, unerschöpfliche Ausdauer und Energie bei jeder Witterung in jedem Terrain. Kehrt zuverlässig zum Jäger zurück. Gejagt wird einzeln oder paarweise.

Beide Rassen sind außerhalb ihrer Heimat unbekannt. Sie werden ausschließlich in Jägerhand gehalten, wo sie ihre Passion ausleben können.

60–69 cm

Polnische Bracke

Aufgrund der engen Beziehung zwischen Polen und Frankreich gelangten die St. Hubertushunde nach Polen, wo sie mit einheimischen windhundartigen Jagdhunden gekreuzt wurden. Die Jagd mit großen Meuten konnte jedoch nicht im französischen Stil betrieben werden. Die polnische Bracke **(Ogar Polski)** jagt meist einzeln oder in Zweierkoppeln. Der schwere Hund verfolgt das Wild ruhig, bedächtig, aber ausdauernd, auch unter schwierigsten Bedingungen. Dabei eignet er sich hervorragend für die Jagd auf Schalenwild. Er ist ein sehr guter Stöberer, vor allem im Sumpf- und dichten Waldgebiet. Der Ogar wäre hier als Schweißhund gut einsetzbar, da er beweglicher als der Hannoversche Schweißhund und stärker als der Bayerische Gebirgsschweißhund ist, dabei sicher im Hochgebirge und bei Schnee. Der Ogar hat, im Gegensatz zu den meisten anderen Bracken, eine Zukunft als Haus- und Familienhund. Er ist nicht scharf, sondern lieb und freundlich. Obwohl er stark führerbezogen ist und ungern auf eigene Faust loszieht, liebt er eine gewisse Selbstständigkeit und Freiheit bei Spaziergängen, ohne aber je den Kontakt zu seinem Herrn zu verlieren. Der feinfühlige, leichtführige Hund lernt rasch, gern und ohne Zwang. Er ist im Hause ruhig, fast schon als faul zu bezeichnen, kein Kläffer und zeigt keinen übertriebenen Bewegungsdrang, obwohl er für bewegungsfreudige Menschen ein ausdauernder Begleiter ist. Vereinzelt in Deutschland anzutreffen.

Polnische Bracke
Schulterhöhe
Rüden 56–65 cm,
Hündinnen 55–60 cm
Gewicht
Rüden 25–32 kg,
Hündinnen 20–26 kg
Farben rotbraun mit schwarzem Mantel
Land Polen
FCI-Nr. 52

60–69 cm

BLACK AND TAN COONHOUND

▸ **American Foxhound**
Schulterhöhe
Rüden 56–64 cm,
Hündinnen 53–61 cm
Farbe alle
Land USA
FCI-Nr. 303

▸ **Black and Tan Coonhound**
Schulterhöhe Rüden 63,5–68,5 cm, Hündinnen 58,5–63,5 cm
Farbe schwarz mit lohfarbenen Abzeichen
Land USA
FCI-Nr. 300

Amerikanische Laufhunde

Die großen Laufhundrassen Amerikas gehen alle außer dem Plott auf die schon im 18. Jh. importierten Foxhounds und Französischen Laufhunde zurück und wurden in der neuen Heimat angepasst an Klima, unwegsames Terrain und Wildarten wie Waschbär, Opossum, Puma und Bär, die oft in Bäume flüchten. Sie werden nur für den Jagdgebrauch gezüchtet. Sie erinnern im Aussehen stark an die großen französischen Laufhunde.

▸ **American Foxhound**
Im Gegensatz zum englischen Foxhound wird der ihm sehr ähnliche und von ihm und französischen Bracken abstammende amerikanische Foxhound neben der Jagd auch als Ausstellungshund gezüchtet. Schwieriger Familienhund, da unabhängiger, wenig fügsamer Charakter.

▸ **Black and Tan Coonhound**
Er stammt aus der Kreuzung von Bluthunden mit American und Virginia Foxhounds und wurde zur nächtlichen „racoon" = Waschbären-Jagd gezüchtet **(Schwarzroter Waschbärhund).** Er verfolgt die Fährte mit gesenkter Nase gründlich und bedächtig und verbellt den sich auf Bäume flüchtenden Waschbär. Genauso gut arbeitet er Hirsch-, Puma-, Bären- und andere Großwildfährten aus. Der seinem Herrn gegenüber freundliche Hund besitzt natürlichen Schutztrieb, ist witterungsunempfindlich und robust. In Typus und Jagdeigenschaften sehr ähnlich und sich im Wesentlichen in der

PLOTT HOUND

60–69 cm

AMERICAN FOXHOUND

ENGLISH COONHOUND

Farbe unterscheidend sind **Bluetick Coonhound**, **English Coonhound** (Foto), **Redbone Coonhound**, **Treeing Walker**, die alle vier weder AKC- noch FCI-anerkannt sind.

▶ **Plott Hound**

1750 brachten die Gebrüder Plott aus Deutschland ihre Hannoverschen Schweißhunde mit in die USA, wo sie zur Bärenjagd eingesetzt wurden, ab 1930 auch zur Wildschweinjagd, und Berühmtheit erlangten. Waschbärjäger wurden auf den Hund aufmerksam, da er auch die Tiere in den Bäumen aufspürt. Da sehr viel mehr Waschbären als Bären oder Schwarzwild gejagt werden und sich der Plott hervorragend bewährte, wurde er als Plott Coonhound bekannt. Der Plott ist schnell in jedem Gelände und im Wasser, mutig und sucht mit großer Passion spurlaut. Intelligenter, aufmerksamer und selbstbewusster Hund. Bekannt für Ausdauer, Beweglichkeit, Durchsetzungsvermögen und Schärfe bei der Jagd.

▶ **Plott Hound**
Schulterhöhe Rüden 50–62,5 cm, Hündinnen 50–57,5 cm
Gewicht in Jagdkondition Rüden ca. 25–30 kg, Hündinnen ca. 20–27,5 kg
Farbe gestromt in allen Tönen, einfarbig schwarz, gestromt mit schwarzem Sattel, schwarz mit brindle Abzeichen; einfarbig ohne Stromung: rot, sand, hell creme, ocker, dunkelfalb, goldbraun; etwas Weiß an Brust und Pfoten erlaubt, ebenso Graueffekt am Fang
Land USA, national anerkannt
FCI nicht anerkannt

60–69 cm

▶ **Boxer**
Schulterhöhe
Rüden 57–63 cm,
Hündinnen 53–59 cm
Gewicht ca. 30 kg
Farbe gelb und gestromt, mit oder ohne weiße Abzeichen
Land Deutschland
FCI-Nr. 144

Der Boxer gehört zu den anerkannten Diensthundrassen.

Boxer

Vor dem Gebrauch von Feuerwaffen hielten bei der Sau- und Bärenjagd starke Hunde das gestellte Wild fest. Breitmäulige Hunde mit vorstehendem Unterkiefer konnten sich fest verbeißen und trotzdem Luft holen. Diese Sau- oder Bärenpacker waren gute Schutzhunde und wurden zum Bullenbeißen missbraucht. Im 18. Jh. jagte man nicht mehr mit Kampfhunden, Tierkämpfe wurden verboten. Der Hund überlebte bei Metzgern und Viehhändlern. 1860 tauchte erstmals der Name Boxer auf, und in München begann um diese Zeit die Reinzucht. Der Boxer ist heute eine der beliebtesten Hunderassen überhaupt, dessen Vermarktung Wesens- und Gesundheitsprobleme mit sich brachte, die von den anerkannten Zuchtvereinen konsequent bekämpft werden. Der freundliche, charmante Familienhund ist bei Bedarf ein unbestechlicher Beschützer, der nie unnötig klafft. Er ist absolut zuverlässig mit Kindern, immer zum Spiel bereit und nie übelnehmerisch. Mit liebevoller Konsequenz lässt er sich gut erziehen, versucht aber gelegentlich mit freundlicher Sturheit seinen Willen durchzusetzen. Mit Bestimmtheit, ohne unnötige Härte kann man ihn in seine Schranken weisen, doch die ausdrucksvolle Boxermiene besiegt oft die besten Vorsätze! Wer den Boxer zu motivieren weiß, erreicht mit ihm Höchstleistungen im Hundesport. Der temperamentvolle Hund braucht Bewegung und Beschäftigung, das kurze Haar ist pflegeleicht. Er ist hitze- und kälteempfindlich.

60–69 cm

Alaskan Malamute

Größter und mächtigster Schlittenhund, der sich trotz seines stämmigen, knochenstarken Körperbaus mühelos, ja nahezu elegant bewegt. Als Lastenzieher besitzt er enorme Muskelkraft. Er ist nach einem Eskimostamm im westlichen Alaska benannt, der diese Hunde seit Jahrhunderten züchtete. Weltweit bekannt wurden sie als Schlittenhunde bei Polarexpeditionen. Der Malamute ist allen Fremden gegenüber zutraulich und freundlich und nicht auf eine Person bezogen. Trotz seines gelassenen, ruhigen Wesens braucht der intelligente Hund Beschäftigung und Bewegung. Er benötigt von klein an konsequente Erziehung, um nicht die Rudelführung anzustreben. Kein Hund für Anfänger oder Menschen, die keine Zeit und Neigung haben, sich intensiv mit dem Hund auseinander- und durchzusetzen. Man bedenke auch, dass es sich hier um einen ausgesprochenen Kraftprotz mit ausgeprägtem Selbstbewusstsein handelt. Will man als Rudelchef anerkannt werden, braucht man entsprechende Kenntnis in Hundeverhalten, um den Hund führen zu können. Man sollte sich sportlich mit ihm betätigen, z. B. beim Langlauf oder mit mehreren Hunden bei Schlittenhundrennen. Der Alaskan Malamute ist kein Haus- oder Wohnungshund und braucht Lebensraum im Freien, wobei der persönliche Kontakt natürlich nicht zu kurz kommen darf. Sein dichtes, jedem Wetter trotzendes Fell ist pflegeleicht, verliert beim Haarwechsel jedoch Unmengen an Unterwolle.

Alaskan Malamute
Schulterhöhe Rüden 63,5 cm, Hündinnen 58,5 cm
Gewicht Rüden 39 kg, Hündinnen 34 kg
Farbe alle Schattierungen von wolfsgrau bis schwarz und von sandfarben bis rot, mit hellen Abzeichen oder reinweiß
Land USA
FCI-Nr. 243

60–69 cm

Großer Münsterländer

**Großer Münsterländer
Schulterhöhe**
Rüden 60–65 cm,
Hündinnen 58–63 cm
Gewicht ca. 30–35 kg
Farbe weiß mit
schwarzen Platten oder
Tupfen oder schwarz
geschimmelt, Kopf
schwarz, evtl. mit
weißer Blesse
Land Deutschland
FCI-Nr. 118

Der Große Münsterländer (GM) war ursprünglich eine Farbvariante des Deutsch Langhaar und ist demnach wie dieser aus den mittelalterlichen langhaarigen Vogelhunden hervorgegangen. Der Verein Deutsch Langhaar schloss die schwarzweiße Variante 1908 aus der Zucht aus, da sie angeblich auf die Einkreuzung von Neufundländer, Irish und Gordon Setter schließen ließ. Gerade die Münsterländer Bauern, die mit diesen Hunden jagten, lehnten Verbastardierungen mit englischen Rassen ab. Der schwarzweiße Münsterländer Vorstehhund war viel mehr ein vielseitigerer Jagdhund, als es die englischen Hunde jemals waren. Die Bauern brauchten einen Hund, der sich in ihren Revieren mit viel Dorngestrüpp, Heide und Moor bewährte, das heißt einen kurz unter der Flinte jagenden Hund, der vorstehen sollte und nach dem Schuss das Wild zuverlässig suchte. Ab 1919 begannen systematische Zuchtbestrebungen, um den alten Vogelhund nicht doch noch aussterben zu lassen. Eine seiner hervorragendsten Eigenschaften ist die Spur- und Fährtensicherheit, verbunden mit Spur- und Sichtlaut. Das Vorstehen wurde in den letzten Jahrzehnten durch systematische Zucht fest verankert. Hervorzuheben ist seine ausgezeichnete Leistung bei der Wasserarbeit. Der Große Münsterländer lebt bei den Jägern mit in der Familie und ist deshalb besonders anhänglich, führig, intelligent und wachsam. Durch strenge Leistungszucht werden unerwünschte Sensibilität und Nervosität bekämpft. Der schöne Hund ist pflegeleicht.

60–69 cm

Wäller

1994 wurde der erste Wurf dieser neuen Rasse geboren, die nach ihrer Heimat – dem Westerwald in Mundart – Wäller genannt wurde. Die Idee hatte Karin Wimmer-Kieckbusch, die jahrelange Erfahrung mit Briards hatte. Ziel ist es, die guten Eigenschaften des Briards mit denen des Australian Shepherds zu verbinden und einen angenehmen, leicht lenkbaren und erziehbaren, unkomplizierten und robusten Familienhund zu züchten. Die Hunde sollten sich für alle möglichen hundesportlichen Betätigungen eignen, vital und langlebig sein. Dazu gehört ein glänzendes, elastisches, langes (7 cm) pflegeleichtes Fell mit leichter Unterwolle. Die Zuchtauslese erfolgt vorrangig nach Gesundheit und Leistungsfähigkeit. Der Zuchthund soll zwar dem Standard entsprechen und darf keine anatomischen, seine Funktion behindernden schweren Mängel haben, aber eine gewisse Vielfalt im Aussehen ist erwünscht. Ebenso vielfältig ist der Charakter, deshalb beim Welpenkauf darauf achten, dass die Persönlichkeiten von Hund und Mensch harmonieren. Er wird auf HD und erbliche Augenerkrankungen überprüft. Ebenso muss ein Wesens- und Gehorsamstest bestanden werden. Hierbei wird u.a. das Verhalten gegenüber seinem Besitzer, anderen Hunden und Kindern praxisnah geprüft: der Wäller soll gutartig, gelassen und verträglich sein. Der Wäller hat inzwischen seinen festen Freundeskreis gefunden, und die neue Rasse blickt sicher einer guten Zukunft entgegen, solange sie sich in verantwortungsvoller Hand befindet.

Wäller
Schulterhöhe Rüden ca. 65 cm, Hündinnen etwa 60 cm, ± 5 cm
Gewicht maximal ca. 35 kg
Farbe alle Farben, sie sollten intensiv und klar sein
Land Deutschland
FCI nicht anerkannt

60–69 cm

Berger de Picardie

Berger de Picardie
Schulterhöhe
Rüden 60–65 cm,
Hündinnen 55–60 cm
Farbe grau, grauschwarz, grau mit schwarzem Schimmer, graublau, rötlich-grau, helles oder dunkles Fauve oder ein Gemenge aus diesen Farben
Land Frankreich
FCI-Nr. 176

Die rauhaarige Variante der französischen Schäferhunde **(Berger Picard)** besitzt etwa die gleiche Geschichte wie der Beauceron und der Briard, ist aber immer ein seltener Hund geblieben. Dabei ist der Picard ein außergewöhnlich charmanter Gefährte von originellem Aussehen. Er ist feinfühlig, seiner Familie treu ergeben. Im Hause ruhig und nie störend, entfaltet er im Freien sein sprühendes Temperament. Der lauffreudige und ausdauernde Hund ist ein guter Begleiter für Jogger, Wanderer und Radfahrer, jedoch geneigt, Wildfährten zu folgen – daher immer im Auge behalten und rechtzeitig zurückrufen! Bemerkenswert ist seine Kinderfreundlichkeit und Geduld gegenüber den Kleinen. Zu Fremden ist er zurückhaltend freundlich. Wachsam, aber nicht bissig, ist er in wirklich bedrohlichen Situationen ein zuverlässiger Beschützer. Der Picard will freundlich, aber konsequent erzogen werden. Eine gewisse Dickschädeligkeit ist nicht mit Aufsässigkeit zu verwechseln, sondern eher seiner Intelligenz und selbstständigen Handlungsweise zuzuschreiben. Der Hund braucht engen Familienanschluss und will beschäftigt werden und eignet sich gut für hundesportliche Aktivitäten. Das raue Fell des robusten Allwetterhundes ist pflegeleicht.
Ein echter Outdoor-Hund und nicht geeignet für bequeme Menschen.

60–69 cm

Louisiana Catahoula Leopard Dog

1539 brachten die Spanier ihre Doggen und Windhunde ins heutige Louisiana. Die Indianer nahmen sich der von den Spaniern zurückgelassenen Tiere an. Vermutlich mischten sie sich mit den um die Lager lungernden Rotwölfen. Als 1700 die Franzosen kamen, fanden sie eigentümlich gefleckte Hunde mit hellen Augen vor. Sie selbst brachten → *Beaucerons* ins Land, die man damals zur Wildschweinjagd einsetzte, und sie sollten die Siedler vor den Indianern schützen. Ganz sicher vermischten sie sich mit den einheimischen Hunden und brachten den Merlefaktor mit blauen und gefleckten Augen ein. Die Franzosen nannten einen Indianerstamm „Catahoula", ein Wort, das gleichbedeutend mit Hund als Schimpfwort angewendet wurde. Der Catahoula war und ist ein beliebter Farmhund, da er sowohl ein hervorragender Jagdhund als auch Hüte- und Treibhund war. Als Rasse erfasst wurde er erst ab 1977. Man sagt, er habe den Geist des Wolfes, die Schnelligkeit des Windhundes, die Stärke des → *Mastiff* und die Bestimmtheit des Beauceron. Das alles vereint in einem anhänglichen, intelligenten und treuen Gefährten, der nichts mehr möchte als seinem Menschen Freude zu bereiten. Noch heute ist der Catahoula ein ausgesprochen vielseitig einsetzbarer Hund, jagt, treibt, hütet, bewacht und macht Hundesport. Außerhalb der USA nahezu unbekannt.

▶ **Louisiana Catahoula Leopard Dog**
Schulterhöhe Rüden 55–65 cm, Hündinnen 50–60 cm
Farbe gefleckt (merle) zu bevorzugen in blau, grau, schwarz, leberfarben, rot, weiß und gescheckt; einfarbig vorzugsweise schwarz, gestromt, rot, schokoladenfarben und gelb
Land USA
FCI nicht anerkannt

60–69 cm

Chesapeake Bay Retriever

Chesapeake Bay Retriever
Schulterhöhe Rüden 58–66 cm, Hündinnen 53–61 cm
Gewicht Rüden 29,5–36,5 kg, Hündinnen 25–32 kg
Farbe alle Brauntöne und „wie totes Gras"
Land USA
FCI-Nr. 263

1807 strandete ein englisches Schiff an der amerikanischen Küste von Maryland. Unter den Schiffbrüchigen befanden sich zwei Neufundländerwelpen, ein brauner und ein schwarzer. Als Dank für die Rettung blieben die beiden Hunde als Geschenk in Amerika. Sie erwiesen sich als hervorragende, wasserliebende Apportierhunde und wurden deshalb mit den einheimischen Jagdhunden verkreuzt. Vermutlich waren noch Water Spaniel und → **Curly Coated Retriever** mit von der Partie. Der Chesapeake Bay Retriever besitzt einen ausgeprägten Hang zum Stöbern und Apportieren. Besonders bei der Entenjagd in eiskaltem Wasser arbeitet er unermüdlich, denn das charakteristische, etwas fettige Fell schützt ihn vor Nässe und Kälte. Er ist ein lebhafter, mutiger, nervenfester Hund, der eine feste Erziehung benötigt. Der liebenswerte, treue und sehr wachsame Retriever braucht Familienanschluss, Beschäftigung und Bewegung. Die Pflege ist anspruchslos. Es gibt nur wenige Exemplare dieses attraktiven Retrievers in Europa.

60–69 cm

Boerboel

Bekannt ist, dass mit den ersten Buren große starke „Bullenbeißer" nach Südafrika kamen; nach 1820 brachten britische Siedler Hunde vom Mastiff- und Bulldogtyp mit. Die Neuankömmlinge vermischten sich mit den Hunden, die die Ureinwohner, die Hottentotten, hinterlassen hatten. Diese Hunde bildeten den Grundstock für die Boerboelzucht. Der → *Bullmastiff* kam erst 1928 zur Bewachung der Diamantenminen von de Beers ins Land. Gelegentlich auftauchende Merkmale lassen eine Einkreuzung von → *Bernhardiner* und → *Deutscher Dogg*e vermuten. Entstanden ist ein großer, kräftiger, unbestechlicher Wach- und Schutzhund, der gut mit den Gegebenheiten des Landes zurechtkommt **(Burenbulldogge)**. 1960 begann Johan de Jager, die Hunde für ein Zuchtprogramm zu erfassen. Der Standard beschreibt ihren Charakter als standfest, zuverlässig, gehorsam und intelligent, starker Wachhundinstinkt, besonders anhänglich in der Familie und zu den Kindern, selbstbewusst und furchtlos, ohne Anzeichen von Aggressivität. Die Zucht wird sehr sorgfältig betrieben, auf Schauen werden die Hunde von mehreren Richtern gegenüber dem Standard und nicht in Konkurrenz gewertet.
1995 wurde die Rasse auf der Welthundeausstellung in Brüssel erstmals offiziell in Europa vorgestellt und vereinzelt, besonders in den Niederlanden, gezüchtet.

▶ **Boerboel**
Schulterhöhe
Rüden 66 cm,
Hündinnen 61 cm
Farbe gelb, fahlbraun, rotbraun, braun, grau, auch gestromt
Land Südafrika, national anerkannt
FCI nicht anerkannt

60–69 cm

Deutsch Kurzhaar

Deutsch Kurzhaar
Schulterhöhe
Rüden 62–66 cm,
Hündinnen 58–63 cm
Farbe einheitlich braun oder mit weißen oder gesprenkelten Abzeichen bzw. Platten, hell- und schwarzschimmel mit und ohne weiße Platten
Land Deutschland
FCI-Nr. 119

Der Kurzhaarige Deutsche Vorstehhund ist eine der am weitesten verbreiteten Jagdhundrassen Deutschlands und auch im Ausland sehr beliebt. Ursprünglich gehen die Vorstehhunde auf den → *Bracco Italiano* zurück. Doch um den schweren Hund zu veredeln, kreuzte man den englischen → *Pointer* ein, von dem der Deutsch Kurzhaar die temperamentvolle Suche mit hoher Nase und das elegante Aussehen erbte. Der Deutsch Kurzhaar ist ein pflegeleichter, robuster Alleskönner. Er sucht ausdauernd und flott im freien Feld und lichten Wald, steht fest vor, apportiert freudig zu Land und zu Wasser, geht sehr gut auf Schweiß, kann waidwundes Wild abtun und ist raubzeugscharf. Der oft nervige, übertemperamentvolle Jagdgebrauchshund gehört in Jägerhand, wo er eine angemessene Ausbildung erhält und seine Veranlagungen ausleben kann. Das dichte, kurze Stockhaar schützt den Hund vor Kälte und verhindert das Festsetzen von Kletten, Schmutz und Eisklumpen. Für Hundeliebhaber, die nicht die Möglichkeit haben, mit dem Hund im Revier zu arbeiten, ist der Deutsch Kurzhaar ungeeignet. Der jagdlich geführte Hund kann gut in der Familie leben.
Ihn sieht man in den angelsächsischen Ländern immer häufiger als Schauhund in der Schönheitszucht.

60–69 cm

Deutsch Langhaar

Der Deutsch Langhaar gehört zu den ältesten deutschen Vorstehhundrassen. Jagdgemälde des Mittelalters zeigen schon dem Deutsch Langhaar sehr ähnliche Jagdhunde. Nach der Überlieferung wurden sie u.a. auch bei der Jagd auf Wasserwild und beim Fang von Niederwild in Netzen eingesetzt. Der Langhaarige Deutsche Vorstehhund entwickelte sich aus den alten Vogelhunden über Stöberhunde hin zum heutigen Vorstehhund. Er wird seit 1879 rasserein gezüchtet, als seinerzeit der Standard festgelegt wurde. Seither hat sich das Erscheinungsbild des Deutsch Langhaar kaum verändert. Der **DL** ist ein vielseitiger Jagdgebrauchshund. Er wird nach strengen Maßstäben auf hohe jagdliche Leistung gezüchtet. Besonderer Wert wird auf die Arbeit im Wasser und auf der Schweißfährte, das Verlorenbringen von Niederwild und auf bogenreines Stöbern gelegt. Nahezu alle Hunde dieser Rasse jagen im Feld spur- oder sichtlaut und im Wald spur- und fährtenlaut. Wild-, Raubwild- und Raubzeugschärfe sind im Erbgut fest verankert. Der Deutsch Langhaar ist ein führiger, nervenfester Hund mit ruhigem, ausgeglichenem Wesen. Er ist anhänglich und friedlich gegenüber Menschen und deshalb problemlos in die Familie seines Führers einzubinden. Auch dieser schöne Hund gehört nur in Jägerhand, wo er seine Jagdinstinkte ausleben kann, und wird deshalb nur an Jäger abgegeben.

Deutsch Langhaar
Schulterhöhe Rüden 63–66 cm (mind. 60, max. 70 cm), Hündinnen 60–63 cm (mind. 58, max. 66 cm)
Gewicht ca. 30 kg
Farbe einfarbig braun, braun mit weißem oder geschimmeltem Brustfleck, braunweiß, Dunkelschimmel, Hellschimmel, Forellentiger (mit vielen kleinen braunen Flecken auf weißem Grund)
Land Deutschland
FCI-Nr. 117

60–69 cm

BLUTHUND

- **Bluthund**
  Schulterhöhe
  Rüden ca. 67 cm,
  Hündinnen ca. 60 cm
  Gewicht 40–48 kg
  Farbe rostbraun oder
  schwarz/rostbraun
  Land Belgien
  FCI-Nr. 84

- **Otterhound**
  Schulterhöhe
  Rüden ca. 67 cm,
  Hündinnen ca. 60 cm
  Farbe alle Laufhund-
  farben
  Land Großbritannien
  FCI-Nr. 294

Bluthund, Otterhound

- **Bluthund**

Uralte Brackenrasse aus den Ardennen, deren Name nichts mit Blut zu tun hat, sondern „reinblütig" bedeutet. Er besitzt eine sprichwörtlich hervorragende Nase. Der schwere, langsame Hund mit majestätischem Gangwerk ist sanftmütig, zu Fremden zurückhaltend und ein wenig stur. Leider verlangt der Standard herabhängende Augenlider und ausgeprägte Gesichtshautfalten, weshalb er zu Augenentzündungen neigt. Auch **Chien de St. Hubert, Bloodhound**.

- **Otterhound**

Die Jagd mit Meuten auf den listigen, im Kampf gefährlichen Schwimmkünstler Otter war in Großbritannien schon im Mittelalter beliebt. Im 19. Jh. kreuzte man französische Griffons, → *Bluthund* und → *Welsh Hound* ein. Otterhounds sind erstklassige Schwimmer, freundlich, ruhig, ohne jede Aggression, aber voller Jagdpassion und kaum als Begleithund geeignet.

60–69 cm

Akita Inu

Angeblich kann die Existenz Akita-ähnlicher Hunde 5.000 Jahre zurückverfolgt werden. Nachweislich waren sie die Begleiter der Samurai und nehmen seither einen festen Platz in der japanischen Mythologie ein. Akita-Abbildungen werden als Glückssymbole verschenkt. Die Hunde wurden bei der Jagd auf Bären und Antilopen eingesetzt, aber auch als Wachhunde hoch geschätzt. Ende des 19. Jh. versuchte man sie durch Kreuzungen mit anderen Rassen größer zu züchten, was die Bewegung zur Reinzucht des Akitas auslöste. 1919 wurde sogar ein Gesetz zur Reinerhaltung des Ur-Akita erlassen und die Rasse 1931 zum Naturdenkmal ernannt. Seitdem heißt der alte Odate-Hund Akita nach der Präfektur im Norden Japans, aus der er stammt. 1937 besuchte die blinde Schriftstellerin Helen Keller Japan und verliebte sich in die Hunde, was dem Akita erste Bekanntheit in den USA einbrachte. Die Hungersnot des 2. Weltkriegs überlebten nur wenige Hunde in Japan. Dafür begann eine umso sorgfältigere Zucht zur Erhaltung des Ursprungstyps. Der Akita Inu ist ein intelligenter, ruhiger, robuster, starker Hund mit ausgeprägtem Jagd- und Schutztrieb. Wegen seines Jagdtriebs und Eigensinns kein leichtführiger Hund. Sehr revier- und rangordnungsbewusst, duldet er fremde Hunde nur ungern neben sich. Zuverlässig in seiner Familie und mit Kindern. Pflegeleichter Hund, der engen Familienanschluss und bei konsequenter Erziehung viel Verständnis für sein Wesen braucht.

▶ **Akita Inu**
Schulterhöhe Rüden 67 cm, Hündinnen 61 cm; jeweils ± 3 cm
Farbe rot, weiß, brindle (gestromt), sesam
Land Japan
FCI-Nr. 255

60–69 cm

Wetterhoun
Schulterhöhe
Rüden ca. 67 cm,
Hündinnen ca. 60 cm
Farbe schwarz, braun, mit oder ohne weiße Abzeichen, gestichelt oder geschimmelt
Land Niederlande
FCI-Nr. 221

Wetterhoun

Der Friesische Wetterhoun (= Wasserhund) war der Jagdhund der wasserreichen Gebiete der nordniederländischen Provinz Friesland. Angeblich soll er mit Zigeunern und Seefahrern aus dem Ostseeraum gekommen sein. Möglicherweise haben spanische Wasserhunde, mit einheimischen Jagdhunden gekreuzt, diesen urwüchsigen, kräftigen Hund geschaffen. Der Wetterhoun besitzt eine gute Nase und kräftige Kiefer, die er zur Otterjagd auch brauchte. Heute zeichnet er sich als Ratten- und Iltisfänger aus, aber auch bei der Wasserjagd. Der eigensinnige Hund geht gerne seine eigenen Wege. Er ist wachsam, zu Fremden abweisend, besitzt angeborenen Schutztrieb und ist seiner Familie gegenüber absolut zuverlässig und liebenswürdig. Die Erziehung erfordert von klein an Konsequenz, unangebrachte Härte vergisst er jedoch nie. Der Wetterhoun braucht engen Kontakt zu seiner Bezugsperson, nur ihr allein ordnet er sich unter. Deshalb ist seine Ausbildung zum Jagdhund nicht jedermanns Sache, doch legten Wetterhouns schon Jagdprüfungen ab. Der Wetterhoun spürt Wild auf, steht vor und apportiert nach dem Schuss. Der robuste, witterungsunempfindliche Naturbursche hält sich gerne im Freien auf und gilt als idealer Hofhund. Aus dem Kraushaar wird einmal im Jahr das tote Haar mit einem groben Kamm ausgekämmt, der Hund wird nie gewaschen. Der aparte Hund ist außerhalb seiner Heimat praktisch unbekannt.

60–69 cm

Chinook

Autor und Forscher Arthur Walden gründete mit Chinook, Sohn einer „Northern Husky"-Hündin und eines großen Mischlingsrüden, die Rasse. „Chinook" war ein herausragender Schlittenhund und vereinte die Kraft des Lastenziehers mit der Schnelligkeit des Huskys. Er begleitete 1927 Admiral Byrds Südpolexpedition. Er deckte viele Deutsche und Belgische Schäferhündinnen und vererbte Aussehen und Kraft an seine Nachkommen. Chinooks stellten Rekorde auf Langstrecken, beim Lastenziehen und Rennen auf. Walden verkaufte die Rasse 1939 an Perry Greene, der sie zu einiger Popularität brachte, doch nach seinem Tod 1963 schwand die Rasse dahin. 1981 gab es nur noch 11 Zuchttiere, die an Züchter verteilt wurden. 1990 zählte die Rasse schon 140 Tiere, heute sind über 400 Chinooks registriert. Der Chinook erfüllt die Aufgaben der nordischen Spitztypen, erinnert im Aussehen allerdings mehr an einen molossoiden Hund. Chinooks sind freundlich, ruhig, nicht aggressiv. Gezüchtet, um im Team zu arbeiten, sind sie verträglich mit Artgenossen. Der freundliche, ausgeglichene Hund ist Fremden und unbekannter Umgebung gegenüber reserviert, jedoch darf er nie ängstlich oder scheu sein. Sein Ausdruck zeigt Intelligenz, seine Erscheinung ist würdevoll. Geschätzter Familienhund, der sich für vielerlei Aufgaben eignet. Das Fell ist pflegeleicht. In Europa ist der Chinook bislang unbekannt.

Chinook
Schulterhöhe Rüden 57,5–67,5 cm, Hündinnen 52,5–62,5 cm
Gewicht durchschnittlich 27 kg
Farbe hell honigfarben bis rotgold; schwarze Augenwinkel, schwarze Markierung an Ohren und Fang vorzuziehen; keine weißen Abzeichen
Land USA
FCI nicht anerkannt

60–69 cm

Bordeauxdogge

Bordeauxdogge
Schulterhöhe
Rüden 60–68 cm,
Hündinnen 58–66 cm
Gewicht Rüden mind. 55 kg, Hündinnen mind. 45 kg
Farbe rotbraun mit brauner oder schwarzer Maske
Land Frankreich
FCI-Nr. 116

Schon die Kelten besaßen schwere, kampfstarke Doggen zum Schutz von Hab und Gut und zur Großwildjagd. Ob englische Doggen (Mastiff) auf den Kontinent kamen oder die Doggen Südfrankreichs nach England gelangten, lässt sich heute kaum mehr sagen. Jedenfalls waren in Frankreich Tierkämpfe ebenso beliebt wie in England, und eine Verkreuzung der Rassen fand sicherlich statt, vermutlich kamen noch spanische Doggen hinzu. Die Bordeauxdogge ist ein sehr guter Haus-, Hof- und Familienhund, ruhig, ausgeglichen, sehr familienbezogen und verschmust, Fremden gegenüber freundlich, offen. Sie besitzt ein intaktes Sozialverhalten, ist Kindern gegenüber gutmütig und auch zu mehreren gut zu halten. Der sensible Koloss reagiert auf liebevoll-konsequente Erziehung; die Stimmlage genügt, um dem Hund Recht und Unrecht beizubringen. Härte verstört ihn. Die **Dogue de Bordeaux** ist, einmal erzogen, gehorsam und neigt nicht zum Wildern. Kein ausgesprochen lauffreudiger Hund, braucht aber Bewegungsfreiheit und Lebensraum. Die Bordeauxdogge ist ein hervorragender Wach- und Schutzhund, der niemals ohne Grund angreift und ein zuverlässiges Gespür für ernsthafte Bedrohung hat. Leider durch Auftritte in Film und Fernsehen in Mode gekommen, sodass beim Kauf große Sorgfalt geboten ist. Um Knochenschäden wie HD durch schnelles Wachstum zu vermeiden, bedürfen schon die Welpen sorfältiger Ernährung und Bewegung bis hin zum Erwachsenenalter. Das kurze, glatte Fell ist pflegeleicht.

60–69 cm

Berger de Brie

Dieser attraktive Schäferhund gehört zu den ältesten französischen Hunderassen und wird erstmals 1809 erwähnt. Nach der Französischen Revolution und der folgenden Landaufteilung fand die Umstellung vom schützenden Hirtenhund zum wendigen, kleineren Schäferhund statt. Die langhaarige Variante wurde ab 1896 **Briard** genannt, obwohl dies kein Hinweis auf sein Vorkommen in der Landschaft Brie ist. Heute ist der herrliche Hund mehr als Begleithund zu finden und auf dem besten Wege, sich zum Modehund zu entwickeln – mit allen Nachteilen, die daraus erwachsen. Abgesehen von der aufwendigen Haarpflege ist der Briard kein Dekorationsstück, sondern ein sehr anspruchsvoller Hund. Er ist sehr temperamentvoll, eigensinnig, intelligent und wachsam mit einer guten Portion Schutztrieb. Seine Erziehung erfordert Einfühlungsvermögen, starken Willen und Konsequenz bei Kenntnissen in Hundeverhalten – eine Kombination, die nur wenige Hundebesitzer aufbringen können. Mit dem alten Arbeitshund soll gearbeitet werden: Begleithund, Turnierhundsport, Agility, Hütearbeit, Schlittenziehen, Radfahren; jede Art sportlicher Betätigung ist dem Briard recht. Robuster Outdoorhund, nichts für Stubenhocker!

▸ **Berger de Brie**
Schulterhöhe
Rüden 62–68 cm,
Hündinnen 56–64 cm
Farbe schwarz, grau, fauve (blond bis braun) ohne weiße Abzeichen
Land Frankreich
FCI-Nr. 113

60–69 cm

Bouvier des Flandres
Schulterhöhe
Rüden 62–68 cm (ideal 65 cm), Hündinnen 59–65 cm (ideal 62 cm)
Gewicht
Rüden 35–40 kg, Hündinnen 27–35 kg
Farbe falb oder grau, gestromt oder rußig, schwarz
Land Frankreich/Belgien
FCI-Nr. 191

Bouvier des Flandres

Dieser alte Viehtreiber- und Metzgershund stammt aus Flandern, das sich an der Küste von Holland bis Nordfrankreich erstreckt. Der **Flandrische Treibhund** oder **Vlaamse Koehond**, wie er auch genannt wird, war ein zottiger, derber Hund, dem züchterisch wenig Beachtung geschenkt wurde und der unter härtesten Lebensbedingungen arbeiten musste. Erst 1912 wurde der Rassestandard erstellt und die planmäßige Zucht aufgenommen. Im 1. Weltkrieg kamen die meisten Hunde um, sodass ein mühseliger Aufbau folgte. Der → **Berger Picard** soll eingekreuzt worden sein. In den 70er Jahren kam der Bouvier nach Deutschland, wo er rasch Freunde fand. Der starke, robuste, vitale Hund ist intelligent und lernt gerne, doch sein Temperament und Selbstbewusstsein fordern eine konsequente, sorgfältige Erziehung, durch die man einen zuverlässig gehorsamen Hund bekommt. Er ist ein ausgezeichneter Wach- und Schutzhund, dabei sollte er nicht unnötig aggressiv sein, doch Fremden gegenüber ein gesundes Misstrauen bewahren. Kein Hund für hundeunerfahrene und bequeme Menschen. Der Bouvier braucht Bewegung und Beschäftigung. Das ruppige Fell wird regelmäßig gründlich gebürstet und leicht in Form getrimmt.
Der Bouvier des Flandres gehört zu den anerkannten Diensthunderassen.

60–69 cm

Bouvier des Ardennes

Die ausgestorben geglaubte Rasse wurde in den letzten Jahren wieder belebt. Es gab zwar keine Zucht mit Ahnentafel mehr, auf den Bauernhöfen in den Ardennen jedoch war er nach wie vor der traditionelle Helfer beim Vieh. Der Ardenner ist ein derber, kräftiger Hund, der Haus und Hof zuverlässig schützt. Er treibt das Vieh selbstständig von der Weide zu den Melkstationen im Stall. Bemerkenswert ist sein Revierbewusstsein, denn es ist typisch für die Rasse, bei einbrechender Dunkelheit sein Revier abzuschreiten. Der **Ardennen Treibhund** wurde stets als Arbeits- und nicht als Familienbegleithund gehalten. Er braucht seine Aufgabe, ist aber kein leichtführiger Hund, da er weitgehend selbstständig arbeitet. Auf Aussehen wurde nie Wert gelegt wurde, sondern Zweckmäßigkeit mit einem wetterfesten, robusten, nicht pflegeintensiven Fell und die erwünschten Charaktereigenschaften hatten stets Vorrang. Als rassetypisch bezeichnet man die häufig angeborene Stummelrute.

Bouvier des Ardennes
Schulterhöhe mittelgroß unter 60 cm, groß über 60 cm, Hündinnen etwas kleiner
Farbe alle Farben erlaubt
Land Belgien
FCI Nr. 171

60–69 cm

Rottweiler

Rottweiler
Schulterhöhe Rüden 62–68 cm (ideal 65–66 cm), Hündinnen 56–63 cm (ideal 60–61 cm)
Gewicht Rüden ca. 50 kg, Hündinnen ca. 42 kg
Farbe schwarz mit rotbraunen Abzeichen
Land Deutschland
FCI-Nr. 147

Malchower
Schulterhöhe Rüden 63–68, Hündinnen 58–63 cm

Im schwäbischen Rottweil trafen sich schon zur Römerzeit die Viehhändler mit ihren Herden. Unerschrockene, ausdauernde, wendige, ausgesprochen genügsame und robuste Treibhunde waren ihr wichtigstes Handwerkszeug. Aus ihnen züchteten ortsansässige Metzger den „Rottweiler". Temperamentvoll, aufmerksam, draufgängerisch, hart, unerschrocken, mit angeborenem Schutzverhalten und großer Kraft ausgestattet, dabei nervenfest, wenig misstrauisch gegen Fremde, anhänglich und arbeitsfreudig bringt der Rottweiler alle Voraussetzungen für einen vielseitig einsetzbaren Gebrauchshund mit. Er gehört zu den anerkannten Diensthunderassen. Rottweiler brauchen eine konsequente, einfühlsame Erziehung, eine Aufgabe und engen Kontakt zur Familie. Kenntnis in Hundeverhalten ist notwendig, schon der Welpe muss lernen, sich unterzuordnen. Kein Hund für Anfänger. Das derbe Stockhaar ist wetterhart und pflegeleicht.

▶ **Malchower**
Mischung von Rottweiler und Deutschem Schäferhund aus alten DDR-Linien. Zuchtziel: harmonisch gebauter, ausdauernder, absolut gutartiger, ausgeglichener, leichtführiger Familienhund mit geringer Bellneigung und gesundem Maß an Schärfe und Härte.
Schwarz mit braunen Abzeichen. Nicht FCI-anerkannt.

60–69 cm

Bullmastiff

Der Bullmastiff entstammt der Kreuzung zwischen → **Mastiff** und → **Bulldogge** und wird von Buffon schon 1791 erwähnt. 1871 wird von einem Kampf zwischen Bullmastiffs und Löwen berichtet. Ende des 19. Jahrhunderts finden wir den Bullmastiff hauptsächlich in Händen von Jagdaufsehern. Der Hund sollte den nächtlichen Wilddieb lautlos angreifen, zu Boden werfen und festhalten, aber sich nicht verbeißen. Außerdem bewachte der Bullmastiff große Landgüter, insbesondere vor Viehdieben. Seit der Rasseanerkennung 1924 kann man von einer typmäßigen Reinzucht sprechen. Der starke, lebhafte Hund mit kräftigem Körperbau darf nie elegant oder hochläufig wirken. Sein Gesichtsausdruck sollte grimmig, aber auch ehrlich und vertrauenerweckend sein. Der Bullmastiff ist ein harter, doch sympathischer Hund ohne Falsch und lernt schnell die nötigen Gehorsamsregeln. Der Bullmastiff ist ausgeglichen im Wesen, darf nie aggressiv oder ängstlich sein, Fremden gegenüber neutral bis freundlich. Er wird bei Bedarf jedoch stets verteidigungsbereit sein. In der Familie freundlich, anhänglich, geduldig mit Kindern. Kein ausgesprochen lauffreudiger Hund, der seine Spaziergänge liebt und keine Neigung zum Streunen oder gar Wildern zeigt. Er lernt bei liebevoll konsequenter Erziehung die nötigen Gehorsamsregeln, ist aber kein unterordnungsbereiter Hund. Pflegeleicht.

▸ **Bullmastiff**
Schulterhöhe
Rüden 63,5–68,5 cm,
Hündinnen 61–66 cm
Gewicht
Rüden 50–59 kg,
Hündinnen 41–50 kg
Farbe gestromt, rot und hellbraun, dunkle Maske
Land Großbritannien
FCI-Nr. 157

60–69 cm

Gordon Setter
Schulterhöhe 66 cm, Hündinnen 62 cm
Gewicht Rüden 29,5 kg, Hündinnen 25,5 kg
Farbe tiefschwarz mit sattem kastanienfarbenem Brand, kleiner weißer Brustfleck erlaubt
Land Großbritannien
FCI-Nr. 6

Gordon Setter

Im ausgehenden 18. Jh. hielt der Duke of Gordon einen berühmten schwarzroten Setterstamm, der sich durch besonders intelligente, schwere Hunde auszeichnete. Für die Arbeit im schwierigen Gelände Schottlands war weniger der schnelle, elegante als der ausdauernde, kraftvolle Hund gefragt. Früher hatte der Gordon Setter weiße Abzeichen, die sich heute auf einen kleinen Brustfleck beschränken. Den Berichten des Duke of Gordon nach wurde eine Arbeits-Colliehündin eingekreuzt, um Intelligenz und Führigkeit zuzuführen. Der Gordon Setter ist ein Einmannhund, der am liebsten alleine mit seinem Herrn jagt. Fremden gegenüber ist er eher zurückhaltend und verträgt Besitzerwechsel schlecht. Der Gordon Setter ist spätreif und braucht von klein an eine konsequente Erziehung. Setter sind selbstbewusste Hunde mit großer Jagdpassion, deren Abrichtung konsequent durchgeführt werden muss. Für den Jäger bietet er sich als Vorstehhund für die Feldarbeit an und zeigt besondere Begabung bei der Nachsuche auf Schalenwild. Außerdem ist er sehr wasserfreudig. Der Familienhund braucht viel Bewegung und eine ebenso konsequente Erziehung mit sinnvoller Ersatzbeschäftigung wie der Jagdgebrauchshund, um die Jagdpassion zügeln zu können. Tägliche Fellpflege ist nötig.

60–69 cm

English Setter

Aus alten Spanielschlägen und unter Beteiligung von Pointerblut herausgezüchteter Vorstehhund. Sir Laverack hat die Rasse im 19. Jh. wesentlich geprägt, nach ihm werden die Setter auch heute noch häufig benannt. Der Setter ist spezialisiert auf die schnelle Suche im offenen Feld, insbesondere auf Rebhuhn. Seine hervorragenden jagdlichen Eigenschaften sind Suchen, Finden und Vorstehen, d. h. die gesamte Feldarbeit, wobei mehrere Hunde einander sekundieren. Er kann den deutschen Jagdverhältnissen entsprechend vielseitiger ausgebildet werden. Der English Setter macht auch als Haus- und Familienhund Freude, denn er ist liebenswert, sanft und ruhig im Haus. Draußen allerdings entfaltet er sein ganzes Temperament. Er braucht eine freundliche, konsequente Erziehung, am besten bei einem Jagdhundelehrgang. In dieser Beziehung ist der Setter anspruchsvoll und immer bereit, seiner Jagdpassion nachzugehen. Nur bei absolut sicherem Gehorsam kann man ihn beim Freilauf von einer Fährte oder gesichtetem Wild abrufen. Der English Setter liegt im Temperament zwischen dem Gordon und dem Iren und braucht sehr viel Bewegung mit sinnvoller Beschäftigung. Man braucht Zeit für den Hund und Kenntnis in Hundeverhalten. Kein Hund für bequeme Menschen. Tägliche Fellpflege nötig.

English Setter
Schulterhöhe Rüden 65–68 cm, Hündinnen 61–65 cm
Farbe schwarz-weiß (blue belton), orange-weiß (orange belton), zitronenfarben-weiß (lemon belton), leberbraun und weiß (liver belton) oder dreifarbig mit Brand. Tüpfelung (belton) gegenüber größeren Flecken bevorzugt.
Land Großbritannien
FCI-Nr. 2

60–69 cm

- **Irish Red Setter**
  Schulterhöhe
  Rüden 58–67 cm,
  Hündinnen 55–62 cm
  Farbe sattes Kastanienbraun ohne jede Spur von Schwarz; kleine weiße Abzeichen erlaubt
  Land Irland
  FCI-Nr. 120

- **Rot-weißer Irish Setter**
  Schulterhöhe
  Rüden 62–66 cm,
  Hündinnen 57–61 cm
  Farbe weiß mit rotbraunen Flecken
  Land Irland
  FCI-Nr. 330

Irish Red Setter

Der Rote Ire erfreut sich weltweit großer Beliebtheit. In England in erster Linie als Ausstellungshund, während in Irland der Jagdgebrauchshund geschätzt wird. Der Irish Setter ist ein weit ausholender, schneller und ausdauernder Vorstehhund, der auch vorliegt. Er eignet sich zur Wasserarbeit und lässt sich zur Nachsuche auf Schalenwild abrichten, er apportiert gerne und ist gelegentlich raubzeugscharf. Der lebhafte, stets nach Wild Ausschau haltende Hund sollte niemals unbedacht nur der Schönheit wegen gekauft werden. Der Irish Red Setter muss seine ausgeprägte Jagdpassion gefahrlos ausleben können. Das setzt einen sportlichen Besitzer voraus, der viel Zeit und Freude an der Natur aufbringt und in der Lage ist, seinen Setter konsequent mit Einfühlungsvermögen zu zuverlässigem Gehorsam zu erziehen, was bei dem temperamentvollen, selbstbewußten Hund nicht leicht ist. Er braucht engen Kontakt zu seinem Menschen und will beschäftigt werden. Er ist freundlich, doch wachsam, kinderlieb und intelligent. Das schlichte Langhaar ist pflegeleicht.

- **Rot-weißer Irish Setter**
Älteste Form der irischen Setter. Kräftiger und athletischer als der Rote, freundlich, intelligent, arbeitsfreudig. Ebenfalls passionierter Jagdhund, nicht ganz so lebhaft wie der Rote.

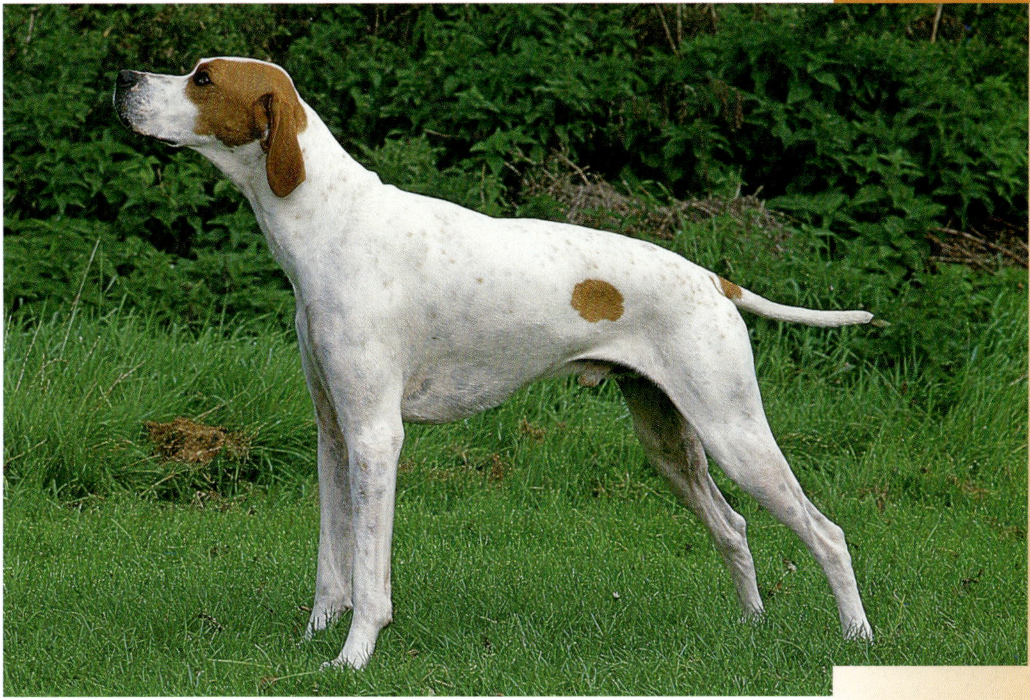

English Pointer

Englischer Vorstehhund, dessen Vorfahren von der Iberischen Halbinsel nach England gekommen sein sollen. Dieser edle, schnelle Vollblutjagdhund war an der Veredlung des deutschen Vorstehhundes maßgeblich beteiligt. Der Pointer weist – wie sein Name sagt (engl. to point = anzeigen) – auf das sich versteckende Federwild in seiner typischen Pose hin, und die verängstigten Vögel verharren, bis der Jäger nahe genug zum Schuss herankommt und der Hund nun die Vögel „herausdrückt", zum Auffliegen bringt. Der Pointer ist für diese Arbeit der Spezialist schlechthin. Er sucht das Gelände in rasendem Lauf ab, je mehr Vögel ein Hund aufspürt, desto besser. Der Pointer ist demnach ein sehr schneller, ausdauernder, temperamentvoller, nerviger Hund, der sich wenig zum Haus- und Familienhund eignet, obwohl er einen umgänglichen, liebenswerten Charakter hat und ausgesprochen sauber ist. Doch sein angeborenes Laufbedürfnis und sein Jagdtrieb sind für den Nichtjäger kaum in Bahnen zu lenken. Der Pointer gehört daher in Deutschland zu den selten gesehenen Hunden. Der deutsche Jäger bevorzugt einen vielseitig einsetzbaren Jagdgefährten.

60–69 cm

English Pointer
Schulterhöhe Rüden 63–69 cm, Hündinnen 61–66 cm
Farbe zitronenfarben und weiß, orange und weiß, leberbraun und weiß, schwarz und weiß. Auch einfarbig und dreifarbig (tricolour).
Land Großbritannien
FCI-Nr. 1

▶ **Hertha Pointer**
Zierlicher, drahtiger und eleganter als der englische Pointer ist der dänische Hertha Pointer mit seiner typischen fahlroten Farbe. Er ist nicht offiziell anerkannt.

60–69 cm

Dogo Argentino
Schulterhöhe
Rüden 62–68 cm,
Hündinnen 60–65 cm
Farbe reinweiß, dunkler Fleck am Kopf gestattet, schwarzes Nasenpigment
Land Argentinien
FCI-Nr. 292

Dogo Argentino

Die Spanier brachten scharfe Kampfdoggen mit nach Südamerika. Erst im 20. Jh. begann die systematische Zucht eines Jagdhundes für die Jagd auf Wildschweine und Raubkatzen. Um einen schnellen, kampfstarken Hund zu bekommen, kreuzte man → *Deutsche Dogge, Bull Terrier, Pointer* usw. ein. Die Auslese auf feine Nase – der Dogo jagt mit hoher Nase, da sich Pumas auf Bäume flüchten –, drahtigen Körperbau zur ausdauernden Verfolgung des Wildes in unzugänglichem Gelände und weißes Fell, damit der Jäger den Hund gut sehen und vom Wild unterscheiden kann, schuf den heutigen Dogo Argentino. 1969 kamen die ersten drei Dogos nach Deutschland. Sie erwiesen sich als anpassungsfähige, robuste, witterungsunempfindliche Hausgenossen. Der Dogo ist ein anhänglicher, gutmütiger, kinderlieber Familienhund, der wenig bellt. Bei genügend Auslauf und Beschäftigung kann er gut im Hause gehalten werden. Sein kurzes, weißes Fell ist pflegeleicht, der Hund genügsam. Der nervenfeste, selbstsichere, ausgeglichene Hausgenosse braucht eine liebevoll-konsequente Erziehung vom Welpenalter an, da der selbstständig jagende Hund nicht zur Unterwürfigkeit neigt. Der Dogo ist ein unbestechlicher Beschützer, der keine Furcht kennt und bis zur Selbstaufgabe verteidigt, wenn es die Situation erfordert. Er lässt sich jedoch schwer provozieren und greift nicht leichtfertig an; gelegentlich neigt der Dogo zur Rauflust. Da Taubheit vorkommt, beim Kauf eines Dogos audiometrische Gehöruntersuchung von Elterntieren und Welpen verlangen.

60–69 cm

Cane Corso Italiano

Hunde diesen Typs sah ich in Stein gemeißelt auf etruskischen Sarkophagen dicht bei Fuß ihrer Herren und auf griechischen Sarkophagen bei der Jagd. Auf mittelalterlichen Jagdszenen darf er nicht fehlen. Diese uralte Doggenform, der typische Saupacker und Bärenbeißer, hat sich seit der Antike kaum verändert und lebt bis heute als Hofwächter und Jagdgehilfe bei der Wildschweinjagd (Corso) in Mittel- und Süditalien. Aus dem gleichen Stamm hervorgegangen, wurde der → *Mastino Napoletano* jedoch schon vor Jahren für die Rassehundezucht entdeckt und zu einem bedauerlichen Beispiel für das, was Züchter für Schönheitsideale mit einer Rasse anrichten können. Der unscheinbare Cane Corso wurde erst vor wenigen Jahren wieder entdeckt, noch vorhandene Exemplare registriert und die Zucht mit Sorgfalt aufgebaut. 1996 erfolgte die vorläufige FCI-Anerkennung. Seitdem wurde er über die Grenzen seiner Heimat bekannt. Er ist Fremden gegenüber abweisend, ein unbestechlicher Wächter und Beschützer, seinen Menschen zärtlich zugetan, insbesondere gutmütig und geduldig mit Kindern seiner Familie und bei konsequenter Erziehung gehorsam. Der Cane Corso ist ein beweglicher, agiler, sportlicher Hund. Das kurze Fell ist pflegeleicht. Der Hund auf dem Foto wurde in Italien kupiert.

▸ **Branchiero Siziliano**
Ihm ähnlich ist der Viehtreibhund oder „Metzgershund" von Sizilien. Die Rasse ist nicht anerkannt und nur noch vereinzelt anzutreffen.

▸ **Cane Corso Italiano**
Schulterhöhe
Rüden 62–68 cm ± 2 cm, Hündinnen 58–64 cm ± 2 cm
Gewicht
Rüden 42–50 kg, Hündinnen 38–45 kg
Farbe schwarz, schwarzrot, grau, rot, kastanienbraun, falb, blau; einfarbig oder gestromt
Land Italien
FCI Nr. 343

▸ **Branchiero Siziliano**
Schulterhöhe
Rüden ca. 70 cm
Gewicht
Rüden ca. 55 kg
Land Italien
FCI nicht anerkannt

60–69 cm

DEUTSCH DRAHTHAAR

▸ **Deutsch Drahthaar**
Schulterhöhe
Rüden 61–68 cm,
Hündinnen 57–64 cm
Farbe braun, braun- oder schwarzschimmel
Land Deutschland
FCI-Nr. 98

Vorstehhunde

▸ **Deutsch Drahthaar**
Der Drahthaarige Deutsche Vorstehhund ist eher ein Kuriosum der Jagdhundezucht als eine alte ehrwürdige Rasse. Als die Reinzucht Mode wurde, neigte man zur Aufteilung der verschiedenen, bisher miteinander verkreuzten rauhaarigen Vorstehhundschläge in einzelne, rein zu züchtende Rassen. Das passte denjenigen nicht, die jagdliche Leistung über rassisches Detail stellten und alle drahthaarigen Schläge zusammenfassen wollten. So trennten sich die Züchter der → *Griffons, Deutsch Stichelhaar* und → *Pudelpointer* in den Verein Deutsch-Rauhaar ab und distanzierten sich damit von den drahthaarigen Kreuzungsprodukten. Sie konnten nicht ahnen, dass sie damit eine Hunderasse namens Deutsch Drahthaar förderten, die heute der beliebteste Vorstehhund ist.

Der Deutsch Drahthaar ist ein passionierter, temperamentvoller, nie nervöser Jagdgebrauchshund, der alles kann. Er eignet sich besonders für raues Gelände und ist ausgesprochen wasserfreudig. Der eher kraftvolle als schnelle Hund steht fest vor, apportiert zuverlässig, geht sicher auf Schweiß, ist ein guter Totverbeller wie Bringselverweiser und raubzeugscharf. Der harte Jagdgebrauchshund, der eine gute Mannschärfe mitbringt, ist sicherlich nicht als leichtführig zu bezeichnen und braucht eine feste Erziehung. Er gehört nur in Jägerhand. Das derbe Haar ist pflegeleicht.

▸ **Slowakischer Raubart**
Gelegentlich fielen rauhaarige → *Weimaraner*welpen, die nicht anerkannt wurden. Wegen ihrer hervorragenden Leistungen wollte man sie als Rasse

60–69 cm

SLOWAKISCHER RAUBART

DEUTSCH STICHELHAAR

▸ **Slowakischer Raubart**
Schulterhöhe 68 cm
Farbe grau, grau-hellbraun (rotschimmel)
Land Slowakische Republik
FCI-Nr. 320

▸ **Deutsch Stichelhaar**
Schulterhöhe
Rüden ab 60 cm, Hündinnen ab 58 cm
Farbe braun und weiß, Braunschimmel mit oder ohne Platten
Land Deutschland
FCI-Nr. 232

erhalten und kreuzte → *Deutsch Drahthaar* und → *Cesky Fousek* ein. Der **Slovensky Hrubosrsty Stavac (Ohar)** ist ein vielseitiger Jagdhund, geborener Apportierer und Schweißhund, wasserfreudig, leichtführig. Attraktiver Hund, der bei entsprechender Beschäftigung auch als Begleithund gehalten werden kann.

▸ **Deutsch Stichelhaar**
Nachkommen des uralten stichelhaarigen Hühnerhundes, welcher schon

60–69 cm

PUDELPOINTER

CESKY FOUSEK

▸ **Pudelpointer**
Schulterhöhe
Rüden 60–68 cm,
Hündinnen 55–63 cm
Farbe dunkelbraun bis
dürrlaubfarben oder
schwarz
Land Deutschland
FCI-Nr. 216

▸ **Cesky Fousek**
Schulterhöhe
Rüden 60–66 cm,
Hündinnen 58–62 cm
Gewicht
Rüden 28–34 kg,
Hündinnen 22–28 kg
Farbe: schokoladen-
braun, weiß oder grau
mit braunen Abzeichen
und Stichelung
Land Tschechische
Republik
FCI-Nr. 245

im 16. Jh. auf Holzstichen von Ridinger dargestellt wird. Vielseitig einsetzbarer Jagdgebrauchshund, der gleichermaßen gut in Feld, Wald und Wasser arbeitet. Der wasserfreudige Hund besitzt Veranlagung zur Schärfe. Zuchtgebiet ist hauptsächlich Ostfriesland.

▸ **Pudelpointer**
Aus → *Pudel* und → *Pointer* gezüchtet, um die guten Eigenschaften beider

60–69 cm

GRIFFON D'ARRÊT À POIL DUR KORTHALS

Rassen zu verbinden. Anlass war „Juno" aus der Zufallspaarung eines braunen Königspudels mit einer braunen Pointerhündin, die hervorragende Leistungen zeigte, dabei klug und umgänglich war. Der „PP" zeichnet sich durch große Wasserfreudigkeit, Lernfähigkeit, Apportierfreude, sichere Schweißarbeit und Härte aus.

▸ **Cesky Fousek**
Alte einheimische Rasse, die schon ab 1896 rein gezüchtet wurde. Populärster Jagdhund seiner Heimat, da vielseitig einsetzbar, gehorsam, sehr intelligent und außerdem auch hübsch. **Böhmischer Raubart.**

▸ **Griffon d'arrêt à poil dur Korthals**
Ab 1850 züchtete der Holländer Korthals in Deutschland aus dem französischen Griffon diesen feinnasigen, wasserfreudigen und spurfesten Jagdgebrauchshund. Er ist überall einsetzbar, anhänglich und leichtführig.

▸ **Spinone**
Italienischer Rauhaariger Vorstehhund, dessen Geschichte bis in die Antike zurückreicht. Vielseitig einsetzbarer Vorstehhund mit ausdauernder, ruhiger Suche, der sich besonders für die Arbeit am Wasser und im Sumpf eignet. Gelehriger, intelligenter, angenehmer Jagdgefährte.

▸ **Griffon à poil Laineux**
Der wollhaarige französische Griffon **(Griffon Boulet)** galt als ausgestorben. Da es noch Exemplare in der Normandie gibt, wurde mit der Rückzüchtung begonnen.

▸ **Altdänischer Vorstehhund**
Aus Jagdhunden der Zigeuner (möglicherweise Nachkommen spanischer Jagdhunde), Bluthund und Bauernhunden im 18. Jh. herausgezüchteter Vorstehhund. Ruhiger, selbstbewusster Hund, der bedächtig und sicher arbeitet und immer Kontakt mit dem Jäger

▸ **Griffon d'arrêt à poil dur Korthals**
Schulterhöhe
Rüden 55–60 cm, Hündinnen 50–55 cm
Farbe blaugrau, grau mit braunen Platten. braun, gestichelt, weiß mit braun
Land Frankreich
FCI-Nr. 107

▸ **Griffon à poil Laineux**
Schulterhöhe
Rüden 55–60 cm, Hündinnen 50–55 cm
Farbe totes Laub mit oder ohne kleine weiße Abzeichen
Land Frankreich
FCI-Nr. 174

60–69 cm

SPINONE

ALTDÄNISCHER VORSTEHHUND

▸ **Spinone**
Schulterhöhe
Rüden 60–70 cm, Hündinnen 58–65 cm
Gewicht
Rüden 32–37 kg, Hündinnen 28–30 kg
Farbe weiß, weißorange, weiß mit braunen Flecken oder Stichelung
Land Italien
FCI-Nr. 165

▸ **Altdänischer Vorstehhund**
Schulterhöhe
54–60 cm, ideal über 56 cm; Hündinnen 50–56, ideal über 53 cm
Gewicht
Rüden 30–35 kg, Hündinnen 26–31 kg
Farbe braunweiß
Land Dänemark
FCI-Nr. 281

hält. Auch **Gammel Dansk Honsehond** genannt.

▸ **Perdiguero de Burgos**
Den Bracken nahe stehender uralter Vorstehhund Nord- und Zentralspaniens. Robuster, dem Klima und jedem Gelände und Wild angepasster, gehorsamer, kräftiger Hund mit hervorragender Nase, der sicher und ausdauernd sucht und vorsteht. Gelehrig und ruhig, intelligent. Ähnlich ist der nicht anerkannte **Pachon de Navarro**.

▸ **Bracco Italiano**
Älteste Vorstehhundrasse Europas, die

60–69 cm

PERDIGUERO DE BURGOS

BRACCO ITALIANO

Perdiguero de Burgos
Schulterhöhe
66–76 cm
Gewicht 23–32 kg
Farbe braunschimmel
Land Spanien
FCI-Nr. 90

Bracco Italiano
Schulterhöhe
Rüden 58–67 cm,
Hündinnen 55–62 cm
Gewicht 25–40 kg
Farbe weiß, weißorange, braunschimmel
Land Italien
FCI-Nr. 202

als Stammvater aller europäischen Vorstehhunde gilt. Der **Italienische Vorstehhund** ist langsamer als die Deutschen Vorstehhunde, aber ausdauernd sowohl im Feld als auch in Wald und Wasser. Hervorragender Schweißhund und sicherer Apportierer ohne Raubzeugschärfe. Der arbeitsfreudige, intelligente Hund bedarf einer gefühlvollen Ausbildung ohne Härte. Er ist freundlich, temperamentvoll, wachsam, aber kein Schutzhund. Es gibt zwei Schläge des Bracco Italiano: den schwereren aus der Lombardei und den eleganteren aus dem Piemont.

60–69 cm

Curly Coated Retriever
Schulterhöhe
Rüden 68,5 cm,
Hündinnen 63,5 cm
Farbe schwarz und
leberfarben
Land Großbritannien
FCI-Nr. 110

Curly Coated Retriever

Der größte Retriever gehört zu den ältesten Wasserhunden. Verwandtschaftliche Beziehungen bestehen wahrscheinlich zu → *Pudel, Irish Water Spaniel* und → *Labrador Retriever.* Charakteristisch ist sein dichtes, fest gelocktes Haar (Krausgelockter Apportierhund). Es isoliert im Wasser vor Kälte und schützt den Hund beim Durchdringen von Dornengestrüpp. Er besitzt ausgeprägten Schutztrieb, denn er wurde vorzugsweise von Jagdaufsehern gehalten, die gegen Wilderer anzukämpfen hatten. Insgesamt ist der Curly robuster und eigensinniger als die anderen Retriever, dennoch besitzt auch er den „will to please" (Willen zu gefallen). Er stellt höhere Anforderungen an die Erziehung, die schon konsequent beim Welpen beginnen muss. Unterwürfigkeit ist dem Curly fremd.

Vielleicht hat der attraktive Hund deshalb nie die Beliebtheit der anderen Retriever erreicht und gehört heute zu den seltenen Hunderassen. Der temperamentvolle Junghund und Spätentwickler benötigt einen geduldigen, liebevollen Herrn mit ruhigem Durchsetzungsvermögen, der ihm Platz, viel Bewegung und Beschäftigung bieten kann. Turnierhundsport, Agility, Rettungshund oder Jagdausbildung – der Curly ist vielseitig einsetzbar. Er braucht Familienanschluss und ist geduldig im Umgang mit Kindern. Dieser eindrucksvolle Hund ist ein zuverlässiger Wächter, erstklassiger Jagdhund und hervorragender Schwimmer, witterungsunempfindlich. Das Fell, das kaum Haare verliert, wird nur mit lauwarmem Wasser angefeuchtet und mit den Fingerspitzen massiert.

60–69 cm

Rhodesian Ridgeback

Hunde mit „Ridge", einem Streifen gegen den Strich wachsenden Fells auf dem Rückgrat, wurden schon von den Hottentottenhäuptlingen Afrikas geschätzt. Weiße Siedler kreuzten die einheimischen Hunde mit mitgebrachten Jagdhunden. Da der Hund früher zur Löwenjagd eingesetzt wurde, nennt man ihn heute noch **„Löwenhund"**. Natürlich kann es kein Hund mit einem Löwen aufnehmen, der Ridgeback attackierte vielmehr den Löwen immer wieder und wich den Prankenhieben blitzschnell aus. Er lenkte den Löwen ab, bis der Jäger nahe genug heran war. Diese Arbeit erforderte einen unerschrockenen, draufgängerischen Hund mit schnellem Reaktionsvermögen und enormer Wendigkeit. Der anpassungsfähige, robuste Hund fühlt sich auch bei uns wohl. Er wird gelegentlich zur Jagd ausgebildet und zeichnet sich bei der Schweißarbeit aus. Er ist sehr intelligent, lernfreudig, kräftig, temperamentvoll und braucht eine konsequente, verständnisvolle Erziehung. Erfahrung und Kenntnis in Hundeverhalten sind zu empfehlen. Unter dieser Voraussetzung ist der Rhodesian Ridgeback ein zuverlässiger, niemals langweiliger Familienhund. Auch ohne Ausbildung ist der Rhodesian Ridgeback ein unbestechlicher Wächter und Beschützer. Der bewegungsfreudige Hund ist ein passionierter Augen- und Nasenjäger, lässt sich bei sorgfältiger Erziehung jedoch zurückrufen, und man kann mit ihm stundenlang wandern, radfahren oder ausreiten. Kein Hund für bequeme Menschen! Das kurze Fell ist pflegeleicht.

▶ **Rhodesian Ridgeback**
Schulterhöhe Rüden 63–69 cm, Hündinnen 61–66 cm
Gewicht Rüden 36,5 kg, Hündinnen 32 kg
Farbe hell- bis rotweizenfarben, dunkler Fang und Ohren erlaubt
Land Südafrika
FCI-Nr. 146

60–69 cm

Tosa
Schulterhöhe Rüden mind. 60 cm, Hündinnen mind. 55 cm
Farbe falbfarben, apricot, schwarz, gestromt
Land Japan
FCI-Nr. 260

Tosa

Dieser große, doggenartige Hund ist eine Neuschöpfung und entstand im 19. Jh. durch die Kreuzung der einheimischen Spitzrassen mit europäischen Hunderassen, z. B. → *Englischer Bulldogge, Bernhardiner, Deutsche Dogge, Mastiff* usw. Man vergleicht den Tosa mit Sumo-Ringern, jenen schwergewichtigen Männern, die sich gegenseitig umzuwerfen versuchen. Tosas gelten als die Sumo-Ringer unter den Hunden, weil sie sich beim Kampf nicht zerfleischen. Hier wird Dominanzverhalten zum Ritual stilisiert: zeigl ein Gegner Unterordnungsbereitschaft, wird der „Kampf" sofort abgebrochen. Dass dem so ist, zeigen die zahlreichen Fotos in einem dicken japanischen Tosabuch, in dem sich die Sieger solcher Kämpfe mit Schärpen behängt stolz mit ihrem Besitzer der Kamera stellen. Die Tiere sind makellos, ohne eine Spur von Wunden oder Narben. Es gibt in Europa nur wenige Tosas, aber ich lernte sie als ausgeglichene, temperamentvolle Hunde mit ausgeprägtem Sozialverhalten kennen. Sie sind wachsam, besitzen Schutzinstinkt, sind aber nicht unangebracht scharf. Wie jeder große, selbstbewusste Hund brauchen sie eine konsequente Erziehung. Der Standard beschreibt ihr Wesen als bemerkenswert geduldig, gelassen, kühn und mutig. Sympathisch ist, dass die Tosas keinerlei rassische Übertreibungen aufweisen und beweglich, drahtig und gesund wirken.

60–69 cm

Berger de Beauce

Alter französischer Schäferhund, der erst 1896 den Namen Berger de Beauce bekam, um ihn von der langhaarigen Variante, dem Briard, zu unterscheiden, aber nicht, weil er in der Landschaft Beauce besonders häufig wäre. Der **Beauceron** ist ein mächtiger, aktiver, harter, ausdauernder Schäferhund, der heute immer mehr im Polizei-, Zoll- und Militärdienst Verwendung findet und auch im Privatleben eine Aufgabe braucht. Seine Erziehung erfordert Konsequenz und liebevolles Einfühlungsvermögen. Dank seiner Nervenfestigkeit ist er ein zuverlässiger Begleiter in unserer hektischen Zeit und trotz seiner angeborenen Schärfe und Verteidigungsbereitschaft aufgrund seiner Selbstsicherheit kein gefährlicher Hund. Bei falscher Erziehung und Aufzucht kann er allerdings aggressiv und unberechenbar werden. Erstklassiger Fährtenhund. Im Hause ist er ruhig, bei der Arbeit aufmerksam und eifrig. Der pflegeleichte, witterungsunempfindliche Hund kann als Familien- und Wachhund auf dem Lande empfohlen werden.

Berger de Beauce
Schulterhöhe
Rüden 65–70 cm,
Hündinnen 61–68 cm
Farbe schwarzrot (bas-rouge) und Harlekin (graugefleckt grau, schwarz, rot)
Land Frankreich
FCI-Nr. 44

über 70 cm

▸ **Hovawart**
Schulterhöhe
Rüden 63–70 cm,
Hündinnen 58–65 cm
Farbe blond, schwarz
und schwarzmarkenfarben
Land Deutschland
FCI-Nr. 190

Hovawart

Im Mittelalter wird der „Hovewart" – der Hofwächter – erstmals schriftlich erwähnt. Leider ohne Abbildung, aber es dürfte ein großer, hirtenhundähnlicher Typ mit dickem, vor jeder Witterung schützendem Fell, Genügsamkeit, starkem Wach- und Schutztrieb und enger Bindung an den Menschen gewesen sein. Anfang des 20. Jh. begann Kurt F. König mit der Rückzüchtung des Hovawart-Hundes. Er kreuzte Bauernhunde aus dem Harz und dem hessischen Odenwald mit verschiedenen Hirten- und Sennenhunden, Neufundländern und zotthaarigen Schäferhunden. 1922 wurde der erste Wurf eingetragen, 1937 die Rasse anerkannt, seit 1964 gehört der Hovawart zu den anerkannten Diensthundrassen. Hovawarte sind noch immer von recht unterschiedlichem Temperament. Im Allgemeinen ist er ein großer, schöner, ausgewogener Hund und ein temperamentvoller, lernfreudiger Hausgenosse, der zuverlässig wacht und schützt. Er braucht viel Bewegung und Beschäftigung und ist kein Hund für bequeme Menschen. Kenntnisse in Hundeverhalten sind nötig, um dem dominanten Hund eine untergeordnete Stellung im Rudel zu vermitteln. Gelingt das, ist der stets zu neuen Streichen aufgelegte Hovawart für alle Bereiche des Hundesports bestens geeignet, aber auch für ernsthafte Aufgaben wie Polizeidienst, Rettungs- und Lawinenhund. Egal was man mit ihm macht, er ist immer ein fröhlicher, liebenswerter Familienhund, der engen Kontakt zu seinen Menschen braucht. Das leicht gewellte Haar ist pflegeleicht.

über 70 cm

Berner Sennenhund

Imposanter, auffallend lackschwarz-rotbraun-weiß gezeichneter, kräftiger Hund. Er wurde aus altherkömmlichen Bauernhunden der abgelegenen Schweizer Alpentäler herausgezüchtet. Dort bewachte er Haus und Hof, half beim Viehtreiben und zog den Milchkarren. 1892 begann ein Schweizer Hundefreund, die „Dürrbächler", „Ringgi" oder „Blässli" genannten Vierbeiner zu sammeln und einem Zuchtprogramm zuzuführen. Damit war der später Berner Sennenhund genannte alte schweizer Bauernhund vor dem Aussterben bewahrt worden. Heute zählt der Berner Sennenhund zu den populären Hunderassen, nicht nur aufgrund seiner Schönheit, sondern wegen seiner Charaktereigenschaften, die typisch für Bauernhunde sind: keine Neigung zum Streunen, arbeitswillig, aber nie störend, selbstständig handelnd, wo erforderlich, wachsam, aber nicht aggressiv. Der Berner ist menschenfreundlich, gelehrig, kein ausgesprochen lauffreudiger Hund, obwohl er gerne spazieren geht. Der junge Hund ist voll ungestümen Temperaments und bedarf konsequenter, liebevoller Erziehung. Nur in Ausnahmefällen wurden wildernde Berner bekannt. Er braucht engen Familienanschluss. Berner Sennenhunde eignen sich gut zur Ausbildung zum Begleithund, Fährtenhund und Katastrophenhund. Trotz des schönen Haarkleids braucht der Berner nur zweimal wöchentlich gebürstet zu werden. Er fühlt sich in warmem Klima nicht wohl. Leider wird er schon vermarktet, deshalb sorgfältig einen Züchter gesunder Hunde wählen!

Berner Sennenhund
Schulterhöhe Rüden 64–70 cm (ideal 66–68 cm), Hündinnen 58–66 cm (ideal 60–63 cm)
Farbe tiefschwarz mit braunrotem Brand und weißen Abzeichen an Kopf, Brust und Pfoten
Land Schweiz
FCI-Nr. 45

über 70 cm

Riesenschnauzer
Schulterhöhe 70 cm
Farbe schwarz, pfeffer und salz
Land Deutschland
FCI-Nr. 181

Riesenschnauzer

Der größte Spross der Schnauzerfamilie stammt von bayerischen Bauern- und Metzgershunden ab. Man nannte ihn „Russenschnauzer", „Bärenschnauzer" und schließlich „Münchner Schnauzer" oder bezeichnete die großen, rauhaarigen Bewacher der Brauereiwagen als „Bierschnauzer".

Welche Rassen an der „Veredlung" des Riesen beteiligt waren, wird immer ein Geheimnis bleiben – man spricht von → *Dogge*, *Pudel* und → *Schnauzer*. Schon 1925 wurde der Riesenschnauzer offiziell als Diensthund anerkannt. Er ist ein temperamentvoller Draufgänger und trotzdem ruhig und besonnen, ein unerschrockener Hund mit gutartigem Charakter und zuverlässigem Schutztrieb. Der wehrhafte, respekteinflößende Riese hat ein weiches Herz und braucht viel Zuwendung, eine konsequente Führung ohne unnötige Härte, die Geduld und Hundeverstand erfordert. Er wird bei der Polizei als Diensthund, Sprengstoffsuchhund und im Katastropheneinsatz geführt. Wegen seiner Kinderfreundlichkeit wird er mehr und mehr als reiner Familienhund gehalten, der auch ohne Schutzhundausbildung sein Wächteramt hervorragend erfüllt. Ein erstklassiger, aber nicht leichtführiger Sporthund und großartiger Familienhund. Wird regelmäßig getrimmt.

über 70 cm

Weimaraner

Eine außergewöhnlich aparte Erscheinung unter den Jagdhunden ist der Weimaraner und wohl derjenige deutsche Vorstehhund, der weltweite Verbreitung gefunden hat – häufig als reiner Schau-, aber auch als Polizei- und Schutzhund. Ob der Weimaraner, wie gerne berichtet wird, in seiner heutigen Form wirklich am Hofe zu Weimar gezüchtet wurde, ist umstritten. Sicher ist nur, dass Großherzog Carl August (1757–1828) ein leidenschaftlicher Jäger war und aus Frankreich Bracken mitbrachte. Es ist bekannt, dass er seine Hunde bei herrschaftlichen Jägern und Bauern unterbrachte und dass die grauen Vorstehhunde hauptsächlich im Gebiet Weimar/Halle vorkamen. Der Weimaraner ist hierzulande selten, die Zucht bedarf deshalb besonderer Aufmerksamkeit, um Inzuchtschäden zu vermeiden. Der Weimaraner Vorstehhund ist ein vielseitiger, anhänglicher, leichtführiger passionierter Jagdgebrauchshund mit ausdauernder, nicht allzu temperamentvoller Suche. Geschätzt werden seine hervorragende Nase, Wild-, Raubzeug- und Mannschärfe. Der Hund ist besonders geeignet für die Arbeit nach dem Schuss (Schweiß, Verlorenbringen usw.). Der ungewöhnlich schöne Hund gehört als passionierter Jagdhund nur in Jägerhand. Der seltene **langhaarige Weimaraner** mit gleichen Eigenschaften ist ebenfalls pflegeleicht.

▶ **Weimaraner**
Schulterhöhe
Rüden 59–70 cm
(ideal 62–67 cm),
Hündinnen 57–65 cm
(ideal 59–63 cm)
Gewicht
Rüden 30–40 kg,
Hündinnen 25–35 kg
Farbe silber-, reh- oder mausgrau
Land Deutschland
FCI-Nr. 99

über 70 cm

▸ **Großer Japanischer Hund**
Schulterhöhe
Rüden 65–70 cm, Hündinnen 61–66 cm
Farbe Alle, glänzend und klar, Abzeichen harmonisch verteilt, mit oder ohne Maske oder Blesse. Schecken weiß mit großen, regelmäßig angeordneten Flecken, Kopf und mehr als ein Drittel des Körpers bedeckend.
Land Japan
FCI-Nr. 344

Großer Japanischer Hund

Sein Ursprung geht zurück auf den Akita Inu Japans. Die Rasse ist ein Nationaldenkmal Japans und durfte nicht exportiert werden. Offiziell bekam die Amerikanerin Helen Keller 1937 zwei Welpen geschenkt, die ersten Akitas in den USA. Amerikanische Soldaten lernten die Hunde in Japan kennen und nahmen sie nach Ende des II. Weltkriegs mit nach Hause. Dort wurde die Rasse nach amerikanischen Vorstellungen weitergezüchtet und war so begehrt, dass sogar ähnlich aussehende Mischlinge viel Geld einbrachten. Der Hund entfernte sich vom japanischen Typ, war wesentlich schwerer und kräftiger und soll Schäferhundblut führen. 1972 bis 1992 durften keine Japanimporte in die Zucht aufgenommen werden. Die Japaner hingegen verwahrten sich dagegen, dass die in Amerika entwickelte Rasse den Namen ihres Nationalhundes trug und trennten 1998 die Rasse in Akita und Großer Japanischer Hund. In den USA heißt er jedoch weiterhin Akita. Der **Great Japanese Dog** ist ein starker, selbstständiger und selbstbewusster Hund, der eine konsequente Erziehung mit viel Kenntnis des Hundeverhaltens benötigt. Er ist treu zu seiner Familie und Freunden, in der Regel tolerant mit Kindern, aber reserviert und misstrauisch gegen Fremde. Wegen seines Jagdtriebs ist ein eingezäuntes Grundstück notwendig. Aggressiv gegen Artgenossen. Das pflegeleichte Fell verliert beim Haarwechsel sehr viel Unterwolle.

über 70 cm

American Bulldog

Schon die ersten britischen Siedler brachten ihre Bulldoggen mit in die neue Heimat, die jedoch sehr viel hochbeiniger und athletischer gebaut waren als der heutige → *Bulldog*. Dieser reine Farmhund, der nie nach Standard für Ausstellungszwecke gezüchtet wurde, erweckte vor noch nicht allzu langer Zeit züchterisches Interesse. Durch Einkreuzung anderer Rassen und mangels eines einheitlichen Standards gibt es keinen einheitlichen Typ. Er wird auch heute noch auf den Farmen als zuverlässiger Schutzhund von Hof und Vieh gegen streunende Hundemeuten und Raubtiere und bei der Arbeit mit dem Vieh eingesetzt. Er erfreut sich auch bei uns eines kleinen Freundeskreises. Kräftiger, lebhafter, angenehmer, etwas eigensinniger, dennoch gut zu erziehender Familienhund. Wachsam, nicht überaggressiv. Allgemein wird der von J. D. Johnson gezüchtete Hund als *der* American Bulldog anerkannt.

In den USA gibt es weitere, im Typ ähnliche Bulldogkreationen wie den **Alapaha Blue Blood Bulldog** aus Georgia mit ca. 61 cm Schulterhöhe, den **Victoria Bulldog**, eine Rückzüchtung des alten, leichteren → *English Bulldogs* mit max. 48 cm Schulterhöhe, den **Catahoula Bulldog**, eine Mischung zwischen → *Catahoula* und → *Bulldog* von max. 66 cm Schulterhöhe, den **Arkansas Giant Bulldog**, Kreuzung zwischen English → *Bulldog* und → *Pit Bull* mit max. 55 cm Schulterhöhe usw.

▶ **American Bulldog**
Schulterhöhe
Rüden 58–71 cm,
Hündinnen 51–66 cm
Gewicht
Rüden 41–68 kg,
Hündinnen 32–59 kg
Farbe einfarbig weiß, gestromt, gescheckt rot, falb, braun, mahagoni, creme, gestromt auf weißem Grund
Land USA
FCI nicht anerkannt

über 70 cm

Galgo Español

▶ **Galgo Español**
Schulterhöhe
Rüden 62–70 cm,
Hündinnen 60–68 cm;
jeweils ± 2 cm
Farbe alle; rauhaarig
(Bild unten) oder kurz-
haarig (Bild oben)
Land Spanien
FCI-Nr. 285

Reste reinrassiger Galgos (**Spanischer Windhund**) hetzen heute noch in Andalusien und Kastilien Hasen und bewachen die Bauernhöfe. Für professionelle Windhundrennen kreuzte man spanische Galgos mit Greyhounds. Diese sog. „Galgos inglesespanol" erkennt die FCI allerdings nicht an. Der Galgo ist ein schneller, ausdauernder Jäger. Als Gefährte ist er ruhig, sehr personenbezogen und Fremden gegenüber misstrauisch bis aggressiv, wachsam.

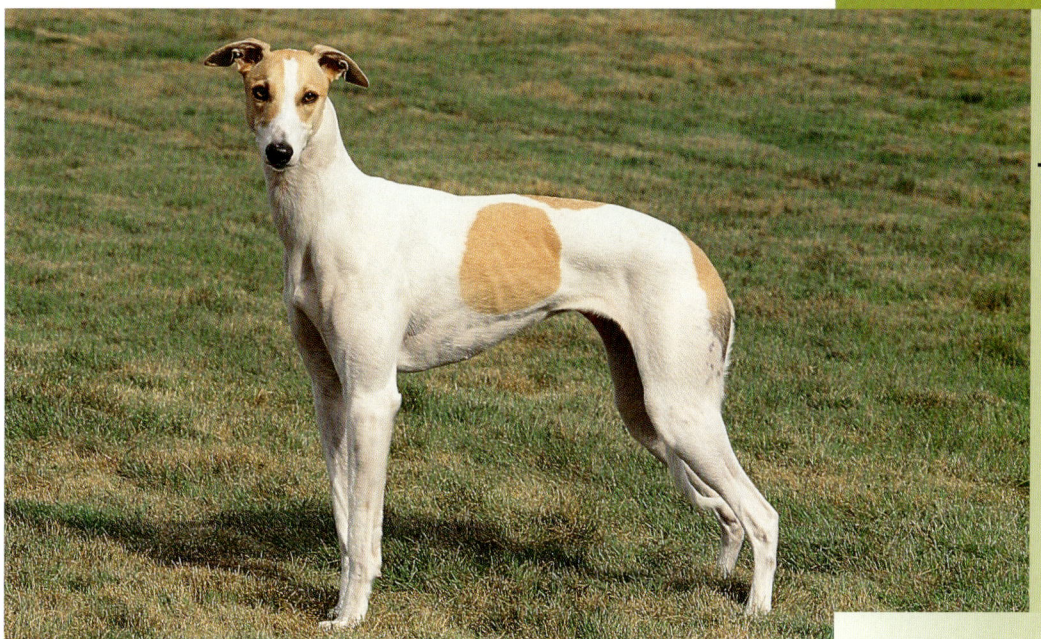

über 70 cm

Magyar Agar

Die im Laufe der Jahrhunderte einwandernden Volksstämme brachten alle ihre Windhunde mit ins heutige Ungarn. So entstand ein witterungsunempfindlicher, athletisch gebauter Windhund mit derbem Kurzhaar, mit dem der Adel bevorzugt jagte, den aber auch die arme Landbevölkerung zum Wildern benutzte. Ende des 19. Jh. erfolgte Greyhoundeinkreuzung. Inzwischen hat man sich vom schnellen Greyhoundmix für die Rennbahn auf den alten Agartyp zurückbesonnen.

Der **Ungarische Windhund** ist ein ruhiger, treu ergebener Familienhund, wachsam und verteidigungsbereit, bei einfühlsamer Erziehung sogar gehorsam. Harter Hund, der sich gut für die Rennbahn eignet.

Gejagt wurde mit zwei oder drei Hunden, die rechts neben dem Pferd geführt wurden. Man jagte in übersichtlichen Gelände Hasen. Sprang einer im Abstand von ca. 50 m vor den Hunden auf, wurde die Koppel „gelöst" und die Hetze begann. Hatte der erste Hund den Hasen eingeholt, schlug er auf ihn ein, damit er die Richtung wechselte, der Hund ließ sich zurückfallen, damit der nächste, den Weg des Hasen abschneidend, die Jagd übernahm und den Hasen fing. Ein Hund hatte dann die Aufgabe, die anderen Hunde davon abzuhalten, den Hasen zu zerreißen. Als gut abgerichtet galt der Windhund, der ruhig neben dem Reiter lief, absolut aufs Wort gehorchte, dem Hasen folgte und ruhig neben dem getöteten Hasen auf seinen Herrn wartete, ohne ihn anzutasten. Ließ sich ein Windhund durch einen zweiten Hasen von der Hatz ablenken, war das ein schwerer Fehler.

Mit der Intensivierung der Landwirtschaft verlor diese Jagd an Bedeutung und der Rennsport kam auf.

Magyar Agar
Schulterhöhe Rüden 65–70 cm, Hündinnen entsprechend kleiner
Farbe alle
Land Ungarn
FCI-Nr. 240

über 70 cm

Saluki
Schulterhöhe
58,5 cm–71 cm
Farbe alle Farben und Farbkombinationen zulässig
Land Mittlerer Osten
FCI-Nr. 269

Saluki

„Der Saluki ist kein Hund, er ist ein Geschenk Allahs, zu unserem Nutzen und zu unserer Freude gegeben", so sagt der Koran. Der Saluki, in seiner Heimat **„Tazi"** genannt, lebt in seiner heutigen Form seit Jahrtausenden im gesamten Orient, von China bis nach Arabien und in Ägypten. Je nach Region ist er derber oder eleganter, mehr oder weniger stark an Rute, Ohren und Läufen befranst. Der Saluki – vermutlich benannt nach der alten arabischen Stadt Saluq – ist ein Langstreckenläufer. Vor den Reitern sitzend, ritt er mit zur Jagd. Während der Falke das Wild erspähte und durch seine Attacken irritierte, hetzte der vom Pferd gelassene Saluki die Beute zum Stand. Gejagt wurde alles, vom Hasen über die Gazelle bis zum Vogel Strauß, ebenso Onager, Wolf, Fuchs und Schakal. Um 1700 gelangte er mit arabischen Pferden nach England. Der zurückhaltende, sensible Hund schließt sich eng seiner Bezugsperson an, die mit ihm „jagt" – sprich spazieren geht und ihm die Befriedigung seiner Jagdpassion ermöglicht, am besten auf der Rennbahn oder beim Jagd-Coursing. Der im Hause ruhige, im Freien lebhaft verspielte Hund kann mit viel Lob und Liebe zu einem gehorsamen Hausgenossen erzogen werden, allerdings vergisst er alles beim Anblick eines Hetzobjektes. Die Fellpflege beschränkt sich auf das Kämmen der Befransung. Ansonsten unempfindlicher, robuster Hund. Sehr selten kommen kurzhaarige Salukis vor (Bild links).

über 70 cm

Sloughi

Der nordafrikanische Windhund kam mit arabischen Einwanderern nach Afrika. Auf ägyptischen Reliefs ab 1500 v. Chr. wird der kurzhaarige, hängeohrige Windhund dargestellt. Der Sloughi gilt mit Pferd und Kamel als kostbarster Besitz der Beduinen Nordafrikas. Er lebt wie ein hochverehrtes, verwöhntes Familienmitglied im Zelt und ist deshalb seiner Familie eng verbunden. Fremden gegenüber ist der Sloughi misstrauisch und durchaus verteidigungsbereit. In seiner Heimat bewachen die Sloughis von den Zeltdächern aus das Lager. Bei der Jagd sprang der **Arabische Windhund** vom galoppierenden Pferd, sobald er das flüchtende Wild erspähte, hetzte und stellte es. Heute ist diese Jagd verboten, trotzdem bewahren traditionsbewusste Beduinenstämme die Sloughizucht. Noch immer sind diese Windhunde ausdauernde Langstreckenläufer und schwierigstem Gelände gewachsen. Sie brauchen ihrer Herkunft entsprechend, die in Europa erst wenige Generationen zurückliegt, engen Familienanschluss und viel Bewegung. Ein großes, sicher eingezäuntes Grundstück, ausgedehnte Spaziergänge und regelmäßiges Training auf der Rennbahn oder Jagd-Coursing ermöglichen dem Sloughi ein glückliches, artgerechtes Leben. Mit Verständnis und Liebe erzogen, ist der Sloughi ein gehorsamer, ruhiger Familienhund, der selten und nie grundlos bellt. Diese edlen Hunde haben sich in Europa einen festen Freundeskreis geschaffen.

Das feine, kurze Fell des Sloughi ist pflegeleicht.

Sloughi
Schulterhöhe Rüden 66–72 cm, Hündinnen 61–68 cm
Farbe hell-sandfarben bis zu rot-sandfarben, mit oder ohne schwarze Maske, Mantel oder Stromung oder schwarze Wolkung
Land Marokko
FCI-Nr. 188

über 70 cm

PODENCO IBICENCO

Podenco Ibicenco
Schulterhöhe
Rüden 66–72 cm,
Hündinnen 60–67 cm
Farbe weißrot, einfarbig weiß oder rot, löwengelb
Land Spanien
FCI-Nr. 89

Hunde vom Urtyp zur jagdlichen Verwendung

▸ **Podenco Ibicenco**
Nachfahre des alten Pharaonenhundes, der sich auf den Baleareninseln erhalten konnte. Man jagt mit einem einzelnen Hund oder mehreren Hündinnen und einem Rüden auf Kaninchen, Hühner und sogar Hochwild. Mehrere Rüden arbeiten nicht zusammen und raufen. Podencos jagen mit der Nase ebenso wie mit den Augen und apportieren. Sie sind robust und dem rauen Gelände ihrer Heimat bestens angepasst. Der selbstständige Jäger, bei dem nie auf eine enge Bindung zwischen Hund und Mensch Wert gelegt wurde, ist nach unseren Vorstellungen schwierig zu halten. Die Erziehung setzt Geduld, Verständnis und Konsequenz voraus, trotzdem ist seine Jagdpassion kaum zu zügeln. In letzter Zeit werden diese zum Menschen sehr liebenswürdigen Hunde im Zuge des Tierschutzes häufig importiert. Glatt- und rauhaarig (rechtes Bild).

▸ **Podenco Canario**
Nach den dort lebenden Nachfahren antiker Laufhunde wurden wahrscheinlich die „Kanarischen" (= Hunds-) Inseln benannt. Gleicht im Wesentlichen dem Ibicenco. Glatthaarig.

▸ **Podengo Portugues grande**
Zur Jagd auf Wildschwein und Hirsch verwendet, spürt er das Wild auf und stellt es bellend, bis der Jäger zum Schuss kommt. Bestens dem rauen Gelände angepasst und robust. Intelli-

über 70 cm

PODENCO CANARIO

PODENGO PORTUGUES GRANDE

▶ **Podenco Canario**
Schulterhöhe
Rüden 55–64 cm,
Hündinnen 53–60 cm;
± 2 cm
Farbe Rot mit weiß bevorzugt, wobei das rot von orange bis dunkelrot (mahagoni) reicht. Alle Kombinationen dieser Farben.
Land Spanien
FCI-Nr. 329

▶ **Podengo Portugues grande**
Schulterhöhe
55–70 cm
Farbe Gelbtöne, verwaschenes Schwarz, einfarbig oder mit weißen Abzeichen, weiß mit gelben oder schwarzen Abzeichen
Land Portugal
FCI-Nr. 94

gent, gut erziehbar und wachsam, abgesehen von seiner Jagdpassion angenehmer Haushund. Da der Rauhaar im Dornengestrüpp weniger verletzlich ist, findet man den Glatthaar kaum noch. Die fast ausgestorbene Rasse befindet sich im Wiederaufbau. Glatt- oder Rauhaar.

über 70 cm

GRAND BLEU DE GASCOGNE

Große französische Laufhunde

Sie waren an der Schaffung der beliebten Meutehunde beteiligt. Ausgesprochen edle, elegante Laufhunde mit hervorragender Nase und herrlichem Geläut. Französische Meutehunde haben eine jahrhundertealte Tradition. Die meisten wurden während der Französischen Revolution ausgerottet. Meutehunde werden durchaus nicht immer rein gezüchtet, sondern den Bedürfnissen entsprechend verkreuzt, wobei jagdliche Leistung, Robustheit und Gesundheit im Vordergrund stehen. Gerühmt werden die hervorragende Nase, das wohlklingende Geläut, Schnelligkeit, Ausdauer und Jagdpassion. Diese großen Laufhunde sind auch in Frankreich relativ selten und außerhalb ihrer Heimat nur gelegentlich anzutreffen. Alle französischen Laufhunde sind ausgesprochen edel und elegant, oft mit auffallend langen Ohren. Trotz ihres liebenswürdigen, klugen und wachsamen Wesens ohne Schärfe nicht als Haus- und Familienhund zu empfehlen, da diese selbstständigen Meutejäger aufgrund der ausgeprägten Jagdpassion und ihrer geringen Bindung an den Menschen wenig Gehorsamsbereitschaft zeigen.

▶ **Grand Bleu de Gascogne**
Einzigartige Fellfarbe, zeichnet sich durch feine Nase bei der Reh- und Wildschweinjagd aus. Schulterhöhe Rüden 65–72 cm, Hündinnen 62–68 cm. Farbe schwarz-weiß getüpfelt, mit oder ohne schwarze Platten, lohfarbene Abzeichen an Kopf, Gliedmaßen und Rute. FCI-Nr. 22.

▶ **Grand Gascon Saintongeois**
Auffallend schwarzweißer Laufhund, der ebenso wie der Grand Bleu de Gascogne zur Reh- und Wildschweinjagd eingesetzt wird. Schulterhöhe Rüden 63–70 cm, Hündinnen 60–65 cm. Farbe weiß mit schwarzer Tüpfelung und lohfarbenen Abzeichen am Kopf. FCI-Nr. 21.

über 70 cm

GRAND GASCON SAINTONGEOIS

BILLY

POITEVIN

GRAND ANGLO-FRANÇAIS TRICOLORE

▸ **Billy**
Eng verwandt mit dem Poitevin und benannt nach dem Landgut seines Schöpfers. Obwohl an der Schaffung einiger Laufhundrassen beteiligt, war der Billy schon immer selten. Es besteht noch eine Meute mit etwa 60 Hunden, die in der Auvergne Wildschweine jagt. Daneben gibt es noch eine oder zwei kleine Meuten für die Hasenjagd. Charakteristisch ist die weiß-zitronengelbe Fellfarbe. Schulterhöhe Rüden 60–70 cm, Hündinnen 58–62 cm. Farbe reinweiß oder milchkaffeeweiß mit hellorangen oder zitronenfarbigen Flecken oder Mantel. FCI-Nr. 25.

▸ **Poitevin**
Edle, fast windhundartige Bracke, nicht allzu robust, mit hoher Jagdpassion und Schnelligkeit. Alter französischer Laufhund, Vorfahre vieler anderer französischer Bracken. Schulterhöhe Rüden 62–72 cm, Hündinnen 60–70 cm. Farbe dreifarbig: rot-weiß mit schwarzem Mantel; zweifarbig: weiß-orange. FCI-Nr. 24.

▸ **Grand anglo-français tricolore**
Robuster, am weitesten verbreiteter Meutehund Frankreichs. Entstanden aus der Kreuzung von englischem Foxhound und Poitevin. Schulterhöhe 62–72 cm. Farbe dreifarbig. FCI-Nr. 322.

über 70 cm ▼

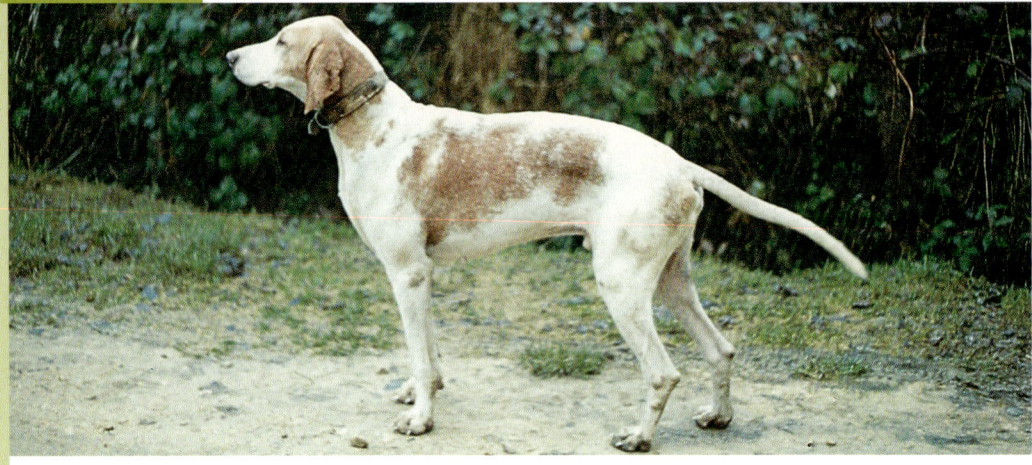

GRAND ANGLO-FRANÇAIS BLANC ET ORANGE

FRANÇAIS TRICOLORE

FRANÇAIS BLANC ET NOIR

▸ **Grand anglo-français blanc et noir**
Schwarzweißer Laufhund, abstammend vom Gascon-Saintongeois. Schulterhöhe 62–72 cm. FCI-Nr. 323.

▸ **Grand anglo-français blanc et orange**
Eine aus der Kreuzung von Foxhound mit Billy entstandene, sehr seltene Rasse. Schulterhöhe 62–72 cm. Farbe weiß-orange. FCI-Nr. 324.

▸ **Français tricolore**
Entstanden aus dem Anglo-français tricolore, selektiert auf den Typ des schweren normannischen Hundes (Chien Normand). Schulterhöhe Rüden 62–72 cm, Hündinnen 60–68 cm. Farbe dreifarbig mit Mantel. FCI-Nr. 219.

▸ **Français blanc et orange**
Billy-Einfluss, sehr selten. Schulterhöhe 62–72 cm, Farbe weiß-orange. FCI-Nr. 316.

▸ **Français blanc et noir**
Bevorzugt für die Jagd auf Reh wegen seiner guten Nase und seines ruhigen Wesens, direkt abstammend vom Gascon-Saintongeois. Schulterhöhe Rüden 65–72 cm, Hündinnen 62–68 cm. Farbe weiß mit schwarz mit Mantel oder Flecken, schwarzer, blauer oder lohfarbener Tüpfelung und lohfarbenen Abzeichen. FCI-Nr. 220.

über 70 cm

Schwarzer Terrier

Diese Neuschöpfung wurde 1981 vom russischen Landwirtschaftsministerium anerkannt. Man suchte den idealen Diensthund für Zoll und Militär und glaubte ihn durch die gezielte Verpaarung von → *Airedale, Rottweiler* und → *Riesenschnauzer* mit alten, einheimischen schwarzen Terriertypen zu bekommen. Vom Airedale erhoffte man sich Ausdauer und Führigkeit, vom Riesenschnauzer Größe und Schärfe, vom Rottweiler kraftvollen Körperbau und ausgeglichenes Wesen. Heraus kam ein Hund, der kaum von einem ungetrimmten Riesenschnauzer oder Bouvier des Flandres zu unterscheiden ist. Der Tchiorny Terrier erwies sich als anpassungsfähig an die verschiedenen Klimate des großen Landes, robust, gelehrig und leicht auszubilden. Man schätzt sein festes Nervenkostüm, schnelles Reaktions- und Auffassungsvermögen sowie Verteidigungsbereitschaft ohne unerwünschte Schärfe. Da der Hund aber eine enge Bindung zu einer Bezugsperson eingeht, war er für die vorgesehenen Aufgaben als Diensthund mit wechselnden Führern nicht geeignet, sodass die Zucht seitens der Behörden aufgegeben und in Privathand fortgesetzt wurde. Fortan selektierte man auf einen ausgeglichenen, führigen Familienbegleithund, was dem Schwarzen auch außerhalb seiner Heimat Freunde einbrachte. Fremden gegenüber ist der große Schwarze misstrauisch und seiner Bezugsperson treu ergeben. Hierzulande wird er als Familienbegleithund gezüchtet. Das leicht gewellte Haar ist nicht aufwändig in der Pflege und wird etwas in Form geschnitten.

▶ **Schwarzer Terrier**
Schulterhöhe Rüden 66–72 cm, Hündinnen 64–70 cm
Farbe schwarz oder schwarz mit grauen Haaren
Land Russland
FCI-Nr. 327

über 70 cm

▸ **Großer Schweizer Sennenhund**
Schulterhöhe Rüden 65–72 cm, Hündinnen 60–68 cm
Farbe schwarz mit braunrotem Brand und weißen Abzeichen
Land Schweiz
FCI-Nr. 58

Großer Schweizer Sennenhund

Der ehemalige Karrenhund der Hausierer und Marktfahrer, Hofhund der Bauern und Viehtreiber der Metzger war in der ganzen Schweiz weit verbreitet und Ausgangsrasse für den → **St. Bernhardshund** und die großen Sennenhunde. Der Bauernhund musste den Anforderungen seiner Besitzer gerecht werden. Andernfalls wurde er geschlachtet und gegessen! Respekteinflößende Größe, Wetterhärte, Gesundheit, Kraft, Ausdauer und Genügsamkeit waren Voraussetzung für sein Überleben. Kräftiger Körperbau galt sicherlich als Vorzug, möglicherweise auch eine hübsche, gleichmäßige Zeichnung und leuchtende Farben. Die Bauernhunde waren dreifarbig, rotweiß gescheckt oder schwarzmarkenfarbig. 1908 traf Prof. Heim einen „kurzhaarigen" Berner Sennenhund, sah darin eine eigene Rasse und nannte sie Großer Schweizer Sennenhund. Die Reinzucht der dreifarbigen, symmetrisch gezeichneten Hunde schuf den uns heute bekannten, imposanten Hund. Er liebt zwar seine Spaziergänge, ist aber kein ausgesprochen lauffreudiger Hund. Der Große Schweizer ist ein robuster, kräftiger Bursche von ruhigem, ausgeglichenem Wesen und gutem Schutztrieb, ohne überaggressiv zu sein. Er braucht Platz, engen Familienanschluss und ist geduldig mit Kindern. Er hält sich gerne in Hof und Garten auf, ohne zu streunen. Wetterhart, pflegeleicht und genügsam, ist er heute noch ein idealer Wächter für den Bauernhof. Er besitzt eine gute Nase und lässt sich gut zum Begleithund, Rettungshund und Lawinenhund ausbilden.

über 70 cm

Dobermann

Der 1834 in Apolda geborene Louis Dobermann war Hundefänger, Steuereintreiber, Nachtpolizist und Abdecker. Er züchtete scharfe Hunde, die als bedingungslose Kämpfer, unbestechliche Wächter und raubzeugscharfe Jagdhunde galten, mannscharf waren und sich nicht von Stockschlägen oder Schüssen beeindrucken ließen. Man weiß nicht, welche Rassen er benutzte, jedenfalls legte er den Grundstein zur Zucht eines schönen, eleganten Schutzhundes mit viel Schneid und Temperament. Der Dobermann ist leichtführig, aufmerksam und lernfreudig. Der ausgesprochene Einmannhund schließt sich nur einer Person eng an, nur sie akzeptiert er. Besitzerwechsel übersteht er nur sehr schwer. Er ist Hunden gegenüber unverträglich und zurückhaltend zu fremden Menschen. Bei frühzeitiger Gewöhnung an Artgenossen und Menschen kann man vermeiden, dass der Dobermann zum Raufer oder Beißer wird. Da manche Dobermannhalter den umgänglichen, gut sozialisierten Hund gar nicht wollen, sondern seine Wesensart noch unterstützen, gerät der Dobermann leider oft in Verruf. Der pflegeleichte, sehr temperamentvolle Hausgenosse braucht viel Bewegung und Beschäftigung, er ist immer wachsam, immer in Hab-Acht-Stellung. Bellfreudigkeit und Neigung zum Wildern müssen von klein an unterbunden werden. Der Dobermann sollte unbedingt eine solide Ausbildung genießen. Der anerkannte Diensthund eignet sich nicht für bequeme Menschen und darf nie unüberlegt angeschafft werden. Das kurze glatte Haar ist pflegeleicht.

▶ **Dobermann**
Schulterhöhe Rüden 68–72 cm, Hündinnen 63–68 cm
Gewicht Rüden 40–45 kg, Hündinnen 32–35 kg
Farbe schwarz und dunkelbraun mit leuchtend rotbraunen Abzeichen
Land Deutschland
FCI-Nr. 143

über 70 cm

Ca de Bestiar

Ca de Bestiar
Schulterhöhe
Rüden 66–73 cm,
Hündinnen 62–68 cm
Gewicht ca. 40 kg
Farbe schwarz; Kurzhaar bis 3 cm, Langhaar bis 7 cm
Land Spanien
FCI-Nr. 321

Vermutlich entstand der Ca de Bestiar **(Perro de Pastor Mallorquin, Mallorca-Schäferhund)** aus der Vermischung eingeführter kastilischer Hunde mit einheimischen Bauernhunden. Jedenfalls handelt es sich um eine uralte Rasse, die früher die großen Herden hütete und beschützte. Inzwischen gibt es längst nicht mehr so große Herden, und die Aufgabe des Ca de Bestiar wandelte sich vom Hirten- zum Wach- und Schutzhund der Anwesen. Vorteilhaft war das schwarze Fell, da der Hund in der Nacht praktisch unsichtbar war. Er wurde auch als Polizeihund eingesetzt. Noch 1930 war die Rasse auf allen Balearen-Inseln beliebt und häufig anzutreffen, doch ging sie in den Wirren des Bürgerkrieges unter. Später vermischte sie sich mit Touristenhunden. 1967 fanden sich in letzter Minute einige Liebhaber der Rasse, die sich für die Reinzucht einsetzten und 1975 den Standard festschrieben. 1980 erschien der erste Ca de Bestiar im Ausstellungsring. 1985 wurden schon 87 Exemplare ins Zuchtbuch eingetragen. Der Ca de Bestiar ist ein robuster, kräftiger Bauernhund mit ausgeprägtem Schutztrieb, der als Einmannhund beschrieben wird, der ungern Fremde akzeptiert. Im Übrigen ein lernfreudiger, intelligenter Hund. Das derbe, dichte, tief schwarz glänzende Haarkleid ist pflegeleicht.
Der Ca de Bestiar ist außerhalb Spaniens unbekannt und selbst in seiner Heimat selten.

über 70 cm

Azawakh

Schnell wie der Wind, ausdauernd wie das Kamel und schön wie das Araber-Pferd – so könnte man den graziösen Windhund der Tuareg, jener geheimnisvollen Nomaden der Südsahara, nennen, deren Herkunft ebenso unbekannt ist wie die ihrer Hunde. Die Tuareg schätzen ihn als Jagdgehilfen und Wächter der Herden und Zelte. Der Wüstenwindhund tötet seine Beute nicht, sondern verletzt sie schwer, denn tote Tiere würden in der sengenden Sonne rasch verderben. Von ursprünglicher Wildheit, lebhaft und aufmerksam, bleibt er auch gegenüber ihm bekannten Menschen reserviert, ist aber liebenswürdig und sanft zu jenen, denen er seine Zuneigung schenkt. Der Azawakh braucht Familienanschluss und ist ein anpassungsfähiger Hausgenosse, sofern man ihm täglich die nötige Bewegung verschafft. Auf Ausritten, bei Windhundrennen und Coursings kann er sich ausleben. Der stolze, selbstständiges Jagen gewohnte Hund will mit viel Geduld, Liebe und ruhiger Konsequenz erzogen werden. Falsche Strenge und Härte machen ihn unsicher und verstört. Die Mentalität des freiheitsliebenden Hundes und seines Herrn müssen zusammenpassen, um beide glücklich zu machen. Das gelingt nur bei Kenntnis in Hundeverhalten und entsprechendem Umgang mit dem Hund, denn ein Versagen seines Rudelführers vergisst und vergibt er nie. Das feine Haar des Azawakh ist pflegeleicht.

▶ **Azawakh**
Schulterhöhe
Rüden 64–74 cm,
Hündinnen 60–70 cm
Gewicht
Rüden 20–25 kg,
Hündinnen 15–20 kg
Farben sandweiß bis braun über alle Nuancen von gelb bis rot; weiße Abzeichen; schwarze Schattenmaske erlaubt
Land Mali (Frankreich)
FCI-Nr. 307

über 70 cm

Afghanischer Windhund

▸ **Afghanischer Windhund**
Schulterhöhe
Rüden 64–74 cm,
Hündinnen 60–70 cm
Gewicht
Rüden 20–25 kg,
Hündinnen 15–20 kg
Farbe alle Farben zulässig
Land Afghanistan
(Großbritannien)
FCI-Nr. 228

Einer der schönsten Hunde ist zweifellos der **Afghane**. Mit den ursprünglichen Hetzhunden Afghanistans hat er nur noch wenig Ähnlichkeit. Der Gebirgsafghane ist kompakter und reicher behaart als der hochläufige schnelle Renner der südwestlichen Wüsten. Weitgehend selbstständig jagen die Hunde einzeln, zu zweit oder in der Meute alles, was das Land an jagdbarem Wild hergibt, vom Hasen über die Gazellen bis hin zum Schneeleoparden. Diese Selbstständigkeit hat sich der Afghanische Windhund bis heute bewahrt. Ende des 19. Jh. gelangten die Hunde mit britischen Offizieren nach Großbritannien. Die Zucht erblühte aber erst nach dem 1. Weltkrieg. Zunächst züchtete man den Wüstentyp (Bell-Murray) und den Gebirgsafghanen (Ghazni). Doch ging der weniger attraktive Wüstenrenner bald im Ghazni auf. In den 30er Jahren kamen die ersten Afghanen nach Deutschland. Das herrliche seidige Haar verlangt intensive Pflege. Der stolze, unabhängige, niemals um Zuneigung heischende Hund braucht einen verständnisvollen Besitzer, denn die üblichen Erziehungsmethoden haben beim Afghanen wenig Erfolg. Wegen seiner angeborenen Jagdpassion ist freies Laufen kaum möglich. Der Hund braucht aber außerordentlich viel Bewegung und Auslauf, sodass ein großes, sicher eingezäuntes Grundstück zum freien Toben vorhanden sein sollte. Coursing ist eine schöne Ersatzjagd für ihn. Eignet sich auch für den Windhundrennsport.

über 70 cm

Mastino Napoletano

Seine Vorfahren waren vermutlich die Kampfhunde der alten Römer, die sich in Süditalien als Hirten-, Hof- und Bauernhunde erhalten konnten. Erst 1949 begann die Reinzucht. Vor einigen Jahren wurden die „Panzer der Antike" in der Presse als sicherster Schutz, als lebendige Alarmanlagen hochgespielt, was sofort die Menschen ansprach, die einen „gefährlichen" Hund zur Selbstbestätigung brauchen. Geschäftstüchtige Züchter nutzten den Trend: Immer faltenreichere, schrecklich gefährlich aussehende Monster, ja anatomische Krüppel, wurden vermarktet. Inzwischen hat sich der Trend glücklicherweise normalisiert. Schutztrieb ist dem Mastino angeboren, er muss eher gebremst als gefördert werden. Welpen müssen frühzeitig den freundlichen Umgang mit Menschen lernen. Der Mastino hat kein großes Laufbedürfnis, braucht aber Lebensraum und ist ein ruhiger, angenehmer Begleiter. Er ist sehr kinderfreundlich und gutartig im Umgang mit „seinen Menschen". Der selbstsichere Hund bricht selten Streit vom Zaun, doch einmal provoziert, kämpft er kompromisslos. Selbst bei konsequenter, einfühlsamer Erziehung wird er nie ein ausgesprochen gehorsamer Hund sein. Der Mastino gehört nur in die Hände vernünftiger, verantwortungsbewusster Hundehalter, die mit Kenntnis in Hundeverhalten solch einen Hund führen können. Speichelt stark. Teure und aufwändige Aufzucht.

▶ **Mastino Napoletano**
Schulterhöhe
Rüden 65–75 cm,
Hündinnen 60–68 cm
Gewicht
Rüden 60–70 kg,
Hündinnen 50–60 kg
Farbe grau, bleigrau, schwarz, braun, falbfarben, alle Farben auch gestromt
Land Italien
FCI-Nr. 197

über 70 cm

▸ **Fila Brasileiro**
Schulterhöhe
Rüden 65–75 cm, Hündinnen 60–70 cm
Gewicht Rüden mindestens 50 kg, Hündinnen mindestens 40 kg
Farbe alle außer reinweiß, mausgrau, gefleckt oder Merlefaktor oder mehr als ein Viertel weiß
Land Brasilien
FCI-Nr. 225

Fila Brasileiro

Der Nationalhund Brasiliens schützt die großen Anwesen und treibt das Vieh. Zur Jagd auf den seltenen Jaguar wird er kaum noch eingesetzt. Seine Vorfahren gehen auf die Doggen der spanischen und portugiesischen Eroberer zurück. Später wurden europäische Rassen wie der historische Typ des → **Bulldog, Mastiff** und → **Bloodhound** eingekreuzt. 1954 kamen die ersten Filas nach Deutschland. Sie besitzen ein natürliches Misstrauen gegen Fremde, Schutztrieb und Verteidigungsbereitschaft sind angeboren und dürfen nicht gefördert werden. Von entscheidender Bedeutung ist beim Fila die Prägung und Sozialisierung des Welpen als künftiger Familienbegleithund. Dann ist er seiner Familie ein stets loyaler, zuverlässiger, ja zärtlicher Hausgenosse, der schnell lernt.

Der starke und überraschend wendige, in der Jugend sehr temperamentvolle Hund ist nur leichtführig und willig, wenn er seine Menschen aufgrund ihrer Führungsqualitäten anerkennt. Der Filabesitzer muss Erfahrung mit Hunden und fundierte Kenntnis in Hundeverhalten besitzen. Übliche Erziehungsmethoden mit häufigen Wiederholungen langweilen ihn. Die Erziehung, Aufzucht, Bewegung und Ernährung des Filas sind sehr aufwändig und bedürfen großer Sorgfalt. Der große Brasilianer braucht engen Familienanschluss, muss seinen Platz im Rudel akzeptieren und ist nicht für ein Leben im Zwinger geeignet.
Kein Hund für bequeme Menschen. Beim Kauf unbedingt auf sorgfältig auf den Menschen geprägte Welpen achten. Das kurze Fell ist pflegeleicht.

über 70 cm

Broholmer

Vermutlich Nachfahre der mächtigen germanischen Doggen, die als Wach- und Schutzhunde und zur Wildschwein- oder Bärenjagd dienten. Später nannte man sie Saupacker oder Hatzrüden. Diese starken Hunde waren die Vorfahren vieler europäischen doggenartigen Hunderassen. Vom alten Broholmer dürfte der Begriff Dänische Dogge herleiten, der noch heute im Ausland gebräuchliche Name für die → *Deutsche Dogge.* Als dank moderner Waffen die Saupacker nicht mehr gebraucht wurden, drohten diese Hunde auszusterben. 1850 begann in Dänemark Hofjägermeister Sehested mit dem Wiederaufbau der Zucht der antiken dänischen Dogge. Er sammelte im ganzen Land Hunde, die seinen Vorstellungen entsprachen, und züchtete mit ihnen weiter. Ihm zu Ehren wurde die Rasse Broholmer benannt, nach seinem Gut Broholm auf Fünen. Doch geriet die Rasse allmählich in Vergessenheit. 1974 begann die Rückzüchtung des Broholmer. Welpen werden nur mit der vertraglichen Verpflichtung zur Weiterzucht verkauft und die Zucht streng überwacht. Die Dänen sind stolz auf diesen majestätischen Hund. Die Nachfrage nach Welpen ist groß, und das Interesse an einer gesunden Rasse mit gutem Wesen hat Vorrang bei der Zucht. Der Broholmer ist ein ruhiger, angenehmer Hausgenosse und geduldiger Beschützer der Kinder. Er ist wachsam, aber nicht aggressiv, sondern eher freundlich. Das glatte Haar ist pflegeleicht.

Der Broholmer ist zwar über die Grenzen Dänemarks hinaus bekannt, aber wertvolle Zuchttiere bleiben im Lande.

▶ **Broholmer**
Schulterhöhe Rüden mind. 75 cm, Hündinnen mind. 70 cm
Farbe hellgelb mit schwarzer Schnauze und Maske, braungelb mit schwarzem Fang und dunklen Haarspitzen, schwarz mit kleinen weißen Abzeichen
Land Dänemark
FCI-Nr. 315

über 70 cm

▸ **Mastiff**
Schulterhöhe ca. 75 cm
Gewicht 75 kg
Farbe apricot, silber, falb, dunkelgestromt, schwarze Maske
Land Großbritannien
FCI-Nr. 264

Mastiff

Als die Römer auf der britischen Insel landeten, bewunderten sie die riesigen Kampfhunde der Inselbewohner und brachten sie nach Rom in die Tierkampf-Arenen. Der Mastiff hat eine uralte Tradition als schwerer Jagd- und Schutzhund. Während der beiden Weltkriege drohte die Rasse auszusterben, denn niemand konnte die großen Hunde ernähren. Sie musste mit Hilfe der Rassen wieder aufgebaut werden, zu deren Schaffung sie selbst einmal beigetragen hatte, so z.B. der → *Bullmastiffs*. Aber auch → *Deutsche Dogge, Bernhardiner* und → *Neufundländer* sollen beteiligt gewesen sein. Bedingt durch Inzucht waren Wesen und Körperbau der Tiere geschädigt, gelegentlich trifft man noch ängstliche Riesen an. In der Mastiffzucht strebt man typische, gesunde Hunde an. Die Zucht ist nicht einfach, besonders die Aufzucht des jungen Mastiff bis hin zum Erwachsenenalter ist aufwändig und teuer. Der Mastiff ist freundlich, gutmütig und ohne Falsch. Er sollte niemals ängstlich oder aggressiv sein. Der ruhige, intelligente Hund ist nicht gerade laufhungrig, braucht aber Platz und Lebensraum. Der sensible Riese lässt sich mit Liebe und Konsequenz leicht erziehen, wird sich in seiner ruhigen Dominanz aber nie vollkommen unterordnen und aufs Wort gehorchen. Er besitzt natürlichen Schutztrieb, ist aber nie unnötig aggressiv. Seine eindrucksvolle Erscheinung und Drohgebärden reichen vollkommen aus, jeden Eindringling abzuweisen.
Keinesfalls gehört dieser gelassene, eher zurückhaltende Hund in die Kategorie gefährlicher Hunde.

über 70 cm

Neufundländer

Vermutlich brachten europäische Fischer große Hunde zum Schutz der Schiffe und Ladungen mit. Sie halfen beim Einholen der Boote und Fischnetze und retteten Schiffbrüchige. Englische Fischer entdeckten sie auf Neufundland und nahmen sie mit nach Hause. Zunächst die großen weiß-schwarzen Hunde, → **Landseer** genannt, später die kleineren, schwarzen von der südlichen St. Johns Insel. Der bärenhafte, gutmütige Hund löste in der Gunst wohlhabender Briten den Landseer ab. Der auf das Apportieren spezialisierte, wasserfreudige → **Labrador Retriever** ist eine Fortzüchtung der ersten schwarzen Neufundlandhunde. Wasserpassion und angeborene Bringfreude machen den Neufundländer zum geborenen Wasserrettungshund. Berühmtester Nutznießer war wohl Napoleon, den der legendäre Boatswain rettete. An der französischen Atlantikküste bildet die Küstenwacht leichte, wendige Neufundländer zu Wasserrettungshunden aus. Der ruhige, liebenswürdige Haus- und Familienhund stellt wenig Ansprüche. Seine Kinderliebe ist sprichwörtlich, er passt sich gut an, fordert keine langen Spaziergänge, sofern ein ausreichender Garten zur Verfügung steht, lernt leicht die notwendigsten Umgangsregeln, bellt wenig, besitzt keine Schärfe, aber seine dunkle, mächtige Erscheinung wirkt abschreckend. Ein Neufundländer braucht Platz, hält sich gerne im Freien auf und ist nur als vollwertiges Familienmitglied glücklich. Die Pflege des dichten, mit viel Unterwolle durchsetzten Fells ist relativ aufwändig.

▶ **Neufundländer**
Schulterhöhe 75 cm
Gewicht 72 kg
Farbe schwarz, braun, schwarzweiß
Land Kanada
FCI-Nr. 50

über 70 cm

SAARLOOSWOLFHOND

▶ **Saarlooswolfhond**
Schulterhöhe
Rüden 65–75 cm,
Hündinnen 60–70 cm
Farbe braun- und graugrundig wolfsfarben, hell cremefarben bis weiß
Land Niederlande
FCI-Nr. 311

Wolfhunde

In Tausenden von Jahren züchterischer Arbeit hat der Mensch den Wolf zum Haushund umfunktioniert. Wolfkreuzungen sind ein Rückschlag und eher fragwürdiges Experiment. Wolfsverhalten schlägt durch und erfordert eine sehr frühe Prägung und sorgfältige Sozialisierung der Welpen, um in unserer Umwelt ohne Stress überleben zu können, da sie sehr misstrauisch allem Fremden gegenüber sind. Die Haltung erfordert ausbruchsichere Unterbringung, fundierte Kenntnisse in Wolfs- und Hundeverhalten und sehr viel Zeit und Einfühlungsvermögen. Wolfhunde sind hochintelligent, die Sinne schärfer und das Reaktionsvermögen schneller als beim Hund, das gesamte Instinktrepertoire einschl. Sozialverhalten ist intakt, die Jagdpassion ausgeprägt. Alles in allem sehr schwierig zu haltende Tiere. Für gesunde, sportliche Menschen mit guter Kenntnis in Wolfs- und Hundeverhalten ein reizvoller, wenn auch nie bequemer Kamerad.

WOLF

über 70 cm

TSCHECHOSLOWAKISCHER WOLFHUND

▶ **Saarlooswolfhond**
Die Idee von Leendert Saarloos war die Verbindung der scharfen Sinne des Wolfs mit der Verbundenheit zum Menschen sowie der Lernfreudigkeit des Deutschen Schäferhundes, um einen guten Blindenführhund zu erhalten.

▶ **Tschechoslowakischer Wolfhund**
Aus Deutschem Schäferhund und Wolf gezüchteter Diensthund des Militärs, ausdauernd, temperamentvoll, gelehrig ohne Unterwürfigkeit mit ausgezeichnetem Orientierungssinn. **Ceskoslovensky Vlcak** bellen nicht, sondern jaulen.

▶ **Lupo Italiano**
Wolf-Schäferhund-Kreuzungszucht, die 1966 in den Bergen von Lazio begann und sich im Rettungs- und Lawinensuchdienst bewährte. Streng kontrollierte Zucht und Ausbildung durch die Forstbehörde. Kaufen kann man sie nicht.

WOLF

▶ Tschechoslowakischer Wolfhund
Schulterhöhe Rüden mind. 65 cm, Hündinnen mind. 60 cm
Gewicht Rüden mind. 26 kg, Hündinnen mind. 20 kg
Farbe gelblich-, wolfs- und silbergrau
Land Slowakei
FCI-Nr. 332

▶ **Lupo Italiano**
Land Italien
FCI nicht anerkannt

über 70 cm

▶ **Greyhound**
Schulterhöhe
Rüden 71–76 cm,
Hündinnen 68–71 cm
Farbe schwarz, weiß,
rot, blau, bräunliches
rotgelb, sandfarben,
gestromt oder jede dieser Farben mit weiß
Land Großbritannien
FCI-Nr. 158

Greyhound

Der schnellste Hund der Welt gilt als Vollblut unter den Windhunden. Der Kurzstreckenspezialist erreicht im Spurt bis zu 100 km/h! Schon die Kelten brachten 375 v. Chr. Windhunde mit auf die Insel. Der Name kann sowohl vom keltischen „grey" = Hund stammen, als auch auf „gazehound" = Sichthund oder „greecehound" = griechischer Hund hinweisen. Windhunde genossen stets die besondere Zuneigung ihrer adeligen Herren, und man findet sie auf Darstellungen aus der Antike bis zur Gegenwart. Der Greyhound wurde in England beim so genannten Coursing eingesetzt, bei dem zwei Greys den lebenden Hasen hetzen. Später werden bei Windhundrennen hinter künstlichem Hasen stattliche Summen verwettet. Der Greyhound wurde zum Profitobjekt, das aber todgeweiht ist, wenn es die Leistung nicht mehr erbringt. Greyhounds sind liebevolle, anschmiegsame, treue, ruhige Hausgenossen, die anspruchslos in Haltung und Pflege sind. Sie brauchen unbedingt engen Familienanschluss. Bei liebevoller Erziehung sind sie gehorsame Gefährten. Der angeborene Hetztrieb macht das Freilaufenlassen sehr schwierig. Deshalb sollte man sich einem Renn- oder Coursingverein anschließen, um dem Grey die Ersatzjagd anzubieten.

über 70 cm

Deerhound

Der schottische Hirschhund ist ein Aristokrat feinsten Adels und vermutlich der reinste Nachkomme der alten Keltenwindhunde. Schottische Clans züchteten ihn mit größter Sorgfalt für die Wolfs- und Großwildhatz im Hochland. Die Hunde sind dem rauen Klima und Gelände bestens angepasst. Als 1746 die Engländer die Schotten in Culloden schlugen und die Clans auflösten, war auch die Deerhoundzucht bedroht. Ihr Überleben verdankt sie Sir Walter Scott, dem Dichter des 18. Jh., der alles Schottische in romantisches Licht rückte und populär machte. Im 19. Jh. verewigte Sir Edwin Landseer den Deerhound auf herrlichen Gemälden. Als auch noch Queen Victoria einen Deerhound hielt, war die Rasse gerettet. Trotzdem blieb der sensible Hund in der rauen Schale wenigen Liebhabern vorbehalten. Der Deerhound ist zärtlich, aber nie aufdringlich, ruhig im Haus und gehorsam. Draußen zeigt der robuste Läufer sein ganzes Temperament. Die Aufzucht ist teuer und aufwändig, die Haltung des erwachsenen Hundes umso einfacher, wenn ihm Platz, Bewegung und enge Verbundenheit zu seinem Herrn geboten werden. Jagd-Coursing sollte neben ausgedehnten Spaziergängen oder Ausritten auf dem Programm stehen. Das Rauhaar ist pflegeleicht.

▶ **Deerhound**
Schulterhöhe Rüden mind. 76 cm, Hündinnen mind. 71 cm
Gewicht Rüden 45,5 kg, Hündinnen ca. 36,5 kg
Farbe Grau- und Falbtöne, gestromt, kleine weiße Abzeichen an Brust und Pfoten erlaubt
Land Großbritannien
FCI-Nr. 164

über 70 cm

Lurcher
Zweckkreuzung zwischen Deerhound, Whippet oder Greyhound mit Terrier, Collie oder Jagdhund
Land Großbritannien
FCI nicht anerkannt

Longdogs
Zweckkreuzung unter Windhundrassen
Land Großbritannien
FCI nicht anerkannt

Lurcher

Uralte Windhundform Großbritanniens, die auch heute noch zur Hasen- und Kaninchenhetze verwendet wird. Lurcher sind gezüchtete Mischlinge zwischen Deerhound, Whippet oder Greyhound mit Terrier- und Collieblut. Das Zuchtziel für den Lurcher ist ein robuster, nicht verletzungsanfälliger Jagdgebrauchshund. Charakteristisch sind Schnelligkeit, Wendigkeit, erstaunliche Intelligenz, Bereitschaft zum Gehorsam und ausgeprägte Hetzleidenschaft.

Die Größen variieren von Whippet bis Deerhound, es gibt alle Farben sowie Glatt- oder Rauhaar.

Lurcher sind in Großbritannien beliebt, es gibt Zuchtvereine, die Shows und Rennen veranstalten. Bei sportlichen Jagdveranstaltungen hetzen zwei oder mehrere Hunde Hasen. Sie sind passionierte Jäger und liebenswerte Familienhunde mit viel Charme. Das Aussehen der Lurcher spielt keine Rolle, wichtig ist jedoch der Körperbau: nicht zu klein und fein, nicht zu groß und schwer, um effektiv jagen zu können.

► **Känguru-Hund**
Der **Känguru-Hund** Australiens basiert auf Grey- und Deerhoundblut. Er ist ein großer, starker und schneller Hund mit viel Mut, der die schnellen und wehrhaften Kängurus fangen und reißen konnte.

Da die Känguru-Jagd verboten ist, vom Aussterben bedroht. Es soll noch einige Exemplare auf abgelegenen Farmen geben.

über 70 cm

Leonberger

Heinrich Essig, Stadtrat der kleinen schwäbischen Stadt Leonberg, war eine begeisterte Züchternatur. Neben Klein- und Federvieh galt sein Interesse der Hundezucht, die er mit zahlreichen verschiedenen Rassen betrieb. Damals genossen solche Züchter-Händler großes Ansehen und dürfen als Begründer der modernen Rassehundezucht angesehen werden. Sein Hund sollte den Löwen im Wappen Leonbergs repräsentieren. Stammeltern waren eine Landseerhündin und ein St. Bernhardsrüde, später kreuzte er einen Pyrenäenberghund ein. Der erste Leonberger wurde 1846 geboren. Essig wusste seine Neuzüchtung gut zu vermarkten, prominente Besitzer waren Kaiserin Sissi, Napoleon III., der Prince of Wales, König Umberto von Italien, Richard Wagner, Bismarck und viele andere mehr. Der Leonberger ist ein ruhiger, nervenfester Familienhund, der einen besonders guten Ruf im Umgang mit Kindern genießt. Er besticht durch souveräne Ruhe, bellt selten, beschützt jedoch zuverlässig seine Menschen und deren Hab und Gut. Der Leonberger schätzt seinen Spaziergang, ist aber kein ausgesprochen laufhungriger Hund. Der große, gelassene, selbstbewusste, gleichzeitig liebebedürftige Hund braucht eine konsequente Erziehung ohne unnötige Härte. Frühe Sozialisierung wichtig, da er als typischer Revierwächter fremde Hunde nicht gern duldet.
Die Aufzucht des jungen Hundes bedarf großer Sorgfalt. Das schöne Fell muss regelmäßig gepflegt werden.

Leonberger
Schulterhöhe Rüden 72–80 cm (ideal 76 cm), Hündinnen 65–72 cm (ideal 70 cm)
Farbe löwenfarbig, gold- bis rotbraun, sandfarben mit schwarzer Maske
Land Deutschland
FCI-Nr. 145

über 70 cm

Cao da Serra da Estrela

LANGHAAR

- **Cao da Serra da Estrela**
  Schulterhöhe
  Rüden 65–72 cm,
  Hündinnen 62–68 cm
  Gewicht
  Rüden 40–50 kg,
  Hündinnen 30–40 kg
  Farbe gelb, braun, wolfsgrau, einfarbig oder mit weißen Abzeichen
  Land Portugal
  FCI-Nr. 173

Traditioneller Hirtenhund aus dem westlichsten Gebirge Europas, dem Estrela-Gebirge in Portugal. Dort schützen die **Estrela-Berghunde** heute noch unter extremen Witterungsbedingungen die Herden vor Wölfen. Er ist ein echter Wach- und Schutzhund. Das Militär züchtet ihn für eigene Zwecke. Als typischer Hirtenhund ist der Estrela kein Schmeichler, sondern eher von unabhängigem Charakter und allem Fremden gegenüber misstrauisch bis aggressiv. Der Cao da Serra da Estrela ist besonders aktiv und wachsam in der Nacht. Seine Aufgabe bei der Herde verlangt selbstständiges Handeln bei Gefahr, er ist deshalb kein unterwürfiger, leicht zu erziehender Hund. Seine Erziehung erfordert Einfühlungsvermögen und Durchsetzungskraft. Der richtig erzogene und in der Familie gehaltene Estrela, der viel Bewegung und eine Aufgabe braucht, ist ein liebenswürdiger zuverlässiger Beschützer der Kinder und jederzeit verteidigungsbereit. Seine verlockende Schönheit darf nicht über die Schwierigkeiten des typischen Charakters dieser noch ursprünglichen Rasse hinwegtäuschen und nicht zu unbedachtem Kauf verleiten. Außerhalb Portugals fasst dieser interessante Hund erst allmählich Fuß, es ist auch nicht einfach, gute Hunde zu kaufen. Das Fell des Estrela kann langhaarig oder stockhaarig sein.

STOCKHAAR

über 70 cm

Rafeiro do Alentejo

Er stammt aus der Region Alentejo, die sich südlich des Tejo bis an die Algarve erstreckt. Möglicherweise entstand er durch die Kreuzung des Cao da Serra da Estrela mit den Hunden der Tiefebene. Die Großgrundbesitzer schätzten diesen schönen, mächtigen Hund als zuverlässigen Beschützer ihrer Güter und züchteten ihn mit viel Liebe und Sachverstand. Der **Alentejo Mastiff** war ein Statussymbol, der Hund der Reichen, was ihm schließlich zum Verhängnis zu werden drohte. Als die Revolution die Großgrundbesitzer vertrieb, waren sie verhasst wie ihre Herren und wurden vernichtet. Inzwischen wurden die letzten überlebenden Exemplare erfasst und die Zucht wieder aufgebaut. Der Rafeiro ist nach wie vor ein Schutzhund, der besonders in der Nacht aufmerksam ist. Der selbstständige Hund braucht eine feste, konsequente Erziehung, wird aber nie ein fügsamer, unterordnungswilliger Hund sein. Seiner Familie gegenüber ist er zuverlässig und freundlich. Eine ähnliche Hirtenhundrasse, die im Norden Portugals die Herden schützt, ist der **Cao de Gado Transmontano.** Sie wird derzeit erfasst und züchterisch betreut.

▸ **Rafeiro do Alentejo**
Schulterhöhe Rüden 66–74 cm, Hündinnen 64–70 cm
Gewicht Rüden 40–50 kg, Hündinnen 35–45 kg
Farbe wolfsgrau oder gelb
Land Portugal
FCI-Nr. 96

▸ **Cao de Gado Transmontano**
Schulterhöhe 70–80 cm
Farbe weiß mit schwarzen, orangefarbenen Flecken oder wolfsfarben (schwarz, braun, grau) oder grau
Land Portugal
FCI nicht anerkannt

über 70 cm

PYRENÄENBERGHUND

▸ **Pyrenäenberghund**
Schulterhöhe
Rüden 70–80 cm,
Hündinnen 65–72 cm
Gewicht
Rüden ca. 60 kg,
Hündinnen ca. 45 kg
Farbe weiß
Land Frankreich
FCI-Nr. 137

Berghunde

▸ **Pyrenäenberghund**
In den abgelegenen Bergregionen der Pyrenäen schützen weiße Hirtenhunde die Herden vor Wölfen, Bären und zweibeinigen Dieben. Sie sind hauptsächlich in der Nacht aktiv, beobachten die Herden von übersichtlicher Stelle aus und greifen Feinde sofort an. Sie sind Fremden gegenüber misstrauisch bis scharf, akzeptieren aber, wen der Herr einlässt. Innerhalb der Familie sind die großen Hunde freundlich, anschmiegsam und geduldig mit Kindern. Die selbstständiges Handeln gewohnten Tiere benötigen eine konsequente, einfühlsame Erziehung. Das langhaarige, derbe Fell braucht regelmäßige Pflege. Die robusten **Chien de Montagne des Pyrénées** lieben den Aufenthalt im Freien, brauchen jedoch engen Kontakt zur Familie.

▸ **Mastin de los Pirineos**
Auf der spanischen Seite der Pyrenäen heimischer Herdenschutzhund, kaum als Schau- und Begleithund gezüchteter, funktionstüchtiger Hirtenhund. Misstrauisch gegen Fremde. Bei früher Prägung und Sozialisierung auch als Begleithund mit den typischen Herdenschützermerkmalen.

▸ **Mastin Español**
Hirtenhund der spanischen Wanderschäfer und Schutzhund großer Anwesen, der während des Bürgerkriegs fast ausgerottet wurde. Der Fremden gegenüber reservierte Hund bedarf liebevoll-konsequenter Erziehung; in der Familie zuverlässig, ruhig, sensibel. Braucht frühe Umweltgewöhnung und engen Familienkontakt. Außerhalb Spaniens sehr selten.

über 70 cm

MASTIN DE LOS PIRINEOS

MASTIN ESPAÑOL

Mastin de los Pirineos
Schulterhöhe
Rüden mind. 77 cm
(ideal mind. 81 cm),
Hündinnen mind.
72 cm (ideal mind.
75 cm)
Farbe weiß mit farbigen
Abzeichen
Land Spanien
FCI-Nr. 92

Mastin Español
Schulterhöhe
Rüden mind. 77 cm
(ideal mind. 80 cm),
Hündinnen mind.
72 cm (ideal mind.
75 cm)
Farbe grau, gelb,
schwarz, rot, gestromt
mit weißen Abzeichen
Land Spanien
FCI-Nr. 91

über 70 cm

POLSKI OWCZAREK PODHALANSKI

▶ **Polski Owczarek Podhalanski**
Schulterhöhe
Rüden 65–70 cm,
Hündinnen 60–65 cm,
+ 3%
Farbe weiß
Land Polen
FCI-Nr. 252

▶ **Slovensky Cuvac**
Schulterhöhe
Rüden 62–70 cm,
Hündinnen 59–65 cm
Gewicht
Rüden 36–44 kg,
Hündinnen 31–37 kg
Farbe weiß
Land Slowakei
FCI-Nr. 142

Weiße Hirtenhunde

Die enge Verwandtschaft der beiden Hirtenhunde aus den Karpaten, dem Grenzgebirge zwischen Polen und der Slowakei, ist nicht zu verleugnen. Beide schützen Herden und Höfe vor Bären und Wölfen und sind besonders nachts aktiv.
Ab 1937 wurde der **Podhalaner** zuchtbuchmäßig erfasst und vom Militär ausgebildet. Der auf der slowakischen Seite des Gebirges lebende **Cuvac** verdankt seine Rasseanerkennung Prof. Hruza. Er legte nach alten Gemälden und Beschreibungen den Standard fest und suchte in den Bergen Zuchttiere zusammen, um die Hunde nach alter Tradition weiterzuzüchten. Beide Rassen sind gelehrig, intelligent, arbeitsfreudig, temperamentvoll und anschmiegsam in der Familie. Die selbstsicheren, wachsamen, verteidigungsbereiten Hunde dürfen nie ängstlich, nervös oder unangebracht aggressiv sein. Beide brauchen eine konsequente Erziehung.

▶ **Cane da Pastore Maremmano-Abruzzese**
Der Hirtenhund des Abruzzengebirges in Mittelitalien schützt dort nach uralter Tradition die Herden vor Wölfen und ist in Italien allgemein ein beliebter Schutzhund großer Anwesen. Selbstbewusster, selbstständiger Hirtenhund, der konsequente Erziehung braucht. In der Familie zuverlässig, freundlich. **Maremmen-Abruzzen-Schäferhund.**

über 70 cm

SLOVENSKY CUVAC

MAREMMANO

Cane da Pastore Maremmano-Abruzzese
Schulterhöhe
Rüden 65–73 cm,
Hündinnen 60–68 cm
Gewicht
Rüden 35–45 kg,
Hündinnen 30–40 kg
Farbe weiß
Land Italien
FCI-Nr. 201

über 70 cm

Kuvasz
Schulterhöhe Rüden 71–75 cm, Hündinnen 66–70 cm
Farbe weiß; elfenbeinfarben noch gestattet
Land Ungarn
FCI-Nr. 54

Kuvasz

Der Kuvasz kam mit den einwandernden Hirtenvölkern aus Asien ins heutige Ungarn. Er ist ein unbestechlicher Wächter und Beschützer der Herden und des Eigentums seines Herrn. Während der Weltkriege erlitt die Rasse schwere Rückschläge, 1956 wäre sie beim Ungarnaufstand in ihrer Heimat sogar beinahe ausgerottet worden. Hinderten die tapferen Hunde die Soldaten am Eindringen in ihr Revier, wurden sie kurzerhand erschossen. Glücklicherweise hatten die schönen weißen Hunde längst ihre Liebhaber in Europa und Amerika, und die ungarische Zucht konnte sich wieder erholen. Der Kuvasz ist von allen weißen Hirtenhunden weltweit am bekanntesten und eine seit vielen Jahren etablierte Rasse. Der ausgesprochen schöne Hund besitzt eine starke Persönlichkeit und ausgeprägtes Rangordnungsempfinden. Die konsequente Erziehung muss schon beim Welpen beginnen. Der rasch wachsende, kräftige und sehr temperamentvolle Hund stellt hohe Ansprüche an die Geduld und das Durchsetzungsvermögen seines Erziehers. Hat er seinen Platz in der Familie gefunden und seinen Boss akzeptiert, ist der Kuvasz ein angenehmer, lernfähiger Hausgenosse und zuverlässiger Wach- und Schutzhund, der Fremden gegenüber misstrauisch bis reserviert ist. Der Kuvasz braucht angemessenen Bewegungsraum und Auslauf, allerdings muss sein Jagdtrieb durch konsequente Erziehung in Grenzen gehalten werden. Der Kuvasz verliert zweiweise viele Haare, ansonsten ist die Pflege einfach.

über 70 cm

Komondor

Der Komondor ist der Hirtenhund der heißen Grassteppen Asiens, wo er sein panzerartig verzottendes Haarkleid als Schutz vor extremer Hitze und Kälte ebenso wie gegen Sandstürme und im Kampf gegen Wölfe entwickelte. 1544 wurde der Hund erstmals als **Ungarischer Hirtenhund** bezeichnet. Als in Ungarn weite Steppen urbar gemacht wurden und sich die großen Viehherden nur noch auf die Nationalparks beschränkten, brauchte man den Hirtenhund nicht mehr. Das Interesse der Rassehundezüchter bewahrte den Komondor vor dem Aussterben. Allerdings fanden ihn die Kynologen des 20. Jh. wegen des zottigen Haares denkbar ungeeignet für eine „normale" Hundehaltung und gaben den feinschnurhaarigen, leichter sauber zu haltenden Hunden den Vorzug in der Zucht. Der Komondor wird jedoch nie ein Hund für „normale" Verhältnisse sein, soll er sein uriges Rassebild erhalten. Das betrifft nicht nur sein Zotthaar, sondern auch seinen Charakter. Der ernste, selbstständige Hund ist ruhig und würdevoll, aber unglaublich schnell und gewandt im Kampf. Heute noch schützt er in den USA Schafe vor Kojoten. Er ist kein Schmeichler und Schmuser und selbstständiges Handeln gewohnt. Daher ist ihm Unterwürfigkeit fremd, was seine Erziehung nicht einfach macht. Er gehört nur in die Hände von Leuten, die sich auf ihn einstellen und sich auch der Pflege gewachsen fühlen. Der große Schutz- und Wachhund eignet sich nicht für ein Leben in der Stadt.

Komondor
Schulterhöhe
Rüden ca. 80 cm (mind. 70 cm),
Hündinnen ca. 70 cm (mind. 65 cm)
Farbe weiß
Land Ungarn
FCI-Nr. 53

über 70 cm

▸ **Sarplaninac**
Schulterhöhe
Rüden 70–75 cm,
Hündinnen 65–70 cm
Gewicht
Rüden 50–60 kg,
Hündinnen 40–50 kg
Farbe einfarbig, alle
Schattierungen von
weiß bis fast schwarz,
eisengrau erwünscht
Land Makedonien/
Jugoslawien
FCI-Nr. 41

Hirtenhunde des Balkan

▸ **Sarplaninac**
Der früher **Illyrischer Schäferhund** genannte Hund scheint identisch zu sein mit der Rasse aus dem Sarplanina, einem an der albanischen Grenze gelegenen Gebiet. Großer, starker, scharfer Hirtenhund, der die Herden vor Wölfen, Bären und Luchsen, in den Dörfern Hab und Gut sowie Frauen und Kinder beschützt. In seiner Heimat wird der **Jugoslawische Hirtenhund** für militärische und polizeiliche Zwecke gezüchtet. Seine Ausfuhr war bis 1970 verboten. Der Sarplaninac ist ein ernster, in seiner Familie anhänglicher, treuer Hund. Er ist Fremden gegenüber misstrauisch und stets verteidigungsbereit. Er besitzt ein ausgezeichnetes Gedächtnis und vergisst seine Feinde nie. Er handelt selbstständig und ist zuweilen in seinen Reaktionen unberechenbar. Er braucht eine konsequente Erziehung, ist aber niemals ein leichtführiger, bedingungslos gehorsamer Hund. Bei seiner Kraft und Größe schwierig zu lenken, gehört er nur in Kennerhand. Fremde gleichgeschlechtliche Hunde duldet er in seinem Revier nicht und geht auch außerhalb einem Streit nicht aus dem Wege. Ausgesprochen genügsamer Hund, der den Aufenthalt im Freien liebt und bei Haltung in Garten und Haus nicht besonders anspruchsvoll in Bezug auf zusätzlichen Auslauf ist. Ein Spaziergang am Tag reicht aus. Während des Haarwechsels häufiger bürsten, normalerweise nur gelegentlich. Seine Existenz in seiner Heimat ist durch den letzten Krieg bedroht, da viele

über 70 cm

Hunde erschossen wurden oder nicht ernährt werden konnten.

▶ **Karstschäferhund**
Schon im Jahre 1689 wird der Karstschäferhund **Kraski Ovcar** beschrieben: „... vor allem auf dem Karst und am Fluss Pivka züchtet man große und starke Hunde, die imstande sind, dem Wolf gehörig den Pelz zu gerben. Deshalb sind sie stets in Begleitung der Hirten zu finden." Der früher **Istrianer Schäferhund** genannte, eisengraue Hirtenhund wurde ursprünglich als Illyrischer Schäferhund mit dem Sarplaninac in einen Topf geworfen. Auch wenn das Militär den Kraski Ovcar als Diensthund verwendet, ist er alles andere als ein dienststeifriger, gehorsamer, auf Befehl handelnder Hund. Die Bauern des Karstgebirges brauchten einen mutigen, unbestechlichen, in gewissen Situationen selbstständig handelnden Wach- und Schutzhund der Herden und Anwesen. Ein absolut zuverlässiger, robuster, witterungsunempfindlicher, genügsamer, schmerzunempfindlicher Hund war gefragt. Er verbrachte sein Leben in enger Gemeinschaft mit dem Hirten, aber nicht als dessen Sklave, sondern als Helfer. Der Kraski ist in der Familie anhänglich und zuverlässig, Fremden gegenüber jedoch unberechenbar und scharf. Seine Reviertreue duldet keine Eindringlinge. Der gelassen und ruhig wirkende Hund greift nach seinem Ermessen, das für den Hundehalter oft schwer erklärbar ist, unvermittelt und kompromisslos an, sowohl Menschen als auch Hunde. Der Karstschäferhund ist daher höchstens als Wach- und Schutzhund sicher eingezäunter, großräumiger Anwesen zu empfehlen.

▶ **Karstschäferhund**
Schulterhöhe
Rüden 57–63 cm (ideal 60 cm), Hündinnen 54–60 cm (ideal 57 cm)
Gewicht
Rüden 30–42 kg, Hündinnen 25–37 kg
Farbe eisengrau oder sandfarben mit dunkelgrauer Stromung an der Vorderseite der Gliedmaßen, dunkle Maske
Land Slowenien
FCI-Nr. 278

über 70 cm

KARAKACHAN

Hirtenhunde des Balkan

Karakachan
Schulterhöhe
Rüden 63–73 cm,
Hündinnen 60–70 cm
Gewicht
Rüden 40–55 kg,
Hündinnen 30–45 kg
Farbe ein- oder dreifarbig gefleckt; große, klar abgegrenzte dunkle Flecken auf weißem Grund oder große weiße Flecken auf dunklem Grund bevorzugt
Land Bulgarien, national anerkannt
FCI nicht anerkannt

In den letzten Jahrzehnten erwachte das kynologische Interesse an den typischen Hirtenhunden des Balkans, die dort schon seit Jahrtausenden die Herden vor Wölfen und Bären schützen. Lediglich der → *Sarplaninac* und der → *Kraski Ovcar* wurden längst als Rassen anerkannt und nach Standard gezüchtet. Die anderen lokalen Schläge verrichteten unbeachtet ihre Arbeit. Nur noch in den entlegensten Gebieten drohte den Herden Gefahr durch Raubtiere, ansonsten schätzte man die starken Hunde als Wächter von Haus und Hof. Durch Kriegswirren, Abwanderung und durch die Gefahr der Vermischung mit westlichen Hunderassen drohen diese lokalen Schläge auszusterben. Doch seit der Öffnung der Ostgrenzen wandern vermehrt Wölfe und Bären ein, sodass der Herdenschutzhund wieder zu einem interessanten Thema für die Hirten in den Gebirgsregionen wird. Inzwischen befassen sich Kynologen mit den letzten Resten der traditionellen Rassen und bemühen sich um deren Erhaltung. Die Hirten müssen vom Wert ihrer Hunde im Sinne einer erhaltenswerten Rasse überzeugt werden, was nicht einfach ist. Niemals gab es für sie eine planvolle Hundezucht mit Stammbucheintragung. Um diese traditionellen Helfer des Menschen nicht zu verlieren, pflegt man nun in Kroatien, Serbien und Bosnien-Herzegowina, Bulgarien und Griechenland die Reinzucht der Hirtenhunde. Ob es allerdings Sinn macht, alle lokalen Schläge entsprechend der modernen politischen Grenzen als separate Rassen zu etablieren, wage ich zu bezweifeln. Da

über 70 cm

PIMENIKOS

Pimenikos Hellenikos
Schulterhöhe
Rüden 70–75 cm,
Hündinnen 65–68 cm
Gewicht
Rüden 40–55 kg,
Hündinnen 32–40 kg
Farbe schwarz, braungrau, weiß und mehrfarbig gescheckt
Land Griechenland, national anerkannt
FCI nicht anerkannt

der Nationalstolz überwiegt, dürfte eine Kooperation über die Grenzen hinweg kaum zustande kommen. Man wird also die Situation wie bei den weißen Hirtenhunden bekommen, die kaum zu unterscheiden sind und wo die Standards natürliche Unterschiede in der Population als jeweils rassetypisch zur Abgrenzung von den anderen zum Schönheitsideal erheben. Es wird sicher nicht bei den drei vorgestellten Rassen bleiben, denn Hirtenhunde gibt es überall auf dem Balkan. Diese drei jedoch werden seit einigen Jahren gezielt gezüchtet, sind national anerkannt und streben sicher in absehbarer Zeit eine FCI-Anerkennung an. Da diese Rassen erst seit wenigen Jahren im Zuge der Rassehundezucht auch als Familienhunde gehalten werden, gilt für sie ganz besonders, dass man fundiertes Wissen um die typischen Wesenszüge eines Herdenschutzhundes besitzen muss, um diese sicher sehr attraktiven Hunde in unsere moderne Umwelt integrieren und relativ problemlos halten zu können. All diese Hunde sind weder Stadt- noch Wohnungshunde, sondern brauchen Lebensraum und halten sich lieber im Freien auf.

▶ **Karakachan**
Das antike Thrakien erstreckte sich über den südöstlichen Teil der Balkanhalbinsel ins heutige Bulgarien, Griechenland und die Türkei. Als typischer, noch unverfälschter Herdenschutzhund, der schon in der Antike als Beschützer seiner Menschen und deren Hab und Gut eine bedeutende kulturelle Rolle spielte, ist der **Thrakische Molosser** nicht von sich aus aggressiv, aber stets verteidigungsbereit. Artgenossen gegenüber ist der Hund mit dem starken Territorialempfinden wenig duldsam. Heute in

über 70 cm

TORNJAK

Tornjak
Schulterhöhe
Rüden 67–73 cm, ideal 70 cm, Hündinnen 62–68 cm, ideal 64 cm
Gewicht
Rüden 50–60 kg, Hündinnen 35–45 kg
Land Kroatien, national anerkannt
FCI nicht anerkannt

PIMENIKOS

Bulgarien geschätzter Wachhund und vermehrt Familienhund, da er innerhalb seiner Familie sehr anhänglich ist. Es gibt inzwischen einige Zuchtstätten. Den Karakachan gibt es in stock- und langhaarig.

▶ **Pimenikos Hellenikos**
Da der **Griechische Schäferhund** in Griechenland, insbesondere im Norden, einen hervorragenden Ruf genießt, wurde er schon vermarktet, ehe er überhaupt als Rasse erfasst war. In den letzten Jahren bestehen ernsthafte Bemühungen, den traditionellen Herdenschützer vor der Vermischung mit Fremdrassen zu bewahren und die Zucht nach einem Standard zu betreiben, der den typischen Hund mit seinen unterschiedlichen lokalen Schlägen erfasst. Er soll kein Schauhund werden. Die Schutzprogramme für Wölfe und Bären erhöhen den Wert der Hunde für die Hirten, sodass man hofft, sie mehr in planvolle Zuchtprogramme einbinden zu können, um den traditionellen, schon in der Antike dargestellten Hund zu erhalten. In seinem Wesen ist der Pimenikos ein durch und durch typischer Hirtenhund. Es gibt stock- und langhaarige Exemplare.

▶ **Tornjak**
Er hat sich als Rasse inzwischen in seiner Heimat etabliert und erscheint regelmäßig auf Ausstellungen. Eine Anerkennung durch die FCI wird angestrebt. Auch er ein typischer Herdenschützer mit starkem Territorialinstinkt. Der **Hvratski Pas Planinac (Kroatischer Berghund)** ist eher ruhig, friedlich, wirkt sogar teilnahmslos, ist aber bei Gefahr blitzschnell verteidigungsbereit. Er besitzt ein intaktes Rangordnungsverhalten. Welpen müssen sehr früh sozialisiert, an Umwelt und Menschen gewöhnt werden. Bemerkenswert ist die Langlebigkeit.

CARPATIN

MIORITIC

über 70 cm

Rumänische Hirtenhunde

▸ **Carpatin**

Der einstmals unter Carpatin bekannte Hund wurde in die regionalen Schläge „Carpatin" und „Bucovina" aufgeteilt. Sie sind starke Wach- und Schutzhunde. Hochintelligent, unabhängiges Wesen, seinem Herrn treu ergeben, mit scharfen Sinnen ausgestattet, sind sie im Verhalten typische Balkanhirtenhunde. Leider soll die ursprüngliche Rasse durch Kreuzung mit → **Bernhardiner** und → **Collie** stark gefährdet sein. Die Rasse wird fast nur von Hirten für den eigenen Bedarf gezüchtet, die großen Wert auf Leistungsfähigkeit, Ausdauer, Gesundheit und Genügsamkeit legen. Ebenso wie der Mioritic sind der **Ciobanese Romanese Carpatin** und **Bucovina** außerhalb ihrer Heimat unbekannt.

▸ **Mioritic Hirtenhund**

Der zotthaarige Hirtenhund ist besonders im Grenzgebiet der Moldau verbreitet. Erst 1978 brachte ein Kürschner aus Radauti einige Exemplare aus dem Karpaten-Gebirge mit, wo die Hunde „**Mocano**" genannt werden. 1981 wurde die Rasse offiziell anerkannt. Nach wie vor liegt die Zucht des **Ciobanescul Romanesc Mioritic** in Händen der Schäfer, die nur nach eigenem Bedarf züchten. Eine ausgesprochen robuste Rasse, die noch natürlicher Auslese unterworfen ist. Angeblich leichtführiger, mutiger, intelligenter Hund, der der rauen Umgebung seiner Heimat bestens angepasst ist. Erstklassiger Wach- und Schutzhund, der im Frühjahr geschoren wird.

▸ **Carpatin**
Schulterhöhe mind. 65 cm
Farbe Grautöne, wolfsfarben, beige, weißgescheckt
Land Rumänien, national anerkannt
FCI nicht anerkannt

▸ **Mioritic Hirtenhund**
Schulterhöhe 60 cm
Farbe weiß, hellgelb, hellgrau, weiß mit grauen Flecken
Land Rumänien, national anerkannt
FCI nicht anerkannt

über 70 cm

ANATOLISCHER
HIRTENHUND

KANGAL/KARABAS

- **Anatolischer Hirtenhund**
  Schulterhöhe
  Rüden 74–81 cm,
  Hündinnen 71–79 cm
  Gewicht
  Rüden 50–65 kg,
  Hündinnen 40–55 kg
  Farbe alle erlaubt
  Land Anatolien
  FCI-Nr. 331

- **Kangal**
  Schulterhöhe
  Rüden 74–85 cm,
  Hündinnen 71–79 cm
  Gewicht
  Rüden 50–68 kg,
  Hündinnen 40–55 kg
  Farbe beige oder grau mit schwarzer Maske
  Land Türkei
  FCI nicht anerkannt

Türkische Hirtenhunde

Diese Hunde fanden erst in jüngster Zeit neuen Lebensraum als Begleithunde in Westeuropa und in den USA. Als unverfälschte, typische Herdenschützer, die selbstständig arbeiten und sich nur dem unterordnen, der in Kenntnis des Hundeverhaltens versteht, mit ihnen umzugehen, gehören sie nur in fachkundige Hände und sind eigentlich für ein Leben in unserem Umfeld nicht geeignet. Kynologen streiten sich, ob es sich bei diesen Hunden um eine Rasse mit lokalen Schlägen oder deutlich traditionell abgegrenzte Typen handelt, mit allen möglichen Übergangsformen in überlappenden Regionen. Tatsache ist, dass der Hirte stets mehr Wert auf einen funktionstüchtigen Hund legte denn auf Aussehen. Andererseits sind Unterschiede auffällig. Anerkennung fanden alle Türkischen Hirtenhunde unter dem in der Türkei selbst nicht gebräuchlichen Begriff „Anatolischer Hirtenhund". Da die Türkei selbst die Anerkennung nicht anstrebte, hat die FCI die Schirmherrschaft für die Zucht nach Rassestandard übernommen. Als Rasse wird nur der Sivas Kangal in der Türkei offiziell gezüchtet.

- **Anatolischer Hirtenhund**
Die Hirtenhunde Anatoliens **(Coban Köpegi)** beschützen die Herden vor Wölfen und Dieben weitgehend selbstständig. Die imposanten Hunde wurden von Engländern und Amerikanern mit nach Hause genommen und dort weitergezüchtet. Sie sind intelligent und freundlich in ihrer Familie. Sie lernen schnell die nötigen Gehorsamsregeln, doch sie brauchen von klein an konsequente, liebevolle Erziehung und frühe Gewöhnung an fremde Hunde. Zu Fremden misstrauisch, sehr wachsam, mit ausgeprägtem Schutztrieb. Kindern gegenüber geduldige Beschützer, jedoch keine Kinder-Spiel-Hunde! Typisches, unverfälschtes Herdenschutzhundverhalten mit ausgepräg-

über 70 cm

AKBAS

tem Revierschutzsinn, dominant und selbstständig, deshalb nie unterordnungsbereit. Um sie zu führen, muss man Kenntnisse im Hundeverhalten besitzen.

▸ **Kangal/Karabas**
Nur er hat in der Türkei den Rang eines anerkannten Rassehundes. Er wird im Raum Sivas von Bauern und Militär als Wach- und Schutzhund gezüchtet. Der Export aus der Türkei ist verboten, da er unter „Naturschutz" steht; dennoch trifft man häufiger Importe an, und er wird hier gezüchtet.

▸ **Akbas**
Diesen eleganten, großen weißen Hirtenhund findet man vornehmlich westlich von Ankara. Er gilt als Vorfahre der weißen europäischen Hirtenhunde. Er wurde hauptsächlich in den USA kultiviert, wo er auch als Herdenschützer eingesetzt wird. Typisches, ursprüngliches Hirtenhundverhalten, daher sehr schwierig als Begleithund. Langhaar oder Stockhaar.

▸ **Kars-Hund**
Dieser langstockhaarige, aus dem Nordosten der Türkei stammende Hirtenhund ist bislang noch nicht standardmäßig erfasst, sehr vereinzelt gelangen Exemplare nach Europa. Er ist jedoch in dieser Region häufig bei den Herden zu finden.

KARS-HUND

▸ **Akbas**
Schulterhöhe
Rüden 76–86 cm,
Hündinnen 71–81 cm
Gewicht
Rüden ca. 54 kg,
Hündinnen ca. 41 kg
Farbe rein weiß
Land Türkei
FCI nicht anerkannt

über 70 cm

Kaukasischer Ovtcharka
Schulterhöhe Rüden mind. 65 cm, Hündinnen mind. 62 cm
Farbe weiß, erdfarben, scheckig oder gesprenkelt
Land Russland
FCI-Nr. 382

Kaukasischer Ovtcharka

Im Kaukasusgebirge und in den Steppen des Kaukasus- und Astrachangebiets beschützt der mächtige Hund seit Jahrhunderten die Schafherden vor Wölfen. Zum Schutz vor Verletzungen werden in seiner Heimat die Ohren kurz kupiert und er trägt ein stachelbewehrtes Halsband. Sowohl der leichtere Steppen- als auch der gedrungenere, mächtigere Berg-Kaukase kommen kurz- und langhaarig vor. Die ersten **Kavkazskaia Ovtcharka** gelangten in den 70er Jahren in die BRD, wo die Rasse rasch Freunde fand. Die Kaukasier sind widerstandsfähig, genügsam und halten sich vorzugsweise im Freien auf. In der Familie ruhig und nicht aufdringlich, dulden sie keine Fremden in ihrem Revier. Außerhalb des Reviers verhalten sie sich eher unsicher. Der Kaukase hat einen stark ausgeprägten Schutztrieb, unabhängigen Charakter und ist selbstständiges Handeln gewohnt. Daher lässt er sich nur bis zu einem gewissen Grad erziehen. Konsequenz, Einfühlungsvermögen und Kraft sind nötig, um dem Hund ein Rudelführer zu sein, den er akzeptiert und dem er folgt. Deshalb müssen die Welpen früh auf den Menschen geprägt werden, Trotzdem wird er nie ein aufs Wort gehorchender Hund. Kein Hund für jedermann! Seine Schärfe darf nicht in falsche Bahnen gelenkt werden. Eine Schutzhundausbildung ist unbedingt abzulehnen. Der Hund braucht Lebensraum, ist keinesfalls ein Stadt- oder Wohnungshund. Als reviertreuer Beschützer hat er kein großes Bedürfnis spazieren zu gehen. Das dicke Fell ist pflegeleicht.

über 70 cm

Zentralasiatischer Ovtcharka

Der **Sredneasiatskaia Ovtcharka** stammt aus Kasachstan, Usbekistan, Turkmenien und Kirgisien. In den Steppengebieten lebt ein leichterer Typ mit Windhundeinschlag, während die Hunde des Pamirgebirges größer und robuster sind. Sie sind der Hitze, Kälte und Trockenheit Zentralasiens bestens angepasst. Seit Jahrhunderten begleiten sie die Nomaden und schützen die Herden vor Wölfen, sollen aber auch zur Jagd auf Wildschwein und Schneeleopard eingesetzt werden. Der Mittelasiat bellt nie ohne Grund, ist gelassen, doch greift er, wenn nötig, ohne zu zögern und ohne Vorwarnung an. Der sehr selbstständige, dominante Hund mit ausgeprägtem Rangordnungs- und Territorialbewusstsein bedarf einer in Hundeverhalten sehr sachkundigen Führung.

▸ **Sage Kochee**
Der Nomadenhund ist ein Schlag des Zentralasiaten aus dem Norden Afghanistans. Durch die Kriegswirren in seiner Existenz bedroht. Es gibt einige wenige Exemplare in Europa.

▸ **Zentralasiatischer Ovtcharka**
Schulterhöhe mind. 65 cm
Gewicht über 45 kg
Farbe grau, weiß, falb, Rottöne, schwarz, gestromt, gefleckt; Langstock- und Stockhaar
Land Russland
FCI-Nr. 335

▸ **Sage Kochee**
Schulterhöhe bis zu 90 cm
Gewicht bis zu 90 kg
Farbe alle Farben erlaubt
Land Afghanistan
FCI nicht anerkannt

über 70 cm

▶ **Südrussischer Ovtcharka**
Schulterhöhe über 65 cm, Hündinnen über 62 cm
Farbe weiß mit oder ohne gelbliche, graue oder hell-rötliche Flecken, auch rauchfarben
Land Russland
FCI-Nr. 326

Südrussischer Ovtcharka

Imposanter, zotthaariger Hirtenhund, der im gesamten südrussischen Raum beheimatet ist. Außerordentlich robuster Schutzhund der Herden und Dörfer. Ende des 18. Jh. kamen mit spanischen Merinoschafen kleine Schäferhunde in die Ukraine, die sich aber nicht als Schutzhunde gegen die Wölfe behaupten konnten. Jedoch sollen sie zur Entstehung des heutigen Südrussischen Ovtcharka beigetragen haben, der nicht mehr das Zotthaar seiner Ahnen aufweist. Mächtiger Körperbau, imposante Erscheinung, beachtliche Schärfe und Furchtlosigkeit brachten ihm den Namen „Bärenhund" ein. Das sowjetische Militär züchtete besonders scharfe Exemplare zum selbstständigen Bewachen einsamer Militär- und Industrieanlagen. Dieser starke, temperamentvolle große Hund, dem selbstständiges Handeln und blitzschneller Angriff ohne Vorwarnung angezüchtet wurden, muss sehr früh sozialisiert und auf den Menschen geprägt werden. Als eigenverantwortlich arbeitender Hund ist er nicht unterordnungsbereit. Kein Hund für Anfänger. Er braucht Lebensraum, ein Revier zum Bewachen und darf nie sich selbst überlassen werden. Als typischer Herdenschutzhund hält er sich vorzugsweise in seinem Revier auf und legt wenig Wert auf ausgedehnte Spaziergänge. Heute will man keinen so scharfen Schutzhund mehr, sodass der **Ioujnorousskaia Ovtcharka** durch entsprechende Selektion inzwischen besser in unserem Umfeld zu halten ist. Das lange, derbe weiße Haar ist pflegeintensiv.

über 70 cm

Tibet-Dogge

Aristoteles beschreibt die Tibet-Dogge oder **Do-Khyi** als Hund mit „... kolossalen Knochen, muskulös, schwer, großköpfig und mit breiter Schnauze ausgestattet...", im Mittelalter sah sie Marco Polo „... groß wie Esel, vorzüglich zur Jagd, namentlich der wilden Ochsen (Yaks)..." Seither geistert sie als riesiger, Furcht einflößender Vorfahre aller Kampf- und Hirtenhundrassen durch die Hundeliteratur. Dabei ist sie ein typischer Gebirgshirtenhund, der dem rauen Klima und Gelände ebenso wie dem Vieh, das er beschützt, und seinen Feinden, große Raubkatzen und Bären, bestens angepasst ist. Meist halten die Hirten kastrierte Rüden, die beträchtlich größer werden als unkastrierte. Besonders scharfe Tiere bewachten, in Ketten gelegt, die Paläste. Um 1900 tauchten sie erstmals in England auf. In den 70er Jahren kamen die ersten Exemplare aus den USA und später aus Nepal nach Deutschland. **Tibet Mastiffs** sind mutig, ausdauernd und besitzen ausgeprägten Schutzinstinkt. Bei engem, verständnisvollem Kontakt mit dem Menschen können sie gutwillige, treue, Kindern gegenüber duldsame Hausgenossen werden. Zu Fremden misstrauisch bis aggressiv. Der intelligente Hund besitzt die Selbstständigkeit des Hirtenhundes und muss durch konsequente, einfühlsame Erziehung lernen, sich unterzuordnen. Das dicke, lange Fell wird gelegentlich gebürstet. Die witterungsunempfindliche Tibet-Dogge liebt den Aufenthalt im Freien.

Tibet-Dogge
Schulterhöhe 61–71 cm
Gewicht 64–78 kg
Farbe tiefschwarz, schwarz mit loh, goldbraun, schiefergrau mit oder ohne loh
Land Tibet
FCI-Nr. 230

über 70 cm

▸ **Cesky Horsky Pes**
Schulterhöhe
Rüden 74–84 cm,
Hündinnen 62–78 cm
Gewicht
Rüden 35–45 kg,
Hündinnen 30–40 kg
Farbe weiß-gefleckt
Land Tschechien, national anerkannt
FCI nicht anerkannt

▸ **Moskauer Wachhund**
Schulterhöhe
Rüden 75–78 cm, mind. 68 cm, Hündinnen 70–75 cm, mind. 63 cm
Gewicht 50–65 kg
Farbe rot-weiß-bunt mit dunkler, symmetrischer Maske
Land Russland
FCI nicht anerkannt

Cesky Horsky Pes

Der böhmische Berghund entstammt einer Kreuzung von Cuvac und einem Malamutenbastard aus Alaska. Zuchtziel: robuster, wasserfreudiger, ausdauernder Hund. Eignet sich gut als Rettungshund, Lawinensuchhund und zum Schlittenziehen. Angenehmer, ausgeglichener Familienhund. Das langstockhaarige Fell ist pflegeleicht.

▸ **Moskauer Wachhund**
Nach dem II. Weltkrieg aus → *Bernhardiner, Kaukase* und → *Russischer gescheckter Bracke* zur Bewachung von Militärobjekten gezüchtet. Unbestechlicher Beschützer, Fremden gegenüber unnahbar. Ruhig und ausgeglichen, soll er sich bei hundegerechter Erziehung unterordnen. Das lange Haar ist pflegeleicht.

▸ **Germanischer Bärenhund**
Rückzüchtung eines alten germanischen Hundes mit Bernhardiner und Leonberger. Zuchtziel: gutmütiger, kinderfreundlicher und leicht erziehbarer Großhund.

über 70 cm

Landseer
Europäisch-kontinentaler Typ

Portugiesische und baskische Fischer nahmen zum Schutz der Schiffe und Siedlungen Hirtenhunde mit auf die Reise an die Küste Neufundlands. Sie halfen im Sommer beim Einholen der Netze, brachten Schiffbrüchige an Land, zogen Boote ein und apportierten alles aus dem Wasser, was nicht hineingehörte. Im Winter schleppten sie, in Geschirre gespannt, Holz aus den umliegenden Wäldern. Unter denkbar harten Lebensbedingungen entwickelten sich genügsame, wetterharte Tiere. Im 18. Jh. brachten Fischer die ersten Exemplare nach England, wo der imponierende und gutmütige Hund rasch Freunde gewann. Auf zahlreichen Gemälden schmückten sich die Herrschaften mit ihrem Landseer, der den Namen seinem prominentesten Maler verdankt: Sir Edwin Landseer. Selbst die deutsche Kaiserfamilie besaß diese Hunde. Der große, temperamentvolle, fröhliche Hund darf nicht nervös, scheu oder aggressiv sein. Er ist ausgesprochen menschenfreundlich, liebt Kinder, ist verschmust, anhänglich, verspielt und sollte von klein an konsequent erzogen werden, was bei seiner Lernwilligkeit kaum Mühe macht. Der Landseer ist kein scharfer Wach- und Schutzhund, schlägt jedoch an, weiß überzeugend zu drohen und notfalls auch zu verteidigen. Er benötigt Lebensraum, liebt den Aufenthalt im Freien, braucht jedoch unbedingt engen Familienkontakt. Das dichte Fell muss regelmäßig gebürstet werden.

▶ **Landseer**
Schulterhöhe Rüden 72–80 cm, Hündinnen 67–73 cm
Farbe weiß mit schwarzem Kopf und schwarzen Platten
Land Deutschland/Schweiz
FCI-Nr. 226

▶ **Germanischer Bärenhund**
Schulterhöhe Rüden ab 72 cm, Hündinnen ab 67 cm
Farbe alle; einfarbig weiß oder schwarz unerwünscht
Land Deutschland
FCI nicht anerkannt

über 70 cm

CHORTAJ

▸ **Chortaj**
Schulterhöhe 75 cm
Farbe schwarz, schwarz mit loh, rot, blond, weiß, gescheckt
Land Russland
FCI nicht anerkannt

Russische Windhunde

Typisch asiatische Windhunde sind der **Tazy** aus Kasachstan, Turkmenien und Usbekistan sowie der **Tajgan** aus der Hochgebirgsregion Kirgisiens. Beide Rassen jagen nicht nur mit den Augen, sondern auch mit der Nase und apportieren kleines Wild. Der Tazy jagt Hase, Fuchs, Wildkatze, Dachs, Reh, Wildschwein und hetzte früher die heute geschützten Gazellen und Geparden. Der Tajgan ist auf typische Gebirgstiere spezialisiert wie Wildschaf oder Steinbock, tötet aber auch den Wolf. Leider sind die Rassen vom Aussterben bedroht, da die Hunde in ihrer Heimat oft verkreuzt werden, zum Teil sogar mit Hirtenhunden. Seit 1984 wurden die Rassen in Moskau in einer staatlichen Hundezuchtstation gezüchtet, jagdlich und bei Rennen eingesetzt. Selbst damals waren in ihrer Heimat kaum Zuchttiere zur Rettung der Rassen zu bekommen, da nur Rüdenwelpen zur Jagd und Hündinnenwelpen lediglich zum Bedarf der Weiterzucht aufgezogen werden und unverkäuflich sind. Da die staatlich geförderten Hundezuchtstationen nicht mehr existieren, besteht kaum noch Interesse an diesen Tieren. Die Hunde sind reserviert, sensibel, unabhängig, aber auch liebenswürdig und selbstbewusst. Alle nicht FCI-anerkannt.

▸ **Chortaj**
Entstand vermutlich aus der Kreuzung der ausgestorbenen tazyähnlichen Krymka und Gorka mit → **Barsoi** und → **Greyhound**. Möglicherweise ist er mit dem → **Chart Polski** identisch. Chortajs **(Khorty)** jagen heute noch im Gebiet Rostov, Volgograd und Stavropol.

über 70 cm

TAZY

TAJGAN

▶ **Tazy**
Schulterhöhe 70 cm
Farbe grau, rot, blond, weiß, schwarz, gescheckt
Land Russland
FCI nicht anerkannt

▶ **Tajgan**
Schulterhöhe 70 cm
Farbe schwarz mit oder ohne weiße Abzeichen; rot, blond, grau, weiß
Land Russland
FCI nicht anerkannt

über 70 cm

▸ **Chart Polski**
Schulterhöhe
Rüden 70–80 cm,
Hündinnen 68–75 cm
Farbe alle Farben außer gestromt
Land Polen
FCI-Nr. 333

Chart Polski

Schon im 14. Jh. erwähnter Windhund Polens, der ursprünglich zur Beizjagd verwendet wurde. Vermutlich entstand er aus der Verkreuzung einheimischer Hetzhunde mit tatarischen und asiatischen Windhunden sowie dem englischen → *Greyhound*. Bis ins 19. Jh. war der Chart Polski beliebter Windhund des polnischen Adels, der zu Pferde Niederwild und Wölfe jagte. Danach wurde er nur noch der Tradition halber gezüchtet, was jedoch der II. Weltkrieg und die schweren Nachkriegsjahre beendeten. Zudem wurde 1946 die Jagd mit Windhunden und das Halten von Windhunden auf dem Lande generell verboten. Die Rasse galt offiziell als ausgestorben. Anfang der 70er Jahre wurde der polnische Windhund wiederentdeckt, denn er hatte sich heimlich bei Leuten erhalten, die ihn zum Wildern benutzten, um ihren kargen Lebensunterhalt aufzubessern. Der **Polnische Windhund** ist ein ruhiger, angenehmer, liebevoller Hausgenosse, wachsam, aber nie aggressiv, und geduldig mit Kindern. Er schließt sich eng an seine Bezugsperson an, von der er sich leicht und gerne, jedoch liebevoll, zu einem für Windhunde ungewöhnlich gehorsamen Hund erziehen lässt. Die anderen Familienmitglieder behandelt er freundlich-wohlwollend. Ausdauernder, robuster, nicht heikler, rustikaler Windhund von selbstständigem, anderen Hunden gegenüber ausgesprochen dominantem Charakter, was die Haltung zu mehreren erschwert. Auf der Rennbahn schnell und ausdauernd. Braucht viel Bewegung, gut geeignet für Jogger, Radfahrer und Reiter.

über 70 cm

Barsoi

Die Vorfahren der **Russischen Windhunde (Psovaya Borzaya)** dürften schon die Tataren aus dem Osten mitgebracht haben. Mindestens seit Beginn der Zarenherrschaft im 14. und 15 Jh. wurde der Barsoi für Hetzjagden auf Hasen, Füchse und Wölfe gezüchtet. Im 18. Jh. waren Hetzjagden mit Hunderten von Barsois und großen Brackenmeuten prunkvolle Veranstaltungen des Adels. Bei der Oktober-Revolution vernichtete das Volk nahezu alle Hunde des Adels. Der Barsoi drohte in Russland auszusterben. Inzwischen hatte er aber als Repräsentationsstück in vielen reichen europäischen und amerikanischen Bürgerhäusern Einlass gefunden, sodass die Rasse überlebte. Sein Wesen zeichnet sich durch vornehme Gelassenheit und vorsichtige Zurückhaltung aus. Sehr angenehmer, sanfter Familienhund, der engen Kontakt zu seinen Menschen und Lebensraum braucht. Er lässt sich mit liebevoller Konsequenz leicht erziehen und verträgt keine Grobheiten. Der im Hause ruhige Hund bellt selten und besitzt angeborenen Schutztrieb. Fremden Menschen gegenüber ist er unnahbar und zeigt wenig Interesse an fremden Artgenossen. Jedoch einmal provoziert, ist er ein kompromissloser Gegner mit ungeheurer Kraft und Wendigkeit. Der schnelle, auf Mittelstrecken ausdauernde Hund braucht viel Bewegung, Freilauf ist bei dem passionierten Hetzhund jedoch nur bedingt möglich. Bei Windhundrennen und Coursing kann er sich richtig verausgaben. Das schlichte Wellhaar muss regelmäßig gekämmt werden.

Barsoi
Schulterhöhe Rüden 70–82 cm, Hündinnen 65–77 cm
Farbe weiß, gold in allen Schattierungen, rot, schwarz gewolkt mit dunklem Fang, grau, gestromt; einfarbig oder Scheckung auf weißem Grund
Land Russland
FCI-Nr. 193

über 70 cm

▶ **Irish Wolfhound**
Schulterhöhe
Rüden mind. 79 cm,
Hündinnen mind. 71 cm
Gewicht Rüden 54,5 kg,
Hündinnen 40,5 kg
Farbe grau, gestromt, rot, schwarz, weiß, fahl
Land Irland
FCI-Nr. 160

Irish Wolfhound

Schon die Römer berichten von riesigen Hunden auf der Insel, die zur Wolfs- und Elchjagd verwendet wurden. Sie waren nicht nur Jagdgefährten, sondern ständige, hochverehrte Begleiter der Häuptlinge und Könige. Trotz Exportverbots der begehrten Hunde im 16. Jh. war der Irische Wolfshund im 19. Jh. praktisch ausgestorben. Ab 1860 schuf Captain Graham mit Hilfe noch vorhandener Reste wolfhoundblütiger Hunde – → **Deerhound**, → **Deutsche Dogge**, → **Barsoi** und einige andere große Rassen – den uns heute bekannten, mächtigen Irischen Wolfshund. Diese ungewöhnliche Hundeerscheinung war auf dem besten Wege, ein Modehund zu werden – mit allen daraus entstehenden Nachteilen. Irish Wolfhounds wurden regelrecht vermarktet, aber kaum eine Rasse ist so anspruchsvoll in Aufzucht und Haltung wie der irische Riese. Wer Wert auf einen gesunden Wolfhound legt, muss zunächst seine Herkunft sorgfältig und kritisch prüfen, denn die artgerechte Aufzucht ist teuer und aufwendig und darf nie am Profit orientiert sein. Dieser großrahmige Hund braucht Bewegungsraum im Hause und im eingezäunten Grundstück sowie ausgedehnte Spaziergänge. Junghunde dürfen nicht überlastet werden, bis Knochenbau und Muskulatur ausgereift sind, und brauchen erstklassiges Futter. Der sensible Riese ist sanftmütig, im Hause ruhig und geduldig mit Kindern. Kein Schutzhund! Er braucht engen Familienanschluss. Pflege einfach. Kein Rennbahnspezialist. Leider ist seine Lebenserwartung nur gering.

über 70 cm

St. Bernhardshund

Seit dem 18. Jh. ist bekannt, dass Hospizhunde den Bergführern dabei halfen, bei Nacht und Nebel den Weg zu finden und Vermisste zu suchen. Der legendäre Barry I soll 40 Menschenleben gerettet haben. Die alten Hospizhunde stammten von rotweißen Bauernhunden aus den Tälern der Umgebung ab. Es waren kräftige, aber bewegliche, im Vergleich zum heutigen Bernhardiner leichte, wendige, stockhaarige Hunde, die sich im hohen Schnee gut bewegen konnten. Langhaarige Welpen schenkte man den Bauern im Tal. Sie erregten das Interesse der Hundezüchter und wurden besonders in England modern, wo man hohe Preise für sie zahlte. Immer größer, immer massiger war gefragt, sodass der moderne **Bernhardiner** wenig Ähnlichkeit mit dem alten Hospizhund hat und sich nicht mehr als Lawinenhund eignet. Er ist heute repräsentativer Familienhund, der viel Platz braucht. Die Aufzucht des Junghundes ist teuer und anspruchsvoll. Der Hund hat kein allzu großes Laufbedürfnis, muss aber regelmäßig bewegt werden. Er braucht eine frühe, konsequente Erziehung; jung an Kinder gewöhnt, entwickelt er seine sprichwörtliche Kinderfreundlichkeit. Der Bernhardiner besitzt Schutztrieb und ist keineswegs immer so unendlich gutmütig, wie sein Ruf es verspricht. In den letzten Jahren wird großer Wert auf die Zucht gesunder Hunde gelegt, die beweglicher sind, kaum noch speicheln und durch gut schließende Augenlider nicht zu Bindehautentzündungen neigen. Möglichst große und schwere Hunde sind heute nicht mehr Zuchtziel. Regelmäßiges Bürsten des Langhaars erforderlich.

St. Bernhardshund
Schulterhöhe Rüden 70–90 cm, Hündinnen 65–80 cm
Farbe weiß mit rotbraunen Platten oder Mantel; Lang- und Stockhaar
Land Schweiz
FCI-Nr. 61

über 70 cm

GESTROMT

Deutsche Dogge

Deutsche Dogge
Schulterhöhe Rüden mind. 80 cm, Hündinnen mind. 72 cm
Farbe gelb, gestromt, blau, schwarz, schwarzweiß gefleckt (Tiger)
Land Deutschland
FCI-Nr. 235

Mit doggenartigen Hunden jagten schon die Germanen Bären und Wildschweine. Später war die Haltung der so genannten Hatzrüden fürstliches Privileg, wenn auch nicht mehr zur Jagd, sondern als Begleiter. Im 19. Jh. fand die Dogge Einzug in die Häuser wohlhabender Bürger, wurde als eine der ersten Rassen zuchtbuchmäßig erfasst und erreichte hohe Meldezahlen auf Ausstellungen. Fürst Bismarck erhob sie zum „Reichshund". Im Ausland heißt die Deutsche Dogge „Großer Däne", vermutlich um den nicht immer populären Begriff „Deutsch" zu umgehen. Die Deutsche Dogge gilt in ihrer stolzen, mächtigen, doch edlen Erscheinung als der Apoll unter den Hunderassen. Unvernünftige Zucht auf Größe um jeden Preis führt zu anatomischen Missbildungen, gesundheitlichen Problemen und geringer Lebenserwartung. Eine wohlgestaltete Dogge von stattlicher Größe ist jedoch unbestritten ein eindrucksvoller Anblick. Bei einem solch großen und temperamentvollen Hund ist der Charakter von größter Bedeutung. Die

BLAU

über 70 cm

TIGER

Dogge ist sanft, gutmütig und mit liebevoller Konsequenz vom Welpenalter an leicht zu erziehen. Sie muss, um kontrollierbar zu sein, aufs Wort gehorchen und darf nie ängstlich oder aggressiv sein. Der Doggenhalter braucht Platz und Zeit, denn die Dogge will in der Familie leben und braucht viel Auslauf. Die Aufzucht ist wegen des enormen Wachstums aufwändig und teuer. Aufzuchtfehler führen zu lebenslangen Schäden.

GELB

SCHWARZ

Service

▶ **Wichtige Fachausdrücke der Kynologie**

Aalstrich Streifen dunkleren Haares entlang der Wirbelsäule (Mops).
Abzeichen alle regelmäßigen oder unregelmäßigen Flecken und Farbverschiebungen im Fell.
Afterkralle Wolfskralle. Meist verkümmerte fünfte Zehe an den Läufen oberhalb der Pfoten. Am Hinterlauf bei manchen Rassen Standard (z.B. Beauceron). Auf das Kurzhalten der Afterkralle ist zu achten.
Agility Geschicklichkeitssport mit Hunden.
Ahnentafel Abstammungsnachweis des Rassehundes, der vom jeweiligen Zuchtbuchamt ausgestellt wird und über die Herkunft des Hundes Auskunft gibt. Im Volksmund auch „Stammbaum" genannt.
Albino Tier mit vererbbarem, unerwünschtem Mangel von Farbstoffen (Pigmenten) in Haut und Haaren.
Apfelkopf runder, apfelförmiger Oberschädel mancher Zwerghunderassen (z.B. Chihuahua).
Apportieren Bringen von Gegenständen (Wild, aber auch Gegenstände des Menschen) durch den Hund, meist auf Befehl.
Art Angehörige einer bestimmten Gruppe, die untereinander unbegrenzt fruchtbar sind.
Befederung langes Haar an Ohren, Brust, Läufen, Bauch und Rute.
Behang Hängeohren (z.B. Spaniel).
Belegen Decken der Hündin.
Blesse weißer Streifen vom Schädel zur Nasenspitze.
Blue Merle vererbbare Farbverdünnung im Haar, z.B. aus schwarz wird grau marmoriert.
Bogenrein jagt ein Hund, der einen bestimmten Abstand zum Jäger hält und „im Bogen" (altes Flächenmaß) immer wieder zurückkehrt.
Brackieren Jagd mit Bracken auf niederes Wild (Fuchs oder Hase).
Brand helle Abzeichen auf dunklem Fell, z.B. gelbe oder braune regelmäßig verteilte Zeichnung auf schwarzem Grund (Dobermann, Rottweiler).
Breitensport frühere Bezeichnung für → Turnierhundsport.
Bringfreude zeigt ein Hund, der von Natur aus gerne apportiert.
Bringselverweiser hat der Hund das Gesuchte gefunden (Wild beim Jagdhund oder Mensch beim Katastrophenhund), kehrt er, mit dem am Halsband hängenden Bringsel im Fang den Fund anzeigend, zum Führer zurück.
Bringtreue zeigt ein Hund, der zuverlässig apportiert.
Buschieren Suche nach Wild in unübersichtlichem Buschwerk vor dem Schuss.
CAC = Certificat d'Aptitude au Championat: Anwartschaft auf einen nationalen Siegertitel (z.B. Deutscher Champion).
CACIB = Certificat d'Aptitude au Championat International de Beauté: Anwartschaft auf den internationalen Titel eines Schönheits-Champions.
CACIT = Certificat d'Aptitude au Championat International de Travail: Anwartschaft auf den internationalen Arbeitstitel (für Gebrauchshunde).
Chromosomen Träger der Erbanlagen (Gene); der Hund hat 39 Chromosomenpaare.
Coursing Ehemals das Hetzen lebender Hasen mit zwei Windhunden. Heute hetzen die Windhunde einen im Zickzackkurs gezogenen künstlichen Hasen, wobei Geschicklichkeit und Schnelligkeit bewertet werden.
Domestikation Haustierwerdung von Wildtieren und Züchtung zum Nutzen und für die Gesellschaft des Menschen.
Drahthaar dichtes, kurzes, harsches Haar mit Bart.
Erdarbeit Arbeit unter der Erde auf Fuchs, Dachs und Kaninchen.
Fahne lange Haare an der Rutenunterseite.
Fährtenhund speziell auf das Ausarbeiten schwieriger Fährten abgerichteter Hund mit Prüfung.
Fang Schnauze des Hundes vom Stop ab.
FCI = Fédération Cynologique International: Internationale kynologische Vereinigung; Dachorganisation nationaler Zuchtverbände in der ganzen Welt.

Feder lange Haare an der Rückseite der Läufe.
Fersenbeinhöcker Sprunggelenksknochen.
Fesseln Vordermittelfuß.
Flanken Weichteile zwischen Rippen und Keule.
Fledermausohr breit angesetzte, langgezogene, oben gerundete Stehohren (z.B. Franz. Bulldogge).
Gebäude Körperbau.
Gebiss besteht aus 42 Zähnen, und zwar jeweils 6 Schneidezähne, 2 Fangzähne, 8 Prämolaren (Vorbackenzähne), 4 (oben) bzw. 6 (unten) Molaren (hintere Backenzähne). Es gibt → Scheren-, Zangengebiss, → Vor- und → Hinterbiss oder → Überbiss.
Gehör beim Hund sehr gut entwickelt; steht an zweiter Stelle nach dem Geruchssinn. Vor allem hohe Töne, die das menschliche Ohr nicht mehr wahrnehmen kann, hört der Hund noch.
Geläut heulendes Bellen jagender Laufhunde.
Gen Faktor der Erbanlage, ist Teil der Chromosomen.
Geruchssinn bestentwickelter Sinn des Hundes; kann bei manchen Rassen enorm ausgeprägt sein und unersetzliche Dienste leisten (Spürhunde beim Zoll, Lawinensuchhunde).
Gesichtssinn nur mäßig entwickelt; räumliches und exaktes Sehen wohl nicht möglich, jedoch größeres Gesichtsfeld und dadurch schnelleres Erfassen von Bewegungen.
Gestromt Streifenzeichnung im Fell.
Haar wird meist von Unterwolle und Deckhaar gebildet; je nach Haarbeschaffenheit unterscheidet man Lang-, Kurz-, Glatt-, Rau-, Draht-, Stock- oder Kraushaar.
Harlekin durch Merlefaktor gescheckte Hunde.
Hasenpfote ovale, flache Pfote.
HD Hüftgelenksdysplasie, krankhafte Veränderung der Hüftgelenke.
Hinterbiss die Schneidezähne des Unterkiefers liegen deutlich hinter den Schneidezähnen des Oberkiefers.
Hinterhand Hinterläufe, Keulen und Hüften.
Hinterhauptbein Hinterhauptstachel; nach hinten stehende Fortsetzung der Scheitelleiste des Schädels, bei manchen Rassen stark ausgeprägt erwünscht.

Hirtenhund große wehrhafte Schutzhunde der Herden.
Hitze Brunftzeit der Hündin, im allgemeinen alle 6 Monate.
Hosen lange Haare an der Rückseite der Keulen.
Hütehund meist mittelgroße, sehr ausdauernde und bewegliche Hunde, die die Herden zusammenhalten und treiben.
Inzestzucht Paarung nahe verwandter Tiere (Eltern/Kinder, Geschwister).
Inzucht → Inzestzucht.
Karpfenrücken hochgewölbter Rücken (z.B. Franz. Bulldogge).
Katastrophenhund zum Finden von Menschen in Trümmern oder Vermissten im Gelände ausgebildete Hunde mit Prüfung.
Katzenpfote runde, geschlossene Pfote mit gewölbten Zehen.
Kehlhaut lose Haut an der Halsunterseite.
Kehlwamme → Kehlhaut.
Kippohr aufrecht stehendes Ohr mit nach vorne kippender Spitze (z.B. Collie).
Knopfohr hoch angesetztes, nach vorn fallendes, am Kopf dicht anliegendes Ohr.
Kondition erworbene Körperverfassung, abhängig von Fütterung, Haltung und Training.
Konstitution von der Anlage und den Umwelteinflüssen bestimmte Verfassung, abhängig von Art, Rasse, Geschlecht und äußeren Gegebenheiten.
Kraushaar gelocktes Haar, das zum Verfilzen neigt.
Kruppe Hinterteil des Hunderückens vom letzten Lendenwirbel bis zum Rutenansatz; gebildet vom Kreuzbein, den beiden Beckenbeinen und den bedeckenden Muskeln.
Kupieren Kürzen von Ohren und Rute.
Kynologie (gr. kyon = Hund, logos = Lehre); Wissenschaft vom Hund.
Laktation Milchabsonderung aus der Zitze der Hündin während des Säugens.
Langhaar besonders langes Deckhaar, je nach Rasse mit oder ohne Unterwolle.
Läufe Beine des Hundes.
Läufigkeit → Hitze.
Lawinenhund speziell für das Suchen von Lawinenopfern ausgebildete Hunde.

Lefzen Lippen des Hundes.
Loh hell- oder leuchtendbraune Abzeichen im Fell.
Mannschärfe bei Bedrohung zeigen Hunde Menschen gegenüber Aggression.
Maske meist dunkler pigmentierte Partie um den Fang (Leonberger, Mops) oder auf dem Schädel.
Merlefaktor Erbanlage, die Farbverdünnung verursacht und Scheckung im Fell und teilweise oder ganz blaue Augen hervorruft. Paart man zwei Tiere mit Merlefaktor, können verstümmelte oder lebensunfähige Welpen kommen.
Meute 1. Familienverband, 2. zu jagdlichen Zwecken gehaltene, große Anzahl von Hunden (Foxhounds, Beagles).
Nachsuche Suchen von angeschossenem Wild auf der Schweißfährte (Blutspur).
Nasenschwamm Nasentrüffel, die vordere Nasenkuppe.
Niederwild Reh, Hase, Kaninchen, Fuchs, Dachs usw.
Oberkopf Oberschädel, Hirnschädel.
Ohren Fledermaus-, Kipp-, Knopf-, Rosen-, Schmetterlings-, Steh- oder Tulpenohr.
Parforcejagd Jagd zu Pferde hinter der Hundemeute auf lebendes Wild (in Deutschland ist Parforcejagd verboten).
Paria echter Haushund, der völlig sich selbst überlassen im oder am Rande menschlicher Siedlungen lebt.
Passgang gleichzeitige Vorwärtsbewegung beider Läufe einer Körperseite (charakteristisch für den Bobtail).
Phänotypus äußeres Erscheinungsbild.
Pigment im Körpergewebe vorkommende Farbstoffe.
Platten großflächige andersfarbige Flecken im Fell.
Ramsnase im Profil gesehen stark gebogener Nasenrücken (Bull Terrier, Barsoi).
Rasse Untergruppe einer Art, die alle Individuen mit bestimmten Merkmalen und Eigenschaften umfasst und diese an ihre Nachkommen vererbt.
Raubzeugscharf Jagdhunde und Terrier mit starkem Trieb, Raubzeug zu töten.
Reibegebiss ganz dicht aneinander reibende vordere Schneidezähne.

Reinrassigkeit rassetypische Eigenschaften werden von reinerbigen Eltern weitervererbt.
Rettungshund → Katastrophenhund.
Ridge gegen den normalen Haarwuchs wachsender Streifen Fell auf dem Rücken.
Rosenohr Rückseite des Ohrs nach innen gefaltet, so dass das Innere der Ohrmuschel sichtbar wird; oberer Teil des Ohres nach hinten gebogen (Bulldog, Greyhound).
Rüde männlicher Hund.
Rute Schwanz des Hundes.
Schecken großflächige Fleckung des Fells.
Scherengebiss Schneidezähne des Unterkiefers liegen knapp hinter den Schneidezähnen des Oberkiefers.
SchH Schutzhund; SchH I, II, III sind Prüfungsstufen.
Schimmel weißgrundiges Fell mit kleinen, z.T. etwas verschwommenen Flecken.
Schlag Gruppe von Hunden, die sich innerhalb einer kynologischen Rasse durch besondere Merkmale oder bestimmte Eigenschaften abhebt (z.B. besondere Farbe oder Haarlänge).
Schlittenhund zum Ziehen von Schlitten gezüchtete Hunde vom Spitztyp.
Schnippe kleines weißes Fleckchen direkt über dem Nasenschwamm.
Schnürenhaar langes Haar, das sich abgestorben mit dem nachwachsenden Haar verdreht und lange Schnüre bildet (Puli, Komondor).
Schopf langes, feines Haar auf dem Schädel (Chinesischer Haarloser Schopfhund, Dandie Dinmont Terrier).
Schur mit der Schere oder dem Scherapparat In-Form-Schneiden des Haarkleides (Pudel, Bedlington Terrier).
Schwarzmarkenfarbig dunkles Fell mit hell- oder leuchtendbraunen (lohfarbenen) Abzeichen (Hovawart).
Schweißarbeit (Schweiß = Blut); Suche des Jagdhundes nach angeschossenem oder verwundetem Wild auf der Schweißfährte; mit ihrem ausgezeichneten Geruchssinn können manche Hunde die Fährte noch nach über 40 Stunden auffinden.
Sprunggelenk aus den 7 Knochen der Hinter-

fußwurzel zusammengesetztes Gelenk, von denen das Fersenbein mit seinem Fersenbeinhöcker sichtbar ist. Form und Winkelung sind u. a. bedeutend für die Art der Vorwärtsbewegung.
Spurlaut Hetzlaut des Hundes, der bellend eine Spur verfolgt, ohne das Wild zu sehen.
Standard Rassekennzeichen, die vom Zuchtverband des Heimatlandes der Rassen, sofern es dort einen gibt, aufgestellt werden. Er wird durch die FCI anerkannt und ist für das Beurteilen von Hunden dieser Rasse in allen der FCI angeschlossenen Ländern der Erde bindend.
Stöbern der Hund verfolgt das Wild in unzugänglichem Gelände ohne Beachtung der Fährte mit hoher Nase und unter Zuhilfenahme von Auge und Ohr.
Stockhaar kurzes bis mittellanges Grannenhaar mit sehr dichter, weicher Unterwolle (z.B. Deutscher Schäferhund).
Stop Stirnabsatz zwischen Schädel und Nasenbein.
Stromung Streifen auf andersfarbigem Fellgrund.
Totverbeller hat der Hund das verendete Wild gefunden, bleibt er dort und ruft durch anhaltendes Bellen den Jäger.
Totverweiser Hund, der zum Jäger zurückläuft und ihm anzeigt, wo das gefundene, verendete Stück liegt.
Treibhund Hund, der Herden über lange Strecken von einem Ort zum anderen treibt (Bouvier, Rottweiler).
Tricolour dreifarbig, meist schwarze Grundfarbe mit weißen und braunen Abzeichen (Sheltie) oder weiß mit schwarzen und braunen Flecken (Beagle).
Trimmen Ausrupfen der abgestorbenen Haare, um eine gleichmäßige, vom Standard vorgeschriebene Form des Hundes zu erhalten (Foxterrier).
Trocken in der Kynologie Bezeichnung für einen Hund mit gut anliegender Haut, ohne lose Falten und ohne Fettablagerungen unter der Haut.
Turnierhundsport sportlicher Wettbewerb von Besitzer und Hund in Gehorsams- und sportlichen Übungen.
Überbiss der Oberkiefer ragt über den Unterkiefer hinaus.

Unterwolle weiche, dichte, meist kurze, feine Haare, die der Wärmeisolierung des Fells dienen.
VDH Verband für das Deutsche Hundewesen e.V.: Dachorganisation der deutschen Hundezuchtverbände.
Verlorensuche Arbeit eines Jagdhundes, der angeschossenes Niederwild selbstständig aufstöbert und apportiert bzw. den Jäger aufmerksam macht, wo das Stück liegt.
Vorbiss die Schncidezähne des Unterkiefers stehen vor denen des Oberkiefers.
Vorstehen Eigenschaft bei Jagdhunden, die reglos vor dem aufgestöberten Wild ausharren, bis der Jäger herankommt; typische Haltung dabei: ein Lauf wird angewinkelt erhoben.
VPG Vielseitigkeitsprüfung für Gebrauchshunde.
Wamme lockere Kehlhaut.
Wasserfreudigkeit besonders bei Jagdhunden geschätzte Eigenschaft, wenn der Hund ohne zu zögern auch in kaltes Wasser springt, um z.B. eine geschossene Ente zu apportieren.
Welpe Junghund bis zum 2. Lebensmonat.
Widerrist höchster Punkt der Rückenlinie bzw. des Schulterblattes.
Widerristhöhe oder Schulterhöhe: sie wird vom Boden bis zum Widerrist in senkrechter Linie gemessen.
Wolfskralle → Afterkralle.
Wurf alle Welpen einer Hündin bei einer Geburt.
Zangengebiss die Schneidezähne des Oberkiefers stehen genau auf den Schneidezähnen des Unterkiefers.
Zucht gezielte Vereinigung von Rüde und Hündin mit der Absicht, Welpen mit den erwünschten Eigenschaften der Eltern zu erhalten.
Zuchtbuch wird beim jeweiligen Zuchtbuchamt des Rassehundeklubs (im Ausland durch den nationalen Dachverband) geführt und enthält alle Angaben über jeden Hund, der unter den Zuchtbestimmungen dieses Vereins gezüchtet wurde. Anhand des Zuchtbuchs kann man die Abstammung eines Hundes bis zum Beginn der zuchtbuchmäßigen Erfassung einer Hunderasse zurückverfolgen, und damit auch seine Reinrassigkeit.

▶ **Zum Weiterlesen**

Hunderassen

Becker, Margitta und Veronika Thiele-Schneider: Golden Retriever. Kosmos, Stuttgart 2000.
Berghäuser, Walter: Westie. Kosmos, Stuttgart 1999.
Bürner, Margit: Berner Sennenhund. Kosmos, Stuttgart 2000.
Drever, Karl-Josef: Rottweiler. Kosmos, Stuttgart 1999.
von Dungen, Gregor: Bullterrier. Kosmos, Stuttgart 2000.
Fechler, Christel: Entlebucher Sennenhund. Kosmos, Stuttgart 2001.
Gewert, Wulf A. und Wolfgang Dettlaff: Neufundländer. Kosmos, Stuttgart 2001.
Hollensteiner, Dr. Horst: Deutsche Dogge. Kosmos, Stuttgart 1999.
Kejcz, Yvonne: Hovawart. Kosmos, Stuttgart 1999.
Klein, Reinhild: Dobermann. Kosmos, Stuttgart 1999.
Krämer, Eva-Maria: Collie. Kosmos, Stuttgart 1998.
Krämer, Eva-Maria und Hanna Hennig: Boxer. Kosmos, Stuttgart 1996.
Krämer, Eva-Maria und Marie-Luise Winnig: Deutscher Schäferhund. Kosmos, Stuttgart 1993.
Laukner, Dr. Anna: Deutscher Schäferhund. Kosmos, Stuttgart 2000.
Penižek, Dorothea: Jack Russell Terrier. Kosmos, Stuttgart 1999.
Räber, Dr. Hans: Enzyklopädie der Rassehunde. Ursprung, Geschichte, Zuchtziele, Eignung und Verwendung. 2 Bände. Kosmos, Stuttgart 2001.
Rauth-Widmann, Brigitte: Labrador Retriever. Kosmos, Stuttgart 2000.
Reißer, Monika: Cairn Terrier. Kosmos, Stuttgart 1999.
Roloff, Margit: Zwergschnauzer. Kosmos, Stuttgart 2000.
Schicker, Gisa und Walter: Riesenschnauzer. Kosmos, Stuttgart 1999.
Schmidt-Duisberg, Dr. Kurt: Dackel. Kosmos, Stuttgart 1999.

Hundehaltung

Durst-Benning, Petra und Carola Kusch: Der große Spiele-Spaß für Hunde. 60 Spiele für drinnen und draußen. Kosmos, Stuttgart 1997.
Harries, Brigitte: Der Knigge für Hund und Halter. Grundlagen für Hundeführerschein und Wesenstest. Kosmos, Stuttgart 2001.
Harries, Brigitte: Ein Welpe kommt ins Haus. Kosmos, Stuttgart 2002.
Hertrich, Hans-Günter: Hundespaß Agility. Kosmos, Stuttgart 1998.
Kejcz, Yvonne: Hundehaltung. Kosmos, Stuttgart 2001.
Tammer, Isabell: Hundeernährung. Kosmos, Stuttgart 2000.
Whitehead, Sarah: Das Hundebuch für Kids. Kosmos, Stuttgart 2002.

Hundeerziehung

Feltmann-von Schroeder, Gudrun: Welpentraining mit Gudrun Feltmann. Der gute Start. Kosmos, Stuttgart 2000.
Führmann, Petra und Nicole Hoefs: Erziehungsspiele für Hunde. Kosmos, Stuttgart 2002.
Hoefs, Nicole und Petra Führmann: Das Kosmos-Erziehungsprogramm für Hunde. Kosmos, Stuttgart 1999.
Hoefs, Nicole, Petra Führmann und Perdita Lübbe-Scheuermann: Das Kosmos-Erziehungsprogramm für Hunde. Video. Kosmos, Stuttgart 2001.
Jones, Renate: Welpenschule leichtgemacht. Kosmos, Stuttgart 1997.
Nijboer, Jan: Hunde erziehen mit Natural Dogmanship®. Kosmos, Stuttgart 2002.
Pietralla, Martin: Clickertraining für Hunde. Kosmos, Stuttgart 2000.
Pryor, Karen: Positiv bestärken, sanft erziehen. Die verblüffende Methode, nicht nur für Hunde. Kosmos, Stuttgart 1999.
Tellington-Jones, Linda: Tellington-Training für

Hunde. Das Praxisbuch zu TTouch und TTeam. Kosmos, Stuttgart 1999.
Tellington-Jones, Linda: Tellington-Training für Hunde. Video. Kosmos, Stuttgart 2001.
Winkler, Sabine: Hundeerziehung. Sanfte Erziehung von Anfang an; Hundesprache verstehen; Probleme effektiv lösen. Kosmos, Stuttgart 2000.
Winkler, Sabine: So lernt mein Hund. Kosmos, Stuttgart 2001.

Hundeverhalten

Donaldson, Jean: Hunde sind anders ... Menschen auch – so gelingt die Verständigung zwischen Mensch und Hund. Kosmos, Stuttgart 2000.
Feddersen-Petersen, Dr. Dorit: Hunde und ihre Menschen. Sozialverhalten, Verhaltensentwicklung und Hund-Mensch-Beziehung als Grundlage von Wesenstests. Kosmos, Stuttgart 2001.
Feddersen-Petersen, Dr. Dorit: Hundepsychologie. Wesen und Sozialverhalten. Kosmos, Stuttgart 2000.
Harries, Brigitte: Hundesprache verstehen. Kosmos, Stuttgart 1998.
Schöning, Dr. Barbara: Hundeverhalten. Verhalten und Körpersprache verstehen; Welpenentwicklung optimal fördern; Probleme vermeiden. Kosmos, Stuttgart 2001.
Wright, John C. und Judi Wright Lashnits: Wenn Hunde machen was sie wollen ... und wie man sie davon abbringt. Die besten Ratschläge aus der Praxis eines erfahrenen Hundepsychologen. Kosmos, Stuttgart 2001.

Gesundheit

Becvar, Dr. Wolfgang: Naturheilkunde für Hunde. Grundlagen, Methoden, Krankheitsbilder. Kosmos, Stuttgart 1994.
Durst-Benning, Petra: Kräuterapotheke für Hunde. Kosmos, Stuttgart 1998.
Lausberg, Frank: Erste Hilfe für den Hund. Kosmos, Stuttgart 1999.
Rakow, Dr. Barbara: Der homöopathische Hundedoktor. Kosmos, Stuttgart 1999.
Rustige, Dr. Barbara: Hundekrankheiten. Kosmos, Stuttgart 1999.
Stein, Petra: Bach-Blüten für Hunde. Kosmos, Stuttgart 1997.
Zidonis, Nancy A. und Marie K. Soderberg: Akupressur für Hunde. Kosmos, Stuttgart 1999.

▶ **Quellen**

Zu meinen persönlichen Erfahrungen, zahlreichen Gesprächen mit Züchtern und Hundehaltern, offiziellen Informationen der Rassezuchtvereine, Veröffentlichungen in internationalen kynologischen Fachzeitschriften sowie Rassemonografien und im Internet, die alle aufzuführen unmöglich ist, zog ich neben zahlreichen deutschen und englischen Standardwerken des 19. und frühen 20. Jahrhunderts sowie den Rassemonografien der Kosmos Hundebibliothek folgende Bücher zu Rate:

American Kennel Club: The Complete Dog Book. New York 1979.
Baumann: Nordische Hunde. Stuttgart 1984.
Cavill: All About Spitz Breeds. London 1978.
Daub: Windhunde der Welt. Melsungen 1979.
Delaix: Los Perros Espanoles. Barcelona 1986.
Fleig: Kampfhunde. Mürlenbach 1981.
Gebhardt/Haucke: Die Sache mit dem Hund. Hamburg 1988.
Glover: Pure Bred Dogs. London 1977.
Haseder/Stingelwagner: Knaurs Großes Jagdlexikon. München 1984.
Hölzel: Die Deutschen Vorstehhunde. Mürlenbach 1986.
Horner: Die Terrier der Welt. Mürlenbach 1984.
Jagdhunde. Hamburg 1975.
Johnston: Illustrated Guide to Gundog Breeds. Kelso 1980.
Kennel Control Councel: Dogs of Australia. Victoria 1984.
van Lier: De Brakken. Baarn 1988.
Macgregor/Johnston: Illustrated Guide to Hound Breeds. Kelso 1987.
Plummer: The Working Terrier. Woodbridge 1978.

Räber: Die Schweizer Hunderassen. Zürich 1980.
Räber: Schnauzer und Pinscher. Mürlenbach 1987.
Sarkany/Ocsag: Ungarische Hunderassen. Budapest 1977.
Wynyard: Dogs of Tibet. Rugby 1982.

▶ **Nützliche Adressen**

Adressen der Rassezuchtvereine und Rasseclubs finden Sie auf den Homepages der nationalen Verbände, die Anschriften weiterer kynologischer Dachverbände über die FCI.

Kontakt mit der Autorin über www.infohund.de. Weitere Publikationen der Autorin: die Fachzeitschriften Collie Revue, Beardie Revue.

Deutschland
Verband für das Deutsche Hundewesen VDH e.V.
Westfalendamm 174
D - 44141 Dortmund
Tel.: 02 31 – 56 50 00
Fax: 02 31 – 59 24 40
Info@vdh.de
www.vdh.de

Österreich
Österreichischer Kynologenverband ÖKV
Johann Teufel-Gasse 8
A – 1230 Wien
Tel.: 01 – 8 88 70 92
Fax: 01 – 8 89 26 21
office@oekv.at
www.oekv.at

Schweiz
Schweizerische Kynologische Gesellschaft SKG
Länggassstr. 8
CH – 3001 Bern
Tel.: 0 31 – 3 06 62 62
Fax: 0 31 – 3 06 62 60
skg@hundeweb.org
www.hundeweb.org

Internationaler Dachverband
Fédération Cynologique Internationale FCI
Place Albert 1, 13
B – 6530 Thuin
Tel.: 0 71 – 59 12 38
Fax: 0 71 – 59 22 29
www.fci.be

Großbritannien
The Kennel Club
1-5 Clarges Street
Piccadilly
GB – London W1Y 8AB
www.the-kennel-club.org.uk

Vereinigte Staaten
American Kennel Club AKC
260 Madison Avenue
New York, NY 10016
Tel.: 2 12 – 6 96 – 82 00
www.akc.org

United Kennel Club, Inc. UKC
(nicht in der FCI, für nicht AKC-anerkannte Rassen)
100 East Kilgore Road
Kalamazo, MI 49002-5584
Tel.: 6 16 – 3 43 – 90 20
Fax: 6 16 – 3 43 – 70 37
www.ukcdogs.com

Register

Aberdeen Terrier 35
Abruzzen-Schäferhund 310
Affenpinscher 45
Afghane 294
Afghanischer Windhund 294
Afrikanischer Löwenhund 271
Aidi 214
Ainu 132
Airedale Terrier 208
Akbas 321
Akita Inu 249
Alano 197
Alapaha Blue Blood Bulldogg 279
Alaskan Klee Kai 110
Alaskan Malamute 239
Alaunt 197
Alentejo Mastiff 307
Alopekis 49
Alpenländische Dachsbracke 82
Alsatian 216
Altdänischer Vorstehhund 267
Altdeutsche Hütehunde 218
Altdeutscher, Schwarzer 219
Altenglischer Schäferhund 170
American Bulldog 279
American Cocker Spaniel 84
American Eskimo 56
American Foxhound 236
American Staffordshire Terrier 111
American Water Spaniel 116
Amerikanisch-Canadisch Weißer Schäferhund 217
Anatolischer Hirtenhund 320
Anglo-français de petite vénerie 148
Appenzeller Sennenhund 171
Arabischer Windhund 283
Ardennen Treibhund 255
Ariegeois 200
Arkansas Giant Bulldog 279

Atlas Berghund 214
Australian Cattle Dog 130
Australian Kelpie 131
Australian Shepherd 174
Australian Silky Terrier 23
Australian Terrier 24
Australischer Schäferhund 174
Australischer Treibhund 130
Azawakh 293

Bali-Berghund 189
Balkan Bracken 158
Balkan-Hirtenhunde 316
Barbado da Terceira 135
Barbet 178
Bärenhund, Germanischer 326
Bärenhund, Karelischer 191
Bärenschnauzer 276
Barsoi 331
Basenji 103
Basset artésien normand 71
Basset bleu de Gascogne 71
Basset d'Artois 69
Basset fauve de Bretagne 72
Basset Griffon Vendeen 72
Basset Hound 69
Bayerischer Gebirgsschweißhund 139
Beagle 88
Beagle Harrier 148
Beagle, Kerry 149
Bearded Collie 169
Beardie 169
Beauceron 273
Bedlington Terrier 97
Belgische Griffons 46
Belgischer Schäferhund 212
Bell-Murray 294
Bergamasker Hirtenhund 209
Berger Blanc Suisse 217
Berger de Beauce 273
Berger de Brie 253
Berger de Picardie 242
Berger de Pyrénées 107
Berger de Savoie 171

Berger des Alpes 171
Berger Picard 242
Berghund, Böhmischer 326
Berghund, Kroatischer 318
Berghunde 308
Berner Laufhund 156
Berner Niederlaufhund 74
Berner Sennenhund 275
Bernhardiner 333
Bichon à poil frisé 39
Bichon Havanais 37
Bichons 36
Bierschnauzer 276
Biewer-Yorkie à la Pom-Pon 22
Billy 287
Bingley Terrier 208
Black and Tan Coonhound 236
Black and Tan Terrier 98
Black and Tan Toy Terrier 41
Bleu de Gascogne 150
Bloodhound 248
Bluetick Coonhound 236
Bluthund 248
Bobtail 170
Bodeguero Andaluz 76
Boerboel 245
Böhmischer Berghund 326
Bologneser 36
Bolonka zwetna 36
Bordeauxdogge 252
Border Collie 140
Border Terrier 68
Bosanski Ostrodlaki Gonic Barak 160
Bosnischer Rauhaariger Laufhund 160
Boston Terrier 101
Bouledogue français 63
Bouvier des Ardennes 255
Bouvier des Flandres 254
Boxer 238
Boykin Spaniel 116
Brabanter Griffon, Kleiner 46
Bracco Italiano 268
Bracke, Bulgarische 234

343

Bracke, Deutsche 141
Bracke, Estländische 232
Bracke, Griechische 146
Bracke, Lettische 233
Bracke, Litauische 233
Bracke, Österreichische Glatthaarige 136
Bracke, Peintinger 136
Bracke, Polnische 235
Bracke, Russische 231
Bracke, Russische gescheckte 232
Bracke, Schwarzwälder 83
Bracke, Serbische 160
Bracke, Siebenbürger 234
Bracke, Slowakische 138
Bracke, Smaland- 138
Bracke, Tiroler 136
Branchiero Siciliano 263
Brandlbracke 136
Braque Compiegne 227
Braque d'Auvergne 226
Braque de l'Ariège 227
Braque du Bourbonnais 227
Braque Français 227
Braque Saint Germain 227
Brasilianischer Terrier 87
Bretonischer Spaniel 122
Bretonischer Vorstehhund 122
Briard 253
Briquet 200
Briquet Griffon Vendeen 150
Broholmer 297
Bruno Laufhund 156
Brüsseler Griffon 46
Buansu 231
Bucovina 319
Buhund, Norwegischer 109
Bulgarische Bracke 234
Bull Terrier 167
Bull Terrier, Miniatur 167
Bull Terrier, Staffordshire 95
Bulldog 89
Bulldog, American 279
Bulldogge, Französische 63

Bulldogge, Spanische 197
Bullmastiff 257
Burenbulldogge 245

Ca de Bestiar 292
Ca de Bou 196
Ca Rater 40
Cairn Terrier 33
Can de Palleiro 221
Can Guicho 103
Canaan Dog 188
Cane Corso Italiano 263
Cane da Pastore Maremmano-Abruzzese 310
Cane de Pastore Bergamasco 209
Caniche 80, 195
Cao da Gado Transmontano 307
Cao da Serra da Estrela 306
Cao da Serra de Aires 165
Cao de Agua Portugues 173
Cao de Castro Laboreiro 194
Cao de Fila da Terceira 198
Cao de Fila de São Miguel 197
Carpatin 319
Catahoula 243
Catahoula Bulldog 279
Cattle Dog, Australian 130
Cattle Dog, Stumpy Tail 130
Cavalier King Charles Spaniel 61
Ceskoslovensky Vlcak 301
Cesky Fousek 267
Cesky horsky pes 326
Cesky Strakaty Pes 114
Cesky Terrier 53
Chart Polski 330
Chesapeake Bay Retriever 244
Chien Courant suisse 156
Chien d'Artois 200
Chien de Berger Belge 212
Chien de l'Atlas 214
Chien de Montagne des Pyrénées 308
Chien de St. Hubert 248
Chien Gris de Saint Louis 224

Chien Normand 288
Chihuahua 20
Chin 29
Chinese Crested Dog 58
Chinesischer Schopfhund 58
Chinook 251
Chodsky Pes 221
Chortaj 328
Chow Chow 168
Ciobanescul Romanesc Miriotic 319
Ciobanesc Romanese Carpatin 319
Cirneco dell'Etna 176
Clumber Spaniel 92
Clydesdale Terrier 22
Coban Köpegi 320
Cocker Spaniel 100
Cocker Spaniel, American 84
Collie 206
Collie, Bearded 169
Collie, Border 140
Collie, Kurzhaar 207
Collie, Langhaar 206
Collie, Rough 206
Collie, Smooth 207
Coolie, German 130
Coonhound 236
Corgi 48
Coton de Tuléar 37
Cur 126
Curly Coated Retriever 270
Cuvac 310

Dachsbracke, Alpenländische 82
Dachsbracke, Schwedische 82
Dachsbracke, Westfälische 82
Dachsbracken 82
Dachshund 42
Dackel 42
Dalmatiner 202
Dandie Dinmont Terrier 30
Dansk/Svensk Gardhund 76
Deerhound 303
Deutsch Drahthaar 264

Deutsch Kurzhaar 246
Deutsch Langhaar 247
Deutsch Stichelhaar 265
Deutsche Bracke 141
Deutsche Dogge 334
Deutscher Jagdterrier 94
Deutscher Schäferhund 216
Deutscher Spitz 56
Deutscher Wachtelhund 143
Dingo 190
DL 247
Dobermann 291
Dogge, Deutsche 334
Dogge, Mallorca 196
Dogge, Spanische 197
Dogge, Terceira 198
Doggen, Iberische 196
Dogo Argentino 262
Dogo Canario 196
Dogue de Bordeaux 252
Do-Khyi 325
Drahthaar 264
Drahthaar, Ungarisch 229
Drentse Patrijshond 215
Drever 82
Drotszörü Magyar Vizsla 229
Duck Tolling Retriever 128
Dunker 152
Dürrbächler 275

Eesti Hagjas 233
Elchhund, Norwegischer 162
Elchhund, Schwedischer 163
Elghund, Norsk 162
Elo 193
English Cocker Spaniel 100
English Coonhound 236
English Foxhound 230
English Pointer 261
English Setter 259
English Sheepdog, Old 170
English Shepherd 174
English Springer Spaniel 127
English Toy Terrier 41
Entlebucher Sennenhund 114

Epagneul Bleu de Picardie 223
Epagneul Breton 122
Epagneul de St. Usuge 122
Epagneul du Larzac 122
Epagneul du Pont-Audemer 180
Epagneul Français 222
Epagneul Nain Continental 31
Epagneul Picard 222
Erdélyi Kopó 234
Estländische Bracke 232
Estrela-Berghund 306
Eurasier 183
Euskal Artzain Txakurra 221

Farm Collie 174
Feist 126
Fell Hound 230
Fell Terrier 78
Field Spaniel 92
Fila Brasileiro 296
Fila da Terceira 198
Fila de Sao Miguel 197
Finnenbracke 154
Finnenspitz 123
Finnischer Lapphund 144
Finnischer Rentierhütehund 144
Flandrischer Treibhund 254
Flat Coated Retriever 205
Fox Paulistinha 87
Fox Terrier 86
Foxhound, English 230
Français blanc et noir 288
Français blanc et orange 288
Français tricolore 288
Französisch Langhaar 222
Französische Bulldogge 63
Französische Griffons 224
Französische Laufhunde 150, 200, 286
Französische Niederlaufhunde 70
Französische Vorstehhunde 222, 226
Fuchs 219

Gadhar 149
Galgo Español 280
Gammel Dansk Honsehond 268
Gardhund 76
Gebirgsschweißhund, Bayerischer 139
Gelbbacke 219
German Coolie 130
German Spaniel 143
Germanischer Bärenhund 326
Ghazni 294
Glatthaarige Bracke, Österreichische 136
Glen of Imaal Terrier 67
GM 240
Golden Retriever 204
Gontsche 234
Gorbeiakoa 221
Gordon Setter 258
Gorka 328
Gos d'Atura Catala 164
Gotlandstövare 154
Grand anglo-français blanc et noir 288
Grand anglo-français blanc et orange 288
Grand anglo-français tricolore 287
Grand Bleu de Gascogne 286
Grand Gascon Saintongeois 286
Grand Griffon Vendeen 224
Greyhound 302
Griechische Bracke 146
Griechischer Schäferhund 318
Griffon à poil laineux 267
Griffon Bleu de Gascogne 150
Griffon boulet 267
Griffon d'arrêt à poil dur Korthals 267
Griffon de Bresse 224
Griffon Fauve de Bretagne 224
Griffon Nivernais 224
Griffon Vendeen 150
Griffons 46
Griffons, Französische 224

Groenendael 212
Grönlandhund 192
Großer Japanischer Hund 278
Großer Münsterländer 240
Großer Schweizer Sennenhund 290
Großspitz 115

Hahoawu 190
Hairless Toy Terrier 41
Haldenstövare 152
Hälleforshund 163
Hamiltonstövare 154
Hannoverscher Schweißhund 166
Harrier 148
Harrier, Beagle 148
Harrier, Somerset 148
Harrier, Southern 148
Harrier, Studbook 148
Harrier, West Country 148
Harzer Fuchs 219
Havaneser 37
Heidewachtel 172
Hellenikos Ichnilatis 146
Hellenikos Pimenikos 318
Herdershond, Hollandse 210
Hertha Pointer 261
Hirtenhund, Anatolischer 320
Hirtenhund, Bergamasker 209
Hirtenhund, Jugoslawischer 314
Hirtenhund, Mioritic 319
Hirtenhund, Ungarischer 313
Hirtenhunde, Balkan- 316
Hirtenhunde, Rumänische 319
Hirtenhunde, Türkische 320
Hokkaido 132
Holländischer Schäferhund 210
Holländischer Schifferspitz 184
Hollandse Herdershond 210
Hollandse Smoushond 99
Holzbracke, Sauerländer 141
Horak'scher Laborhund 114
Hovawart 274
Hrvatski Ovcar 119

Hrvatski Pas Planinac 318
Husky, Siberian 182
Hütehunde, Altdeutsche 218
Hygenhund 152

Iletusa 221
Illyrischer Schäferhund 314
Inca Orchid Moonflower Dog 58
Ioujnorousskaia Ovtcharka 324
Irischer Wolfshund 332
Irish Glen of Imaal Terrier 67
Irish Red and White Setter 260
Irish Red Setter 260
Irish Setter 260
Irish Soft Coated Wheaten Terrier 112
Irish Terrier 105
Irish Water Spaniel 179
Irish Wolfhound 332
Island Hund 110
Islenkur Fjarhundur 110
Istarski Kratkodlaki Gonic 158
Istarski Ostrodlaki Gonic 159
Istrianer Schäferhund 315
Istrische Kurzhaarige Bracke 158
Istrische Rauhaarige Bracke 159
Italienischer Rauhaariger Vorstehhund 267
Italienischer Vorstehhund 268
Italienisches Windspiel 81

Jack Russell Terrier 51
Jagdlaiki 186
Jagdspaniel, Russischer 100
Jagdterrier, Deutscher 94
Jämthund 163
Japan Chin 29
Japan Spitz 56
Japanische Spitze 132
Japanischer Hund, Großer 278
Japanischer Terrier 50
Jin-Do-Gae 188
Jugoslavenski Trobojni Gonic 159

Jugoslawische Dreifarbige Bracke 159
Jugoslawische Gebirgsbracke 160
Jugoslawischer Hirtenhund 314
Jura Laufhund 156
Jura Niederlaufhund 72

Kai 132
Kanaan Hund 188
Kangal 321
Känguru-Hund 304
Kaninchenteckel 42
Kanton-Hund 168
Karabas 321
Karakachan 317
Karelischer Bärenhund 191
Karelisch-Finnische Laika 123
Karjalankarhukoira 191
Kars-Hund 321
Karstschäferhund 315
Katalanischer Schäferhund 164
Kaukasischer Ovtcharka 322
Kavkazskaia Ovtcharka 322
Keeshond 184
Kelb Tal Fenek 176
Kelpie, Australian 131
Keltenbracke 160, 224
Kerry Beagle 149
Kerry Blue Terrier 113
Khorty 328
King Charles Spaniel 60
Kishu 133
Kleiner Brabanter Griffon 46
Kleiner Münsterländer 172
Kleinpudel 80
KlM 172
Kobe-Terrier 50
Kochee 323
Kohchi Ken 133
Kohshu-Tora 132
Kojenhündchen 91
Komondor 313
Kontinentaler Zwergspaniel 31
Kooikerhondje 91
Korea Jindo Dog 188

Koroski Zigee 160
Korthals-Griffon 267
Kraski Ovcar 315
Kretikos Lagonikos 176
Kroatischer Berghund 318
Kroatischer Schäferhund 119
Kromfohrländer 106
Krymka 328
Kuhhund 219
Kurlandbracke 233
Kurzhaar, Deutsch 246
Kurzhaar, Ungarisch 229
Kurzhaarcollie 207
Kurzhaarige französische Vorstehhunde 226
Kurzhaariger Pinscher, Österreichischer 118
Kurzhaariger Schottischer Schäferhund 207
Kuvasz 312
Kyi Leo® 26

Labrador Retriever 203
Laeken 212
Lagotto Romagnolo 116
Laika 186
Laika, Karelisch-Finnische 123
Laika, Russisch-Finnische 123
Lakeland Terrier 78
Lakenois 212
Lancashire Heeler 48
Landseer 327
Langhaar, Deutsch 247
Langhaar, Französisch 222
Langhaariger Moskauer Zwergterrier 23
Langhaariger Schottischer Schäferhund 206
Lapinporokoira 144
Lappenspitz 144
Lapphunde 144
Lappländischer Rentierhütehund 144
Lativijskaja Goncaja 233
Laufhund, Slowakischer 138

Laufhund, Smaland- 138
Laufhunde des Mittelmeerraums 175
Laufhunde, Amerikanische 236
Laufhunde, Französische 150, 200, 286
Laufhunde, Schweizer 156
Laufhunde, Skandinavische 152
Laverack-Setter 259
Leonberger 305
Lepraiolo 138
Lettische Bracke 233
Lhasa Apso 26
Lietuviu Skalikai 233
Litauische Bracke 233
Louisiana Catahoula Leopard Dog 243
Löwchen 65
Löwenhund 271
Lucas Terrier 52
Lundehund, Norwegischer 85
Lupo Italiano 301
Lurcher 304
Luzerner Laufhund 156
Luzerner Niederlaufhund 74

Magyar Agar 281
Magyar Vizsla 229
Majorero Canario 194
Malamute, Alaskan 239
Malchower 256
Malinois 212
Mallorca Dogge 196
Mallorca-Schäferhund 292
Malteser 38
Manchester Terrier 98
Maremmen-Abruzzen-Schäferhund 310
Markiesje 66
Mastiff 298
Mastin de los Pirineos 308
Mastin Español 308
Mastino Napoletano 295
Mechelaer 212

Mediterrane Laufhunde 175
Mexikanischer Nackthund 181
Miniatur Bull Terrier 167
Mini-Shar Pei 129
Mioritic Hirtenhund 319
Mittelschnauzer 124
Mocano 319
Molosser, Thrakischer 317
Mops 62
Moskauer Wachhund 326
Moskauer Zwergterrier 23
Mudi 119
Münchner Schnauzer 276
Münsterländer, Großer 240
Münsterländer, Kleiner 172

Nackthund, Mexikanischer 181
Nackthund, Peruanischer 58
Neufundländer 299
Niederlaufhunde, Französische 70
Niederlaufhunde, Schweizer 72
Niederungshütehund, Polnischer 120
Nihon Supittsu 56
Nihon Teria 50
Nivernais 224
Nomadenhund 323
Norbottenspets 102
Norfolk Terrier 24
Norsk Buhund 109
Norsk Elghund 162
Norsk Lundehund 85
Norwegischer Buhund 109
Norwegischer Elchhund 162
Norwegischer Lundehund 85
Norwich Terrier 24
Nova Scotia Duck Tolling Retriever 128

Odate-Hund 249
Ogar Polski 235
Old English Sheepdog 170
Olde English Bulldogge 89
Olper Bracke 141

Österreichische Glatthaarige Bracke 136
Österreichischer Kurzhaariger Pinscher 118
Ostsibirische Laika 187
Otterhound 248
Ovtcharka, Kaukasischer 322
Ovtcharka, Südrussischer 324
Ovtcharka, Zentralasiatischer 323

Pachon de Navarro 268
Pannonischer Spürhund 234
Papillon 31
Parson Russell Terrier 51
Patrijshond, Drentse 215
Patterdale Terrier 78
Peintinger Bracke 136
Pekingese 28
Perdigueiro Portugues 199
Perdiguero de Burgos 268
Perdiguero Galego 199
Perro de Agua Espanol 116
Perro de Pastor Catalan 164
Perro de Pastor Mallorquin 292
Perro de Pastor Vasco 221
Perro de Presa Canario 197
Perro de Toro 197
Perro Dogo Mallorquin 196
Perro Ratero Mallorquin 40
Perro sin Pelo del Peru 58
Peruanischer Nackthund 58
Petit Bleu de Gascogne 150
Petit Brabançon 46
Petit chien courant suisse 72
Petit Chien Lion 65
Petit Gascon-Saintongeois 151
Phalène 31
Pharaonenhund 176
Picard 222, 242
Piccolo lepraiolo dell'Appenino molisano 138
Piccolo Levriero Italiano 81
Pimenikos Hellenikos 318
Pinscher 125

Pinscher, Österreichischer Kurzhaariger 118
Pit Bull Terrier 111
Planinski Gonic 160
Plott Coonhound 236
Plott Hound 236
Podenco Andaluz 176
Podenco Canario 284
Podenco Ibicenco 284
Podengo Galego 177
Podengo Portugues grande 284
Podengo Portugues medio 175
Podengo Portugues pequeno 44
Podhalaner 310
Pointer 261
Poitevin 287
Polnische Bracke 235
Polnischer Niederungshütehund 120
Polnischer Windhund 330
Polski Owczarek Nizinny 120
Polski Owczarek Podhalanski 310
PON 120
Porcelaine 200
Portugiesischer Schäferhund 165
Posavatz Laufhund 160
Posavki Gonic 160
Powder Puff 58
Prager Rattler 40
Prince Charles Spaniel 60
Psovaya Borzaya 331
Pudel 80, 195
Pudelpointer 266
Pug 62
Puli 108
Pumi 104
Pyrenäenberghund 308
Pyrenäen-Schäferhund 107

Quisquelo 103

Rabo Torto 198
Rafeiro do Alentejo 307

Rat Terrier 87
Ratero Valenciana 40
Ratonero Andaluz 76
Raubart, Slowakischer 264
Rauhaarbracke, Steirische 136
Rauhaariger Vorstehhund, Italienischer 267
Red and White Irish Setter 260
Redbone Coonhound 236
Rentierhütehund, Lappländischer 144
Retriever, Chesapeake Bay 244
Retriever, Curly Coated 2730
Retriever, Flat Coated 205
Retriever, Golden 204
Retriever, Labrador 203
Retriever, Nova Scotia Duck Tolling 128
Rhodesian Ridgeback 271
Ridgeback, Rhodesian 271
Riesenschnauzer 276
Rottweiler 256
Rot-weißer Irish Setter 260
Rough Collie 206
Rovidszorü Magyar Vizsla 229
Rumänische Hirtenhunde 319
Russenschnauzer 276
Russische Bracke 231
Russische gescheckte Bracke 232
Russische Laika 186
Russische Windhunde 328
Russischer Jagdspaniel 100
Russisch-Europäischer Laika 186
Russisch-Finnische Laika 123
Russkaja Goncaja 231
Russkaja Pegaja Goncaja 232
Russko-Evropeiskaia Laika 186

Saarlooswolfhond 301
Sabueso Espanol 146
Sage Kochee 323
Saluki 282
Samoiedskaia Sabaka 185
Samojede 185
Sapsaree 135

Sarplaninac 314
Sauerländer Holzbracke 141
Schäferhund, Altenglischer 170
Schäferhund, Australischer 174
Schäferhund, Belgischer 212
Schäferhund, Deutscher 216
Schäferhund, Griechischer 318
Schäferhund, Holländischer 210
Schäferhund, Illyrischer 314
Schäferhund, Istrianer 315
Schäferhund, Karst- 315
Schäferhund, Katalanischer 164
Schäferhund, Kroatischer 119
Schäferhund, Mallorca- 292
Schäferhund, Portugiesischer 165
Schäferhund, Pyrenäen- 107
Schäferhund, Schottischer 206
Schäferhund, Weißer Schweizer 217
Schafpudel 219
Schapendoes 121
Schifferspitz 55
Schifferspitz, Holländischer 184
Schillerstövare 154
Schipperke 55
Schnauzer 124
Schnauzer, Riesen- 276
Schnürenpudel 195
Schopfhund, Chinesischer 58
Schottischer Schäferhund 206
Schwarzer Altdeutscher 219
Schwarzer Terrier 289
Schwarzroter Waschbärhund 236
Schwarzwälder Bracke 82
Schwedische Dachsbracke 82
Schwedischer Elchhund 163
Schwedischer Lapphund 144
Schweißhund, Hannoverscher 166
Schweizer Dachsbracke 72
Schweizer Laufhunde 156
Schweizer Niederlaufhunde 72

Schweizer Sennenhund, Großer 290
Schwyzer Laufhund 156
Schwyzer Niederlaufhund 72
Scottish Terrier 35
Sealyham Terrier 52
Segugio Italiano 147
Segusier 224
Sennenhund, Appenzeller 171
Sennenhund, Berner 275
Sennenhund, Entlebucher 114
Sennenhund, Großer Schweizer 290
Serbische Bracke 160
Serbski Gonic 160
Setter, English 259
Setter, Gordon 258
Setter, Irish 260
Setter, Laverack 259
Shar Pei 129
Sheltie 77
Shepherd, Australian 174
Shepherd, English 174
Shetland Sheepdog 77
Shiba Inu 90
Shih Tzu 26
Shikoku 132
Siberian Husky 182
Siebenbürger Bracke 234
Siegerländer Fuchs 219
Silky Terrier, Australian 23
Skandinavische Laufhunde 152
Skye Terrier 32
Sloughi 283
Slovensky Cuvac 310
Slovensky hrubosrsty stavac 265
Slovensky Kopov 138
Slowakische Bracke 138
Slowakischer Laufhund 138
Slowakischer Raubart 265
Smaland-Bracke 138
Smaland-Laufhund 138
Smalandstövare 138
Smooth Collie 207
Smoushond, Hollandse 99

Soft Coated Wheaten Terrier 112
Somerset Harrier 148
Southern Harrier 148
Southern Hound 88
Spaniel, American Water 116
Spaniel, Boykin 116
Spaniel, Bretonischer 122
Spaniel, Clumber 92
Spaniel, Cocker 100
Spaniel, English Cocker 100
Spaniel, Field 92
Spaniel, German 143
Spaniel, Irish Water 179
Spaniel, Sussex 9
Spanische Bulldogge 197
Spanische Dogge 197
Spanischer Windhund 280
Spinone 267
Spitz, Finnen- 123
Spitz, Groß- 115
Spitze 56
Spitze, Japanische 132
Springer Spaniel 127
Spürhund, Pannonischer 234
Spürhund, Transsilvanischer 234
Sredneasiatskaia Ovtcharka 323
St. Bernhardshund 333
St. Hubert 156
St. Johns Hund 203
St.-Louis-Hund 224
Stabijhoun 142
Staffordshire Bull Terrier 95
Staffordshire Terrier, American 111
Steenbracke 141
Steinbracke 141
Steirische Rauhaarbracke 136
Stichelhaar, Deutsch 265
Strobel 220
Studbook Harrier 148
Stumper 220
Stumpy Tail Cattle Dog 130
Südrussischer Ovtcharka 324

Suomenajokoira 154
Suomenlapinkoira 144
Suomenpystykorva 123
Sussex Spaniel 92
Swedish Vallhund 54

Tajgan 328
Tazi 282
Tazy 328
Tchiorny Terrier 289
Teckel 42
Teddy-Roosevelt-Terrier 87
Tenterfield Terrier 50
Terceira 135
Terceira Dogge 198
Terrier Brazileiro 87
Tervueren 212
Thai Ridgeback 188
Thrakischer Molosser 317
Tibet Dogge 325
Tibet Mastiff 325
Tibet Spaniel 27
Tibet Terrier 96
Tiger 219
Tiroler Bracke 136
Toller 128
Tornjak 318
Tosa 272
Toy Fox Terrier 41
Toy Pudel 80
Toy Spaniel 60
Toy Terrier, Black and Tan 41
Transsilvanischer Spürhund 234
Treeing Cur 126
Treeing Feist 126
Treeing Walker 236
Treibhund, Australischer 130
Treibhund, Flandrischer 254
Tschechischer Terrier 53
Tschechoslowakischer Wolfhund 301
Türkische Hirtenhunde 320
Tweed Water Spaniel 204

Ungarisch Drahthaar 229
Ungarisch Kurzhaar 229
Ungarischer Hirtenhund 313
Ungarischer Windhund 281

Vallhund, Swedish 54
Västgötaspets 54
Victoria Bulldog 279
Vieräugl 82, 136
Vlaamse Koehond 254
Vlcak 301
Vogelhunde 122, 172, 222
Volpino Italiano 57
Vorstehhund, Altdänischer 268
Vorstehhund, Bretonischer 122
Vorstehhund, Italienischer 268
Vorstehhund, Rauhaariger Italienischer 267
Vorstehhunde 264
Vorstehhunde, Französische 222, 226
Vostotchno Sibirskaia Laika 187

Wachhund, Moskauer 326
Wachtelhund 143
Wälderdackel 82
Wäller 241
Waschbärhund 236
Wasserhunde 178
Water Spaniel 179
Water Spaniel, American 116
Water Spaniel, Tweed 204
Weimaraner 277
Weißer Schweizer Schäferhund 217
Weißer Schwedischer Elchhund 163
Welsh Corgi Cardigan 48
Welsh Corgi Pembroke 48
Welsh Sheepdog 207
Welsh Hound 230
Welsh Springer Spaniel 127
Welsh Terrier 78

West Country Harrier 148
West Highland White Terrier 34
Westerwälder Fuchs 219
Westerwälder Kuhund 219
Westfalenterrier 79
Westfälische Dachsbracke 82
Westgotenspitz 54
Westie 34
Westsibirischer Laika 186
Wetterhoun 250
Whippet 134
Wildbodenhunde 136
Windhund, Afghanischer 294
Windhund, Arabischer 283
Windhund, Polnischer 330
Windhund, Spanischer 280
Windhund, Ungarischer 281
Windhunde, Russische 328
Windspiel 81
Wolfhound, Irish 332
Wolfhunde 300
Wolfsspitz 184
Working Terrier 78

Xoloitzcuintle 181

Yorkshire Terrier 22

Zapadno-Sibirskaia Laika 186
Zentralasiatischer Ovtcharka 323
Zwergpinscher 40
Zwergpudel 80
Zwergschnauzer 64
Zwergspaniel, Kontinentaler 31
Zwergspitz 21
Zwergteckel 42
Zwergterrier, Moskauer 23